SCOPOS

8

T0220341

Springer
Berlin
Heidelberg
New York
Barcelone
Hong Kong
Londres
Milan
Paris
Singapour
Tokyo

Bruno Petazzoni

Seize problèmes d'informatique

Avec corrigés détaillés
et programmes en Caml
et avec 18 figures

Springer

Bruno Petazzoni
Lycée Marcelin-Berthelot
94100 Saint-Maur-des-Fossés
France

Mathematics Subject Classification (2000): 68-01
Computing Reviews Classification (1991): A.1

Die Deutsche Bibliothek – CIP-Einheitsaufnahme

Petazzoni, Bruno: Seize problèmes d'informatique: avec corrigés détaillés et programmes
en Caml / Bruno Petazzoni. –
Berlin; Heidelberg; New York; Barcelona; Hongkong; London; Mailand; Paris;
Singapur; Tokio: Springer, 2001 (SCOPOS; Vol. 8)
ISBN 3-540-67387-3

ISBN 3-540-67387-3 Springer-Verlag Berlin Heidelberg New York

Springer-Verlag Berlin Heidelberg New York
est membre du groupe BertelsmannSpringer Science+Business Media GmbH
© Springer-Verlag Berlin Heidelberg 2001

Les programmes sont inclus à titre d'exemple.
L'auteur ainsi que l'éditeur ne pourront en aucun cas être tenus pour
responsables des préjudices ou dommages de quelque nature
que ce soit pouvant résulter de leur utilisation.

Imprimé en Allemagne
Maquette de couverture: *design & production* GmbH, Heidelberg

Printed on acid-free paper   SPIN 10723799   41/3142XT – 5 4 3 2 1 0

Introduction

Naket bin ich von Mutterleibe kommen.

De A à Z...

Plutôt que de rédiger une introduction conventionnelle, j'ai préféré dresser une liste banalement alphabétique de points sur lesquels il y avait quelque chose à dire.

Automates finis — On en trouvera dans les problèmes 4, 5, 6, 7, 8, 9 et 14.

Bio-informatique — Le sujet vous attire ? Allez donc voir le problème 16 !

Caml — Langage de programmation fonctionnelle, concis et élégant. C'est dans ce langage que sont rédigés les programmes inclus dans ce livre. Pour savoir s'il faut écrire *Caml* ou *CAML*, rendez-vous page 76. Pour des informations complémentaires, ne manquez pas de visiter le site Web :

> http://caml.inria.fr/index-fra.html

Le livre de Pierre WEIS et Xavier LEROY est *la* référence incontournable et intergalactique sur Caml (voir page 221).

Citations — Les citations diverses qui parsèment le texte ont pour but premier de meubler les bas de pages. Selon son goût personnel, le lecteur y trouvera matière à édification ou à agacement. SWIFT et FEYNMAN sont cités en français parce que je n'avais pas les textes en anglais sous la main. Insistons sur le fait que la citation de la page 201 est authentique.

Cobayes — Les étudiants qui ont «subi» ces problèmes au cours des quatre dernières années, en particulier François ALTER, Fabrice ALVÈS, Georges DA COSTA, Jérôme FÉRET, Sébastien GOUËZEL, Arnaud LEGRAND, Lucas LEVREL, Sylvain LOISEAU, Mickaël MELKI, Tri NGUYEN-HUU, Xavier YVONNE.

Erreurs — Il subsiste certainement bien des erreurs, imprécisions et maladresses. Le lecteur est invité à consulter le site Web du livre (voir plus loin) ; il peut aussi m'envoyer un mot :

> Bruno.Petazzoni@ac-creteil.fr

Expressions rationnelles — Conformément à la tradition française, on utilisera dans ce livre le terme *expression rationnelle* alors que la tradition anglo-saxonne préfère le terme *regular expression*. Les problèmes 5, 8 et 14 comportent des questions portant sur les expressions rationnelles.

Illustration de la couverture — Voir page VIII pour plus de détails.

Knuth — Un bienfaiteur de l'humanité ; que son chemin soit jonché de pétales de roses.

Niveau — Les sujets 1, 2, 11 sont accessibles à des étudiants n'ayant suivi que le programme de première année. Les autres utilisent diverses notions du programme de deuxième année : automates finis, langages rationnels, expressions rationnelles, arbres...

Notations — Voir page VII pour plus de détails.

Numération — Il n'y a pas que la base 2, dans la vie. Allez vite voir le problème 14 pour vous en convaincre !

Option informatique — Il s'agit de l'enseignement optionnel d'informatique en filière MPSI/MP, mis en place en septembre 1995 dans le cadre de la réforme des études dans les classes préparatoires aux grandes écoles d'ingénieurs (ouf).

Programmation dynamique — On trouvera des exemples de mise en œuvre de cette technique dans les problèmes 9, 10 et 16.

Organisation — Chacun des seize chapitres comporte : une rapide présentation du sujet ; l'énoncé ; le corrigé complet ; quelques notes complémentaires, incluant des renvois bibliographiques et des liens vers des sites Web (liens qui seront sans doute rapidement obsolètes, hélas).

Programmes — La plupart des textes comportent des questions de programmation ; les solutions sont proposées en Caml, qui est l'un des deux langages autorisés pour appuyer l'enseignement optionnel d'informatique en filière MPSI/MP (l'autre langage étant Pascal).

Remerciements — L'énoncé du problème 5 est reproduit avec l'aimable autorisation des Éditions Dunod.

Remerciements (bis) — En plus des personnes citées dans les notes accompagnant chaque problème, je souhaite remercier Jean-Pierre BECIRSPAHIC, Fabrice DEREPAS, Jacques DÉSARMÉNIEN, Yves DUVAL, Philippe ESPÉRET, Stéphane GONNORD, Laurent HILICO, Christian LEBŒUF, Michel MÉLIN, Denis MONASSE, Pierre WEIS. Et surtout Brigitte, qui a effectué une dernière relecture.

Site Web — On trouvera à l'URL http://www.scopos.org un lien vers une page Web proposant des informations complémentaires relatives à cet ouvrage. En particulier, les sources des programmes en Caml y seront disponibles.

Titre — *Seize problèmes d'informatique*, voilà qui annonce clairement la couleur. J'avais proposé un titre plus exotique :

La recherche du TANT QUE perdu

Toutefois, dans sa grande sagesse, l'éditeur a estimé que ceci risquait d'égarer les lecteurs...

Conventions & notations

Dans chaque énoncé, comme dans le corrigé qui lui est associé, les questions sont numérotées consécutivement à partir de 1 ; une triple étoile $\star\star\star$ signale une question plus difficile. Les figures sont elles aussi numérotées à partir de 1, dans chaque énoncé et dans chaque corrigé.

▶ Les paragraphes précédés d'un triangle noir (comme celui-ci) donnent des définitions, des indications...

Soient p et q deux relatifs vérifiant $p \leqslant q$. On note $[\![p, q]\!]$ l'intervalle discret constitué des relatifs compris entre p et q inclus ; son cardinal est $q - p + 1$.

Le logarithme népérien (ou naturel) du réel $x > 0$ est noté $\ln x$, tandis que son logarithme en base 2 est noté $\lg x$: $\lg x = \frac{\ln x}{\ln 2}$.

Le cardinal d'un ensemble E est noté $\mathrm{Card}(E)$ ou $|E|$, selon l'humeur de l'auteur ; la deuxième notation est très en vogue chez les informaticiens.

La longueur d'un mot u est notée $|u|$; $|u|_a$ désigne le nombre d'occurrences de la lettre a dans le mot u. Le mot vide, de longueur nulle, est noté ε.

$A \setminus B$ désigne la *différence ensembliste* : c'est l'ensemble des éléments de A qui n'appartiennent pas à B.

$\lfloor x \rfloor$ désigne la *partie entière* du réel x ; c'est l'unique relatif k vérifiant $k \leqslant x < k + 1$; certains persistent à la noter $[x]$, voire $E(x)$... Nous utiliserons aussi la «partie entière supérieure», notée $\lceil x \rceil$; c'est l'unique relatif k vérifiant $k - 1 < x \leqslant k$. Le tableau ci-dessous donne quelques équivalences utiles.

	Syntaxe Maple	Syntaxe TeX
$\lfloor x \rfloor$	`floor(x)`	`\lfloor x \rfloor`
$\lceil x \rceil$	`ceil(x)`	`\lceil x \rceil`

Je n'aimais pas non plus la notation $f(x)$, qui avait l'air de dire f fois x. De même je n'aimais pas dy/dx, parce que ça incitait à simplifier par d. J'avais donc inventé un nouveau signe spécial, qui ressemblait un peu au &. [...] Je pensais que mes symboles étaient tout aussi bons, sinon meilleurs, que les symboles ordinaires et je me disais que de toute façon ce qui est important ce n'est pas les symboles. En quoi j'avais tort comme je ne devais pas tarder à le découvrir.

En effet, un jour que j'essayais d'expliquer quelque chose à l'un de mes camarades de classe, j'ai, sans réfléchir, utilisé mes symboles. «Hein ? Qu'est-ce que c'est que ce truc-là ? » m'a-t-il dit. J'ai alors compris que si je voulais pouvoir communiquer avec les autres, il fallait que j'utilise les symboles de tout le monde. De ce jour-là, j'ai abandonné mon système de symboles personnels.

Richard Feynman — Vous voulez rire, Monsieur Feynman !

À propos de la couverture

L'illustration qui figure en couverture est la photographie, agrandie environ deux fois, d'une plaque de mémoire à tores de ferrite faisant partie de mon musée personnel...

Chaque tore, d'un diamètre inférieur à un millimètre, peut être magnétisé selon deux orientations différentes, ce qui en fait le support d'un bit. Chaque carré regroupe 256 bits ; la plaque de mémoire compte quatre de ces carrés, mais seuls deux d'entre eux apparaissent sur la photographie. La capacité totale de la plaque est donc de 128 octets.

Trois fils traversent chaque tore : le premier sert à la sélection en X, le deuxième à la sélection en Y ; le troisième, qui parcourt la plaque en diagonale, sert à la lecture. Pour écrire un 0 ou un 1, on applique au fil X et au fil Y une même impulsion, calculée de façon à forcer l'orientation du tore sélectionné, sans perturber celle des autres tores. Pour lire l'état d'un tore, on écrit un 0 ; sur le troisième fil, on récupère une impulsion si et seulement si le tore a basculé de l'état 1 à l'état 0. On note que dans ce cas, la lecture est *destructive* : elle doit être suivie d'une écriture de la valeur précédente du tore.

Cette technologie était très répandue de la fin des années 1950 au milieu des années 1970 ; elle soutint longtemps la comparaison avec les mémoires transistorisées, tant pour ce qui concerne le temps de cycle (de l'ordre de la microseconde) que le coût ou l'encombrement. À partir de 1970, les progrès rapides dans la fabrication des circuits intégrés condamnèrent les tores : en 1975, on disposait déjà de puces de 1024 bits, d'un encombrement très réduit (moins de deux centimètres carrés) et d'un coût très compétitif.

Les mémoires à tores de ferrite avaient toutefois un avantage intéressant : elles n'étaient pas volatiles. En cas de coupure de courant, leur contenu était conservé. Cette propriété agréable est redevenue courante dans les années 1980, avec l'arrivée des mémoires CMOS, dont la consommation au repos est très faible : on peut ainsi conserver leur contenu pendant des mois, voire des années, en les alimentant avec une petite pile.

La fabrication des plaques de mémoire à tores était manuelle, et nécessitait des doigts de fée... En tenant compte de l'électronique nécessaire autour de ces plaques, le prix du bit était d'une dizaine de francs. De nos jours, c'est le prix du méga-octet qui est de l'ordre de dix francs !

Un côté de farce aurait rendu le livre plus attrayant : même si le lecteur se fatigue du développement d'un exemple, l'espoir de quelque plaisanterie le tient éveillé. Victime de la tradition française, en matière de publications scientifiques, je suis resté sérieux, ou presque sérieux.

Jacques Arsac — La construction de programmes structurés

Table des matières

8 Langages locaux, automates locaux   59

9 Sous-mots, mélange de mots,
le théorème de Higman   71

Je puis dire, sans vanité, qu'une préface est une pièce d'esprit dont je connais fort bien le point de perfection : plût au ciel, que j'eusse assez d'habileté pour y arriver. Trois fois j'ai mis mon imagination à la gêne, pour en faire une, dont le tour fût de mon invention ; et trois fois mes efforts ont été infructueux. Je ne m'en étonne point : mon génie a été mis à sec par le traité même que je publie ici.

Swift — Le conte du tonneau

Problème 1

Calculs dans l'algèbre des parties finies ou cofinies de ℕ

Présentation

Voici un très court problème orienté vers la programmation ; il vous offre une bonne occasion de réviser vos connaissances de bases en Caml.

On commence par définir une structure de données permettant de décrire les parties finies ou cofinies de ℕ. On demande ensuite l'écriture de fonctions réalisant les calculs usuels dans cette algèbre : tests d'appartenance et d'inclusion ; calcul du complémentaire, de l'union et de l'intersection.

Prérequis

Bases de la programmation en Caml : manipulation des listes ; types unions ; filtrage sur de tels types.

Théorie des ensembles : union, intersection, complémentation ; propriétés des parties finies de ℕ.

It will not take a long time before they will discover that in computing science elegance is not a dispensable luxury, but a matter of life and death.

Edsger Wybe Dijkstra — Selected writings on computing : a personal perspective

Problème 1 : l'énoncé

▶ Les premières questions de ce problème vous demandent de rédiger quelques fonctions simples, dont certaines font d'ailleurs partie de la bibliothèque Caml.

▶ Pour les évaluations de coûts, l'unité est le *Cons*, c'est-à-dire l'opérateur Caml :: (qui permet aussi bien d'isoler, dans une liste, la tête et la queue, que de construire une nouvelle liste à partir d'une tête et d'une queue). La longueur d'une liste ℓ est notée $|\ell|$.

▶ Un *prédicat* est une fonction à valeurs booléennes. On dit que le prédicat p est *satisfait* par l'objet x lorsque $p(x) = \texttt{true}$

Question 1 • Rédigez une fonction :

```
mem : 'a -> 'a list -> bool
```

spécifiée comme suit : `mex x l` indique si x est présent dans la liste ℓ; le coût en sera un $\mathcal{O}(|\ell|)$.

Question 2 • Rédigez une fonction :

```
filtre : ('a -> bool) -> 'a list -> 'a list
```

spécifiée comme suit : `filtre p l` construit la liste des éléments de ℓ qui satisfont le prédicat p; le coût en sera un $\mathcal{O}(|\ell|)$.

Question 3 • Rédigez une fonction :

```
intersection_simple : 'a list -> 'a list -> 'a list
```

spécifiée comme suit : `intersection_simple l1 l2` construit la liste des éléments communs aux deux listes ℓ_1 et ℓ_2; le coût en sera un $\mathcal{O}(|\ell_1| \times |\ell_2|)$. Vous ferez en sorte que, si aucune de ces listes ne contient de doublon, le résultat n'en contienne pas non plus.

Question 4 • Rédigez une fonction :

```
union_simple : 'a list -> 'a list -> 'a list
```

spécifiée comme suit : `union_simple l1 l2` construit la liste des éléments qui sont présents dans l'une au moins des deux listes ℓ_1 et ℓ_2; le coût en sera un $\mathcal{O}(|\ell_1| \times |\ell_2|)$. Vous ferez en sorte que, si aucune de ces listes ne contient de doublon, le résultat n'en contienne pas non plus.

Question 5 • Rédigez une fonction :

```
forall : ('a -> bool) 'a list -> bool
```

spécifiée comme suit : `forall p l` rend la valeur **true** si et seulement si tous les éléments de la liste ℓ satisfont le prédicat p ; le coût en sera un $\mathcal{O}\big(|\ell|\big)$.

▶ Une partie A de $\mathbb{N}$ est *cofinie* si son complémentaire est une partie finie de $\mathbb{N}$. On note $\mathcal{W}$ l'ensemble des parties finies ou cofinies de $\mathbb{N}$.

Question 6 • Montrez que $\mathcal{W}$ est la plus petite famille de parties de $\mathbb{N}$ qui contienne les parties finies et qui soit stable pour les opérations booléennes : union, intersection, complémentation. Bien entendu, «petite» est à comprendre au sens de l'inclusion.

▶ Pour décrire les éléments de $\mathcal{W}$, on définit le type Caml suivant :

```
type ficof = Finie of int list | Cofinie of int list;;
```

L'interprétation de ce type est évidente : `Finie [2;8;1]` désigne la partie $\{1, 2, 8\}$ de $\mathbb{N}$ tandis que `Cofinie [8;1;2]` désigne le complémentaire de cette partie. Comme on le constate sur ces exemples, l'ordre d'énumération dans les listes est indifférent. En revanche, il ne doit pas y avoir de doublon : par exemple, la partie $\{3, 6, 8\}$ ne devra pas être représentée par `Finie [6;3;6;8]`.

Question 7 • Rédigez une fonction :

```
appartient : int -> ficof -> bool
```

spécifiée comme suit : `appartient n p` indique si le naturel n appartient à la partie finie ou cofinie p de $\mathbb{N}$.

Question 8 • Rédigez une fonction :

```
contient : ficof -> ficof -> bool
```

spécifiée comme suit : `contient p q` indique si la partie p de $\mathbb{N}$ contient la partie finie ou cofinie q de $\mathbb{N}$.

Question 9 • Rédigez une fonction :

```
complement : ficof -> ficof
```

spécifiée comme suit : `complement p` calcule le complémentaire de la partie finie ou cofinie p de $\mathbb{N}$.

Question 10 • Rédigez une fonction :

```
union : ficof -> ficof -> ficof
```

spécifiée comme suit : `union p q` calcule la réunion des parties finies ou cofinies p et q de $\mathbb{N}$.

Question 11 • Rédigez une fonction :

```
intersection : ficof -> ficof -> ficof
```

spécifiée comme suit : `intersection p q` calcule l'intersection des parties finies ou cofinies p et q de $\mathbb{N}$.

Question 12 • Donnez une estimation du coût de vos fonctions, en nombre de *Cons*, et en fonction des longueurs des listes représentant les parties finies ou cofinies manipulées.

Question 13 • Quelles propositions faites-vous pour abaisser ces coûts?

Question 14 • Les fonctions que vous avez rédigées ne peuvent permettre que les calculs dans l'algèbre des parties finies ou cofinies de $\mathbb{N}$. Quelle propriété du langage Caml permet à peu de frais de travailler dans l'algèbre des parties finies ou cofinies d'un autre ensemble? Qu'en est-il alors des possibilités de diminution des coûts évoquées à la question précédente?

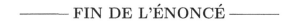

——— FIN DE L'ÉNONCÉ ———

Per esempio, le stelle s'ingrossavano, e io: – Di quanto? – faccio. Cercavo di portare il pronostico sui numeri perché cosí lui trovava meno da discutere.

A quel tempo, di numeri ce n'erano soltanto due: il numero e e il numero pi greco. Il Decano fa un calcolo a occhio e croce, e risponde: – Cresce di e elevato a pi.

Italo Calvino — Le Cosmicomiche : Quanto scommetiamo

Problème 1 : le corrigé

Question 1 • L'écriture suivante est récursive terminale, et exploite l'évaluation paresseuse des booléens. Son coût est clairement linéaire en la longueur de la liste, dans le pire des cas.

```
let rec mem x = function
  | [] -> false
  | t::q -> x=t or mem x q ;;
```

Question 2 • Ici, l'écriture n'est pas récursive terminale ; cette propriété pourrait aisément être obtenue, en mettant en œuvre un accumulateur.

```
let rec filtre p = function
  | [] -> []
  | t::q when p t -> t::(filtre p q)
  | _::q -> filtre p q ;;
```

Le coût est proportionnel à la longueur de la liste ℓ, puisque l'on effectue exactement un *Cons* pour chaque élément de cette liste.

Question 3 • L'écriture est immédiate : il suffit de filtrer la liste ℓ_2 avec le prédicat «appartenance à la liste ℓ_1». Le coût de chaque filtrage est dominé par la longueur de ℓ_1, donc le coût du calcul est dominé par le produit des longueurs des deux listes.

```
let intersection_simple l1 l2 =
  filtre (fun x -> mem x l1) l2 ;;
```

Question 4 • La réponse naïve let union_simple = prefix @ ne satisfait pas la spécification, puisqu'elle peut introduire des doublons. On va quand même utiliser l'opérateur @ de concaténation de listes, mais en filtrant l'une des listes, pour ne garder que les éléments qui n'appartiennent pas à l'autre. Le coût est dominé par le produit des longueurs des deux listes, pour la même raison qu'à la question précédente.

```
let union_simple l1 l2 =
  (filtre (fun x -> not (mem x l2)) l1) @ l2 ;;
```

Question 5 • La solution suivante est récursive terminale.

```
let rec forall p = function
  | [] -> true
  | t::q -> (p t) & forall p q ;;
```

Le coût est proportionnel à la longueur de la liste ℓ, puisque l'on effectue exactement un *Cons* pour chaque élément de cette liste. On peut imaginer des formu-
lations plus concises ; en voici deux exemples, l'une utilisant `filtre` et l'autre
la fonctionnelle `it_list`. Leur coût reste proportionnel à $|\ell|$.

```
let forall p l = (filtre p l) = l ;;
let forall p l = it_list (prefix &) true (map p l);;
```

Question 6 • La stabilité par complémentation est évidente. Avec la formule
$F \cup G = \overline{\overline{F} \cap \overline{G}}$, la stabilité par réunion se réduit à la stabilité par intersection,
qu'il reste donc à établir.

• L'intersection d'une partie finie et d'une partie quelconque (cofinie ou non) est
finie ; quant à l'intersection de deux parties cofinies $F = \mathbb{N} \setminus P$ et $G = \mathbb{N} \setminus Q$,
elle est elle aussi cofinie car $\mathbb{N} \setminus (F \cap G) = P \cup Q$ est finie en tant que réunion de
deux parties finies.

• Soit $\mathcal{V}$ une famille de parties de $\mathbb{N}$ contenant les parties finies et stable pour les
opérations booléennes : elle est en particulier stable pour la complémentation,
donc elle contient les parties cofinies, si bien que $\mathcal{W} \subset \mathcal{V}$.

Question 7 • L'appartenance à une partie finie se teste directement en appliquant `mem` à la liste qui la représente. L'appartenance à une partie cofinie équivaut
à la non-appartenance à son complémentaire.

```
let appartient x = function
 | Finie f -> mem x f
 | Cofinie f -> not (mem x f) ;;
```

Question 8 • Revenons à la définition mathématique : $G \supset F$ ssi tout élément
de F appartient à G. Nous disposons des fonctions `appartient` et `forall`. Si F
est finie, on vérifie que tous ses éléments appartiennent à G ; si F est cofinie, on
vérifie que tous les éléments de son complémentaire appartiennent à G.

```
let contient g = function
 | Finie q -> forall (fun x -> appartient x g) q
 | Cofinie q -> forall (fun x -> not (appartient x g)) q ;;
```

Question 9 • L'écriture est immédiate, avec la structure de données choisie.

```
let complement = function
 | Finie f -> Cofinie f
 | Cofinie f -> Finie f ;;
```

Question 10 • Si les deux parties sont finies, il suffit d'utiliser `union_simple`.
Sinon, la réunion est une partie cofinie ; le cas de la réunion de deux parties
cofinies est simple, avec la relation :

$$(\mathbb{N} \setminus P) \cup (\mathbb{N} \setminus Q) = \mathbb{N} \setminus (P \cap Q)$$

Il reste le cas de la réunion d'une partie finie P et d'une partie cofinie $\mathbb{N} \setminus Q$. Le
résultat est une partie cofinie $\mathbb{N} \setminus R$. On a :

$$R = \mathbb{N} \setminus (P \cup (\mathbb{N} \setminus Q)) = (\mathbb{N} \setminus P) \cap Q$$

Donc R est l'ensemble des éléments de Q qui *n'appartiennent pas* à P ; le calcul
de cette partie se fait avec `filtre`.

```
let union f g = match (f,g) with
 | (Finie p,Finie q) -> Finie (union_simple p q)
 | (Cofinie p,Cofinie q) -> Cofinie (intersection_simple p q)
 | (Finie p,Cofinie q) -> let fp = fun x -> not (mem x p)
    in Cofinie (filtre fp q)
 | (Cofinie p,Finie q) -> let fq = fun x -> not (mem x q)
    in Cofinie (filtre fq p) ;;
```

Question 11 • L'écriture est immédiate si l'on veut bien se souvenir cette fois que $F \cap G = \overline{\overline{F} \cup \overline{G}}$.

```
let intersection f g =
 let f1 = complement f and g1 = complement g
 in complement (union f1 g1) ;;
```

Question 12 • Le test d'appartenance a un coût égal à la longueur de la liste, dans le pire des cas. Le test d'inclusion est réalisé par application à tous les éléments d'une liste du test d'appartenance à l'autre liste ; donc son coût est égal au produit des longueurs des deux listes dans le pire des cas. La complémentation a un coût nul (toujours en nombre de *Cons*). La réunion et l'intersection ont elles aussi un coût au moins égal au produit des longueurs des deux listes dans le pire des cas, puisque l'on applique à tous les éléments d'une liste le test d'appartenance ou de non-appartenance à l'autre liste.

Question 13 • En changeant de structure de données pour représenter les parties finies ou cofinies de $\mathbb{N}$, on peut diminuer le coût de la recherche d'un élément. Avec des arbres binaires de recherche, ce coût passera de n à $\ln n$ (en moyenne), où n est le nombre d'éléments dans la structure ; si l'on utilise des arbres binaires *équilibrés*, le coût sera un $\mathcal{O}(\ln n)$ dans le pire des cas. Enfin, en faisant appel à une table de hachage, le coût moyen devient constant.

Question 14 • Il suffit de redéfinir le type `ficof` en le paramétrant :

```
type 'a ficof = Finie of 'a list | Cofinie of 'a list ;;
```

Le polymorphisme de Caml fera le reste ! Notons que le type de `appartient` deviendra `'a -> ficof -> bool`. Évidemment, on ne saurait avoir le beurre et l'argent du beurre : on ne pourra implanter une structure de données performante que si le type de base le permet. En particulier, l'emploi d'arbres binaires de recherche n'est possible que si ce type est muni d'une relation d'ordre total.

———— FIN DU CORRIGÉ ————

Références bibliographiques, notes diverses

▶ Ce sujet a été soumis à la sagacité des étudiants le mercredi 27 octobre 1999.

Problème 2

Itération et attraction

Présentation

Itérer une fonction est une opération fondamentale, en mathématiques comme en informatique. Les objets manipulés par cette dernière science sont plus souvent de nature discrète que continue. Nous nous intéresserons donc aux notions de point fixe, de cycle, et plus généralement de *bassin d'attraction*. Nous verrons qu'il existe trois types différents de bassins.

Ces idées seront mises en œuvre sur un exemple très simple, celui de la fonction qui, au naturel n, associe la somme des carrés des chiffres de son écriture décimale. Une application en langage Caml termine ce sujet, abordable par des étudiants de première année.

Prérequis

Aucune connaissance particulière en informatique n'est requise. On ne demande qu'une bonne habitude du raisonnement. Notions mathématiques : relations d'équivalence, itération d'une fonction.

Le lev (la monnaie nationale) a été dévalué de 250 % en un an.

Le Monde — 27/28 octobre 1996

Problème 2 : l'énoncé

1 Suites ultimement périodiques

▶ On rappelle qu'une suite $(x_n)_{n \in \mathbb{N}}$ d'éléments d'un ensemble E est *ultimement périodique* s'il existe $n_0 \in \mathbb{N}$ et $p \in \mathbb{N}^*$ tels que $x_{n+p} = x_n$ pour tout $n \geqslant n_0$; on dit alors que p est *une* période de cette suite. Le plus petit p convenant dans cette définition est *la* période de cette suite ; le plus petit n_0 est le *rang d'entrée* dans la période.

▶ Soient E un ensemble non vide, et f une application de E dans E. À tout élément x de E, on associe la suite des images de x par les itérées de f, suite dont le terme général est $x_n = f^n(x)$. On a donc $x_0 = x$, et $x_{n+1} = f(x_n)$ pour tout $n \in \mathbb{N}$.

Question 1 • Montrez que cette suite est ultimement périodique si et seulement s'il existe un rang $n \geqslant 1$ tel que $x_{2n} = x_n$.

Question 2 • Dans cette question, E est un ensemble fini, de cardinal N. Montrez que la suite définie par f et x est ultimement périodique ; précisez les valeurs minimale et maximale de la période, puis celles du rang d'entrée dans la période (exemples à l'appui).

Question 3 • Rédigez en Caml une fonction :

```
periode : ('a -> 'a) -> 'a -> int
```

spécifiée comme suit : `periode f x` calcule une période de la suite de terme général $f^n(x)$, sous réserve que cette suite soit ultimement périodique.

2 Bassins d'attraction d'une fonction itérable

▶ Soient E un ensemble non vide, et $f : E \mapsto E$. On définit sur E une relation $\equiv$ comme suit :

$$q \equiv r \iff \text{il existe des naturels } n_q \text{ et } n_r \text{ tels que } f^{n_q}(q) = f^{n_r}(r)$$

Il est clair que cette relation est réflexive et symétrique.

Question 4 • Montrez que $\equiv$ est transitive. Montrez également qu'elle est compatible avec f : si $q \equiv r$, alors $f(q) \equiv f(r)$.

▶ Un *bassin d'attraction* de f est une classe d'équivalence pour la relation $\equiv$. Soit B un tel bassin.

Question 5 • Montrez que $f(B) \subset B$.

Question 6 • On suppose qu'il existe un élément x de B qui est point fixe de f : $f(x) = x$. Montrez que la suite des itérés par f de n'importe quel élément y de B est stationnaire, la «valeur de stationnement» étant x. Nous dirons que B est de type I.

Question 7 • On suppose maintenant que f n'a aucun point fixe dans B, mais qu'il existe un élément x de B et un rang $n > 1$ tels que x soit point fixe de f^n. Montrez que la suite des itérés par f de n'importe quel élément y de B est ultimement périodique, la période étant indépendante de y. Nous dirons que B est de type II.

Question 8 • On suppose maintenant qu'aucun élément de B n'est point fixe d'une itérée de f. Montrez que les images d'un élément x quelconque de B par les itérées par f sont deux à deux distinctes. Nous dirons que B est de type III.

Question 9 • Parmi ces trois types de bassins, lesquels peuvent être finis?

Question 10 • Soit $n \geqslant 2$. Montrez que tout bassin d'attraction de f^n est contenu dans un bassin d'attraction de f.

Question 11 • Nous dirons que f est *simple* si elle possède un seul bassin d'attraction, et si celui-ci est de type I. Soit $n \geqslant 2$. Montrez que f est simple ssi f^n l'est.

Question 12 • Construisez un exemple de fonction itérable possédant au moins un bassin de chacun des trois types. On prendra $E = \mathbb{N}$.

3 Un exemple

▶ On note X l'alphabet $\{0,1,2,3,4,5,6,7,8,9\}$. Soit $n \in \mathbb{N}^*$; on note $\psi(n)$ l'écriture décimale de n ; $\psi(n)$ est donc un mot sur X.

▶ Soit $u = u_1 u_2 \ldots u_r$ un mot sur X ; on note $K(u) = \displaystyle\sum_{1 \leqslant k \leqslant r} (u_k)^2$. On note $f = K \circ \psi$.

▶ Il est clair que f est une application de $\mathbb{N}^*$ dans lui-même ; on peut donc l'itérer. Par exemple, en partant de 205, on aura $f(205) = 2^2 + 0^2 + 5^2 = 29$, puis $f^2(205) = f(29) = 2^2 + 9^2 = 85$.

▶ On va s'intéresser à la nature des bassins d'attraction de f.

Question 13 • Montrez que chaque bassin d'attraction est infini.

Question 14 • Montrez que f possède un bassin d'attraction de type I.

Question 15 • Vérifiez que la suite de terme général $f^n(2000)$ est ultimement périodique.

Question 16 • Quel est le type du bassin d'attraction de 2000?

▶ Il résulte de ce qui précède que f possède au moins deux bassins d'attraction.

Question 17 • Justifiez l'affirmation suivante : si $q \geqslant 100$, alors $f(q) < q$.

Question 18 • En déduire que f ne possède qu'un nombre fini de bassins d'attraction, et qu'ils sont tous de type I ou II.

Question 19 • On décide de représenter un mot u sur l'alphabet X, par une liste d'entiers de longueur $|u|$. Rédigez en Caml trois fonctions :

```
psi : int -> int list
K : int list -> int
f : int -> int
```

spécifiées comme suit :

- `psi n` construit la liste $\psi(n)$; par exemple, $\psi(235)$ construit la liste [2;3;5].

- si le mot u est représenté par la liste ℓ, alors `K l` calcule $K(u)$; par exemple, `K [2;3;5]` rend pour résultat 38.

- `f n` calcule $f(n)$.

Question 20 • Décrivez un algorithme déterminant le nombre exact de bassins d'attraction de f.

Question 21 • Rédigez un programme en Caml mettant en œuvre votre algorithme. Quel est le nombre de bassins d'attraction de f?

▶ On définit en Caml la fonction suivante :

```
let g n =
  let rec aux c l = function
  | 0 -> l
  | r when r>=c*c -> aux c (c::l) (r-c*c)
  | r -> aux (c-1) l r
  in aux 9 [] n;;
```

Question 22 • Quels sont les types respectifs des fonctions `aux` et `g`?

Question 23 • Soit $n \geqslant 1$. Prouvez que la liste obtenue lorsque l'on calcule `g n` donne l'écriture décimale d'un élément de $f^{-1}(n)$. Cet élément est-il le plus petit de $f^{-1}(n)$?

––––––– FIN DE L'ÉNONCÉ –––––––

Il a refusé de payer l'amende de 1,1 milliard de livres turques (environ 53000 francs) qui lui avait été infligée dans le cadre de sa condamnation. La somme a donc été convertie en jours de prison, à raison de 10 000 livres (moins de 50 centimes) par jour, ce qui devrait prolonger son incarcération jusqu'en 2001.

Le Monde — dimanche 12 et lundi 13 janvier 1997

Problème 2 : le corrigé

1   Suites ultimement périodiques

Question 1 • Sens direct : il suffit d'exhiber un rang $n \geqslant n_0$ et multiple de p ; il est clair que $(n_0 + 1)p$ convient. Réciproque : il suffit de prendre $n_0 = p = n$.

Question 2 • La suite $(x_n)_{n \in \mathbb{N}}$ prenant ses valeurs dans un ensemble fini, il existe (principe des tiroirs) des indices r et s distincts tels que $x_r = x_s$. Considérons alors le plus grand naturel k tel que $x_0, x_1, \ldots, x_k$ soient deux à deux distincts. Il existe $j \in [\![0, k]\!]$ tel que $x_j = x_{k+1}$; il est clair que $n_0 = j$ et $p = k+1-j$ conviennent. La période est comprise entre 1 (suite stationnaire) et N (avec $f(t) = t+1$ si $t < N$ et $f(N) = 1$). Le rang d'entrée dans la période est compris entre 0 (suite constante) et $N - 1$ (avec $f(t) = t+1$ si $t < N$ et $f(N) = N$).

Question 3 • On utilise le résultat de la question 1. Notons F la fonction qui, au triplet $(a, b, c) \in E \times E \times \mathbb{N}$ associe le triplet $\big(f(a), f^2(b), c + 1\big)$. Il est clair que $F^n(x, x, 0) = (x_n, x_{2n}, n)$. Il suffit donc de s'arrêter lorsque l'on obtient un triplet dont les deux premières composantes sont égales.

```
let periode f x =
 let rec F(a,b,c) =
  let a' = f(a) and b' = f(f(b)) and c' = c+1 in
   if a' = b' then c' else F(a',b',c') in
 F(x,x,0);;
```

2   Bassins d'attraction d'une fonction itérable

Question 4 • Soient q, r et s trois éléments de E tels que $q \equiv r$ et $r \equiv s$. Soint n_q, n_r, n'_r et n_s des indices tels que $f^{n_q}(q) = f^{n_r}(r)$ et $f^{n'_r}(r) = f^{n_s}(s)$. Alors :

$$\begin{aligned} f^{n_q + n'_r}(q) &= f^{n'_r}\big(f^{n_q}(q)\big) = f^{n'_r}\big(f^{n_r}(r)\big) = f^{n_r}\big(f^{n'_r}(r)\big) \\ &= f^{n_r}\big(f^{n_s}(s)\big) = f^{n_r + n_s}(q) \end{aligned}$$

Ceci prouve $q \equiv s$.

Question 5 • Soit $x \in B$; notons $y = f(x)$. De l'égalité $f^0(y) = f^1(x)$, il résulte $y \equiv x$, donc $y \in B$.

Question 6 • Il existe des naturels n_x et n_y tels que $f^{n_x}(x) = f^{n_y}(y)$. Mais x est point fixe de f, donc $f^{n_x}(x) = x$, puis $f^{n_y}(y) = x$. Alors $f\big(f^{n_y}(y)\big) = f(x) =$

$x = f^{n_y}(y)$: donc la suite de terme général $f^n(y)$ stationne à partir du rang n_y (et peut-être même avant ce rang).

Question 7 • Soient n_x et n_y définis comme à la question précédente. Soient également p la période et n_0 le rang d'entrée dans la période de la suite de terme général $f^n(x)$. Alors, pour $n \geqslant n_0$:

$$
\begin{aligned}
f^{n+n_y+p}(y) &= f^{n+p}\big(f^{n_y}(y)\big) = f^{n+p}\big(f^{n_x}(x)\big) = f^{n+p+n_x}(x) \\
&= f^{n_x+n+p}(x) = f^{n_x+n}(x) = f^n\big(f^{n_x}(x)\big) \\
&= f^n\big(f^{n_y}(y)\big) = f^{n+n_y}(y)
\end{aligned}
$$

Ceci montre que la suite de terme général $f^n(y)$ est ultimement périodique, et que p en est une période. Par raison de symétrie, les deux suites de termes généraux respectifs $f^n(x)$ et $f^n(y)$ ont même ensemble de périodes ; en particulier, la plus petite période de la première suite est aussi celle de la deuxième.

Question 8 • Supposons que les images de x par f^j et f^k soient identiques, avec $j \neq k$. On peut supposer $j < k$ sans perte de généralité. Alors :

$$
f^k(x) = f^{k-j}\big(f^j(x)\big) = f^{k-j}\big(f^k(x)\big)
$$

Ainsi, $f^k(x)$ est point fixe de f^{k-j}, ce qui est contradictoire.

Question 9 • Un bassin de type I peut être fini : par exemple, l'application identique de E n'a que des bassins de ce type. Il en est de même pour un bassin de type II : considérer par exemple l'application $n \mapsto n + 1$ dans l'ensemble $\mathbb{Z}/n\mathbb{Z}$. Enfin, un bassin de type III est nécessairement infini puisque les images d'un élément de ce bassin par les itérées de f sont deux à deux distinctes.

Question 10 • Soient x et y appartenant à un même bassin d'attraction de f^n. Il existe donc des naturels n_x et n_y tels que $(f^n)^{n_x}(x) = (f^n)^{n_y}(y)$, soit $f^{nn_x}(x) = f^{nn_y}(y)$: ceci montre que x et y sont dans un même bassin d'attraction de f. Ainsi, tout bassin d'attraction de f^n est entièrement contenu dans un bassin d'attraction de f. Ceci revient à dire que la relation d'équivalence associée à f^n est plus fine que la relation d'équivalence associée à f.

Question 11 • Le sens direct est clair : tout point fixe de f est point fixe de toute itérée de f. Réciproquement, supposons f^n simple. Comme chaque bassin de f contient au moins un bassin de f^n, f ne peut posséder qu'un bassin, qui ne peut être de type III. S'il était de type II, alors f^n posséderait plusieurs bassins.

Question 12 • Définissons f par les relations $f(0) = 0$, $f(1) = 2$, $f(2) = 1$ et $f(n) = n + 1$ pour $n \geqslant 3$. f compte : un bassin de type I, réduit à 0 ; un bassin de type II, réduit au cycle $1 \to 2 \to 1$; et un bassin de type III, constitué par les autres naturels.

3 Un exemple

Question 13 • Soit x un élément d'un bassin B. Pour tout $k \in \mathbb{N}$, $10^k x$ est encore dans B, qui est donc infini.

Question 14 • Il suffit de noter que $f(1) = 1$, donc le bassin d'attraction de 1 est de type I.

Question 15 Notons $x \to y$ lorsque $y = f(x)$. Alors :

$$
\begin{aligned}
x_0 = 2000 \quad &\to \quad x_1 = 2^2 + 0^2 + 0^2 + 0^2 = 4 \to x_2 = 4^2 = 16 \\
&\to \quad x_3 = 1^2 + 6^2 = 37 \to x_4 = 3^2 + 7^2 = 58 \\
&\to \quad x_5 = 5^2 + 8^2 = 89 \to x_6 = 8^2 + 9^2 = 145 \\
&\to \quad x_7 = 1^2 + 4^2 + 5^2 = 42 \to x_8 = 4^2 + 2^2 = 20 \\
&\to \quad x_9 = 2^2 + 0^2 = 4 = x_1
\end{aligned}
$$

Ceci montre que la suite de terme général $f^n(2000)$ est ultimement périodique, avec $n_0 = 1$ et $p = 8$.

Question 16 • Cette suite n'étant pas stationnaire, le bassin d'attraction de 2000 est de type II.

Question 17 • Soit $c_k c_{k-1} \ldots c_1 c_0$ l'écriture décimale de q : $q = \sum_{0 \leqslant i \leqslant k} 10^i c_i$.

Comme $q \geqslant 100$, on a certainement $k \geqslant 2$. Par ailleurs, $f(q) = \sum_{0 \leqslant i \leqslant k} (c_i)^2$. Pour $i \in [\![1, k-1]\!]$, on a clairement $(c_i)^2 \leqslant 9c_i < 10c_i \leqslant 10^i c_i$. Et comme $c_k \geqslant 1$, on a :

$$
(c_0)^2 + (c_k)^2 \leqslant 9^2 + 9c_k = (81 - 91c_k) + 10^2 c_k < 10^k c_k \leqslant 10^0 c_0 + 10^k c_k
$$

Par sommation, on obtient $\sum_{0 \leqslant i \leqslant k} (c_i)^2 < \sum_{0 \leqslant i \leqslant k} 10^i c_i$ soit $f(q) < q$.

Question 18 • Soit $x \in \mathbb{N}^*$; la suite de terme général $x_n = f^n(x)$ possède au moins un terme inférieur à 100, donc le bassin d'attraction de x contient au moins un naturel inférieur à 100, si bien que f possède au plus 99 bassins d'attraction.

Question 19 • L'écriture décimale d'un naturel $n \geqslant 10$ s'obtient en concaténant l'écriture décimale de $\lfloor n/10 \rfloor$ et le chiffre des unités de n. L'utilisation de l'opérateur @ nous donne une récursivité non terminale, et un coût en $\ln^2 n$. On règlerait simplement le problème en préparant l'écriture «à l'envers», et en infligeant un rev au résultat obtenu. Cette lourde tâche est laissée aux bons soins du lecteur consciencieux.

```
let rec psi = function
| n when n<10 -> [n]
| n -> (psi (n/10)) @ (psi(n mod 10));;

let K l = let sum = it_list (prefix +) 0 and carre x = x*x
in sum (map carre l);;

let f n = K(psi n);;
```

Question 20 • On note que $q < 100$ implique $f(q) \leqslant 2 \cdot 9^2 = 162$. Donc l'intervalle $[\![1, 162]\!]$ est stable par f. Il nous suffit, pour chaque élément q de cet intervalle, de calculer la suite des 163 premiers itérés (au plus) pour mettre en évidence la période de la suite de terme général $f^n(q)$. On choisit dans cette période le plus petit élément comme représentant canonique du bassin obtenu. Il reste à compter le nombre de représentants différents.

Question 21 Quelques explications pour comprendre le programme qui suit :

- `intervalle i j` construit une liste représentant l'intervalle $[\![i, j]\!]$;

- `uniq l` élimine les éventuels doublons de la liste ℓ ;

- `dropwhile p l` ôte de la liste ℓ le plus long préfixe dont tous les membres vérifient le prédicat p ;

- `min_of_list l` calcule le plus petit élément de liste ℓ ;

- `bassin f n` construit le bassin d'attraction de n pour la fonction f ;

- enfin, `compte_bassins f` compte les bassins de f.

```
let rec intervalle i j =
 if i>j then [] else i::(intervalle (i+1) j);;

let rec uniq = function
 | [] -> []
 | t::q when mem t q -> uniq q
 | t::q -> t::(uniq q);;

let rec dropwhile p = function
 | [] -> []
 | t::q when p t -> dropwhile p q
 | l -> l;;

let rec min_of_list = function
 | [] -> failwith "min liste vide"
 | [x] -> x
 | t::q -> min t (min_of_list q);;

let bassin f n =
 let rec aux accu v = let v' = f(v) in if mem v' accu
  then min_of_list(dropwhile (fun x -> x<> v') (rev accu))
  else aux (v'::accu) v'
 in aux [n] n;;

let compte_bassins f =
 list_length (uniq (map (bassin f) (intervalle 1 162)));;
```

Question 22 • On constate que f n'a pas d'autres bassins que les deux déjà rencontrés.

Question 23 • aux est de type `int -> int list -> int -> int list` ; g est de type `int -> int list`.

Question 24 • Soient c et r des naturels non nuls, et ℓ une liste de naturels. Notons $c' = c$, $r' = r - c^2$ et $\ell' = c :: \ell$ si $r \geqslant c^2$; et $c' = c - 1$, $r' = r$ et $\ell' = \ell$ si $r < c^2$. On constate que $r + K(\ell) = r' + K(\ell')$: la quantité $r + K(\ell)$ est donc invariante ; sa valeur initiale est n. Par ailleurs, la condition $c \geqslant 1$ est conservée car $r < c^2$ implique $c \geqslant 2$; ceci montre que la quantité $r + c$ diminue strictement, ce qui prouve la terminaison de la fonction **aux**. Le résultat rendu est une liste ℓ telle que $K(\ell) = n$, c'est donc bien l'écriture décimale d'un élément de $f^{-1}(n)$.

• On n'obtient pas nécessairement le plus petit élément. Par exemple, avec $n = 89$ on récupère l'écriture décimale de 111111119, alors que 58 convient.

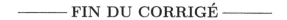

———— FIN DU CORRIGÉ ————

Références bibliographiques, notes diverses

▶ L'exemple proposé dans la partie 3 a été volontairement choisi très simple. Il possède un cousin célèbre : l'itérateur de COLLATZ, plus connu sous le nom de *suite de Syracuse* : c'est la fonction $f : \mathbb{N}^* \mapsto \mathbb{N}^*$ définie par $f(2n) = n$ et $f(2n + 1) = 6n + 4$. Malgré des recherches intensives menées avec de nombreux ordinateurs, nul n'a pu à ce jour exhiber un deuxième bassin d'attraction. On peut d'ailleurs affirmer que cette suite dispute au jeu *Tetris* le titre douteux de « plus grande gaspilleuse de moyens informatiques ».

▶ Itération, attracteurs, point fixes, cycles : ce texte nous a donné l'occasion de nous familiariser avec le vocabulaire de *systèmes dynamiques discrets*. Voici quelques exemples très... attractifs de tels systèmes :

- le *Jeu de la vie*, de John Horton CONWAY, qui est l'ancêtre de tous les automates cellulaires ;

- la fourmi de Christopher LANGTON : une rapide recherche sur le Web vous donnera accès à des pages proposant de sympathiques animations en langage Java ;

- l'automate des tas de sable, de Deepak DHAR : pour faire sa connaissance, rendez-vous au problème 13 !

▶ On trouvera des prolongements dans le livre *Les systèmes dynamiques discrets* de François ROBERT (éd. Springer).

▶ Cet énoncé a été soumis à la sagacité des étudiants le jeudi 20 avril 2000.

Simplicity and elegance are unpopular because they require hard work and discipline to achieve and education to be appreciated.

Edsger Wybe Dijkstra — The tide, not the waves (Beyond calculation)

Problème 3

Un texte tiré de Combinatorics on Words

Présentation

Ce problème s'inspire très largement de celui qui clôt le premier chapitre du livre *Combinatorics on Words*, de LOTHAIRE (éd. Cambridge University Press 1997). Cet ouvrage collectif est le fruit de la collaboration de ce qu'il est convenu d'appeler la *french school* : les fils spirituels de Marcel-Paul SCHÜTZENBERGER (qui ne sont d'ailleurs pas tous français). La première édition, publiée en 1983, était épuisée depuis longtemps : sa reparution est une bonne nouvelle !

Une nouvelle équipe d'auteurs prépare un second livre, qui devrait paraître sous le titre *Algebraic Combinatorics on Words*. Comme son prédécesseur, il proposera au sagace lecteur de nombreux exercices ; et chaque chapitre se terminera sur des notes historiques d'une grande valeur. Si l'informatique théorique vous intéresse, vous ne manquerez pas de vous précipiter sur cet ouvrage dès sa parution ; en attendant, vous pouvez télécharger des chapitres sur le site de Jean BERSTEL :

```
http://www-igm.univ-mlv.fr/~berstel/Lothaire/index.html
```

Les pieds de table, tu n'as pas besoin de faire ça au laser en piano-tant sur Internet tous les matins pour voir si un ébéniste de Fatchakulla n'aurait pas inventé une nouvelle méthode révolutionnaire dans la nuit !

Didier Daeninckx — Nazis dans le métro

Problème 3 : l'énoncé

▶ On fixe un alphabet A. Soit W une partie de A^+ telle qu'aucun élément de W ne possède de facteur propre dans W.

▶ On note $P = A^* \setminus (A^*WA^*)$: P est donc l'ensemble des mots dont aucun facteur n'appartient à W.

▶ Soit $u \in W$; on note $X_u = (A^*u) \setminus (A^*WA^+)$.

▶ On note $L + M$ pour $L \cup M$, et $\sum_{i \in I} L_i$ pour $\bigcup_{i \in I} L_i$.

Question 1 • Justifiez : X_u est l'ensemble des mots dont u est suffixe, mais dont aucun autre facteur n'appartient à W.

Question 2 • Soient u et v deux éléments distincts de W. Montrez que X_u et X_v sont disjoints.

Question 3 • Établissez la relation $\{\varepsilon\} + PA = P + \sum_{u \in W} X_u$.

▶ Pour u et v appartenant à W, on note $R_{u,v} = \{t \in A^+ \setminus (A^*v) : ut \in A^*v\}$.

Question 4 • Explicitez $R_{u,v}$ lorsque $u = abb$ et $v = bbb$.

Question 5 • Montrez que $R_{u,v}$ est une partie finie de A^+.

Question 6 • Soient u et v deux éléments de W. Montrez que X_u et $X_v R_{v,u}$ sont disjoints.

Question 7 • Soient u, v et w trois éléments de W. On suppose $v \neq w$; montrez que $X_v R_{v,u}$ et $X_w R_{w,u}$ sont disjoints.

Question 8 • Soit $u \in W$; établissez la relation $Pu = X_u + \sum_{v \in W} X_v R_{v,u}$.

▶ Dans les deux dernières questions, on fixe $A = \{a, b\}$, $u = aba$ et $W = \{u\}$. Pour $n \geqslant 0$, on note $\lambda_n = \operatorname{Card}(P \cap A^n)$ le nombre de mots de longueur n n'ayant aucun facteur égal à u, et $\mu_n = \operatorname{Card}(X_u \cap A^n)$.

Question 9 • Établissez deux relations entre les familles $(\lambda_n)_{n \in \mathbb{N}}$ et $(\mu_n)_{n \in \mathbb{N}}$.

Question 10 • En déduire une relation de récurrence linéaire vérifiée par la famille $(\lambda_n)_{n \in \mathbb{N}}$.

 FIN DE L'ÉNONCÉ ——

Problème 3 : le corrigé

▶ Remarque : si un mot x possède deux suffixes u et v appartenant à W, alors $u = v$; en effet, dans le cas contraire, le plus court des deux mots u et v est suffixe, donc facteur, de l'autre, ce qui est exclu puisque tous deux sont dans W.

Question 1 • Soit $x \in X_u$: $x \in A^*u$, donc u est suffixe de x ; à plus forte raison, u est facteur de x. Supposons que x possède un facteur v appartenant à W : alors, soit $x = zvz'$ avec $z' \neq \varepsilon$, mais ceci est exclu car $x \notin A^*WA^+$; soit $x = zv$, mais alors $v = u$ d'après la remarque.

• Réciproquement, soit x ayant u pour suffixe, et n'ayant aucun autre facteur dans W. $x \in A^*u$ est clair ; et, si x appartenait à A^*WA^+, on aurait $x = zvz'$ avec $v \in W$ et $z' \neq \varepsilon$ si bien que x posséderait un autre facteur appartenant à W (à savoir, v).

Question 2 • Soit $x \in X_u \cap X_v$: u et v sont suffixes du même mot x, donc sont égaux d'après la remarque. On en déduit que $X_u \cap X_v = \emptyset$ dès que $u \neq v$.

Question 3 • $\varepsilon \in P$ car ε n'a aucun facteur dans A^+, *a fortiori* dans W. Soit $x \in PA$: $x = ya$ avec $y \in P$; si $x \notin P$, x possède un facteur dans W, qui ne peut être facteur de y. Donc $x = vwa$ avec $wa \in W$; montrons par l'absurde que x n'a pas d'autre facteur dans W. Un tel facteur z serait, soit facteur de y (exclu car $y \in P$), soit suffixe de x : mais alors $z = wa$ d'après la remarque. Conclusion : $x \in X_{wa}$. Nous avons ainsi établi l'inclusion $\{\varepsilon\} + PA \subset P + \sum\limits_{u \in W} X_u$.

• Soit $x \in P$: si $x \neq \varepsilon$, alors $x = ya$; tout facteur de y étant aussi facteur de x, on peut affirmer que $y \in P$; par suite, $x \in PA$. Soit maintenant $x \in X_u$: $x = yu$ avec $u \in W \subset A^+$, donc $u = za$ avec $a \in A$; ainsi $x = yza$. Si yz avait un facteur dans W, celui-ci serait pour x un deuxième facteur appartenant à W, ce qui est exclu. Finalement, $yz \in P$ et $x \in PA$. On a établi l'inclusion $P + \sum\limits_{u \in W} X_u \subset \{\varepsilon\} + PA$.

Question 4 • $R_{u,v} = \{b, bb\}$; en effet, b et bb conviennent ; tout autre mot de longueur inférieure à 3 contient au moins une occurrence de a, et ne peut donc convenir ; et tout mot t de longueur au moins 3 appartenant à A^*v doit avoir v comme suffixe, et ne peut lui non plus convenir.

Question 5 • Le résultat est clair si $R_{u,v}$ est vide. Sinon, soit $t \in R_{u,v}$: alors $ut \in A^*v$, *id est* : il existe $w \in A^*$ tel que $ut = wv$. Des deux mots t et v, l'un est suffixe de l'autre ; or ce ne peut être v puisque $t \notin A^*v$; donc t est suffixe propre de v ; comme v possède exactement $|v|$ suffixes propres, $R_{u,v}$ est fini, et son cardinal est au plus égal à $|v|$. En fait, il est même strictement inférieur à $|v|$ car t, appartenant à A^+, ne peut être égal à ε.

Question 6 • Raisonnons par l'absurde : soit $x \in X_u \cap (X_v R_{v,u})$. On a alors $x = yu = zvt$ avec $t \in R_{v,u}$, donc $t \neq \varepsilon$. Ainsi, x admet v comme autre facteur appartenant à W, ce qui est exclu puisque $x \in X_u$.

Question 7 • Raisonnons par l'absurde : soit $x \in (X_v R_{v,u}) \cap (X_w R_{w,u})$. On a $x = zvt = z'wt'$, avec $zv \in X_v$, $z'w \in X_w$, $t \in R_{v,u}$ et $t' \in R_{w,u}$. Si z et z' ont même longueur, alors $vt = wt'$; v et w étant distincts, le plus court des deux est suffixe, donc facteur, de l'autre, mais ceci est exclu puisque tous deux sont dans W. On peut supposer $|z| < |z'|$ pour fixer les idées ; mais alors, si $|zv| = |z'w|$, on a $zv = z'w$ avec $|w| < |v|$, si bien que w est suffixe, *a fortiori* facteur, de v, ce qui est encore exclu ; si $|zv| < |z'w|$, v est facteur de $z'w$, ce qui est exclu puisque $z'w \in X_w$; raisonnement symétrique si $|zv| > |z'w|$.

Question 8 • Soit $x \in Pu$: $x = yu$ avec $y \in P$. De deux choses l'une : ou bien x n'a aucun autre facteur appartenant à W, auquel cas $x \in X_u$. Ou bien x a au moins un autre facteur dans W ; notons v celui qui est le plus à gauche, *id est* : $x = zvw$, avec $|z|$ minimale (et, en cas d'égalité, $|w|$ maximale). zv ne peut avoir aucun facteur dans W, si bien que $zv \in X_v$; il reste à établir $w \in R_{v,u}$, soit : $w \in A^+ \setminus A^* u A^+$ et $vw \in A^* u$.

• v ne peut être suffixe de u (d'après la remarque), donc $w \neq \varepsilon$, et $w \in A^+$. Comme $v \in W$ et $y \in P$, v ne peut être facteur de y, d'où $|zv| > |y|$, et par suite $|w| < |u|$: donc $w \notin A^* u$. Supposons $|vw| < |u|$: vw serait suffixe de u, mais alors v serait facteur de u, ce qui est exclu. Ainsi $|vw| \geqslant |u|$; comme $zvw = xu$, u est suffixe de vw, et $vw \in A^* u$.

• On a ainsi établi l'inclusion de gauche à droite. Pour l'inclusion inverse, distinguons deux cas de figure.

• Soit $x \in X_u$: $x = yu$, et x n'a aucun autre facteur dans W ; comme $u \neq \varepsilon$, y n'a aucun facteur dans W, soit : $y \in P$, et $x \in Pu$.

• Soit $x \in X_v R_{v,u}$ pour un certain $v \in W$. On peut écrire $x = yvw$, yv n'ayant comme seul facteur dans W que son suffixe v, et w appartenant à $R_{v,u}$. Ainsi, $w \in A^+$, $w \notin A^* u$ et $vw \in A^* u$. u est suffixe de vw, *a fortiori* de $x = yvw$, si bien que $x \in A^* u$. Notons alors z le mot tel que $vw = zu$, si bien que $x = yzu$; il s'agit de prouver que $yz \in P$. Raisonnons par l'absurde : soit $s \in W$ un facteur de yz. Nécessairement, $|z| \geqslant |v|$, sinon $x = yzu = yvw$ implique que yz est préfixe propre de yv, donc que s est facteur de yv, autre que le v final. Mais on a aussi $|u| > |w|$, puisque $w \notin A^* u$. On met alors en évidence une contradiction :

$$|x| = |yzu| = |y| + |z| + |u| > |y| + |v| + |w| = |yvw| = |x|$$

Question 9 • D'après ce qui fut établi à la question 5, les éléments de $R_{u,u}$ doivent être des suffixes propres de u, distincts de ε ; les seuls candidats à examiner sont donc a et ba. Or a ne peut convenir puisque $ua = abaa$ n'admet pas $u = aba$ comme suffixe ; en revanche, ba convient puisque $uba = ababa$ admet $u = aba$ comme suffixe. Ainsi $R_{u,u} = \{ba\}$.

• On a $\{\varepsilon\} + PA = P + X_u$ d'après la question 3 ; $\{\varepsilon\}$ et (PA) sont clairement disjoints, de même que P et X_u, donc, pour $n \geqslant 1$:

$$
\begin{aligned}
\mathrm{Card}\big(A^n \cap (\{\varepsilon\} + PA)\big) &= \mathrm{Card}\big(A^n \cap \{\varepsilon\}\big) + \mathrm{Card}\big(A^n \cap PA\big) \\
&= \mathrm{Card}\big(A^{n-1} \cap P\big) \times \mathrm{Card}\, A = 2\lambda_{n-1}
\end{aligned}
$$

$$\mathrm{Card}\big(A^n \cap (P + X_u)\big) \;=\; \mathrm{Card}\big(A^n \cap P\big) + \mathrm{Card}\big(A^n \cap X_u\big) = \lambda_n + \mu_n$$

Conclusion : $\boxed{2\lambda_{n-1} = \lambda_n + \mu_n}$

• $P_u = X_u + X_u R_{u,u}$ d'après la question 8 ; X_u et $X_u R_{u,u}$ sont disjoints d'après la question 6 ; donc, pour $n \geqslant 3$:

$$\mathrm{Card}\big(A^n \cap P_u\big) \;=\; \mathrm{Card}\big(A^{n-3} \cap P\big) = \lambda_{n-3}$$
$$\mathrm{Card}\big(A^n \cap (X_u + X_u R_{u,u})\big) \;=\; \mathrm{Card}\big(A^n \cap X_u\big) + \mathrm{Card}\big(A^n \cap X_u R_{u,u}\big)$$
$$=\; \mu_n + \mathrm{Card}\big(A^{n-2} \cap X_u\big) = \mu_n + \mu_{n-2}$$

Conclusion : $\boxed{\lambda_{n-3} = \mu_n + \mu_{n-2}}$

Question 10 • Pour $n \geqslant 3$, on a :

$$\lambda_n + \mu_n \;=\; 2\lambda_{n-1}$$
$$\lambda_{n-2} + \mu_{n-2} \;=\; 2\lambda_{n-3} \quad (n \to n-2)$$
$$\lambda_{n-3} \;=\; \mu_n + \mu_{n-2}$$

D'où par addition $\lambda_n + \lambda_{n-2} + \lambda_{n-3} = 2\lambda_{n-1} + 2\lambda_{n-3}$, soit :

$$\boxed{\lambda_n = 2\lambda_{n-1} - \lambda_{n-2} + \lambda_{n-3}}$$

• Pour être exhaustifs, donnons les valeurs des premiers termes des suites $(\lambda_n)_{n\in\mathbb{N}}$ et $(\mu_n)_{n\in\mathbb{N}}$, afin d'amorcer un éventuel calcul. $P \cap A^n = \emptyset$ si $n \leqslant 2$, donc $\lambda_0 = 1$, $\lambda_1 = 2$ et $\lambda_2 = 4$. Voici le compte-rendu d'une mise en œuvre avec Caml ; les questions sont précédées d'un #, les réponses ont été conservées telles quelles.

```
#let rec lambda = function
 | 0 -> 1
 | 1 -> 2
 | 2 -> 4
 | n -> 2*lambda(n-1)-lambda(n-2)+lambda(n-3);;
lambda : int -> int = <fun>
#for n = 0 to 13 do
  print_int(lambda n);
  print_char ' ' done;;
1 2 4 7 12 21 37 65 114 200 351 616 1081 1897 - : unit = ()
```

———— FIN DU CORRIGÉ ————

Références bibliographiques, notes diverses

▶ La *densité* d'un langage L sur un alphabet X est la suite dont le terme général u_n est le nombre de mots de L de longueur n. On lui associe naturellement la série génératrice $f(z) = \displaystyle\sum_{n \geqslant 0} u_n z^n$, dont le rayon de convergence est au moins égal à $\frac{1}{|X|}$ puisque $u_n \leqslant |X|^n$.

▶ Il est banal que L est fini si et seulement si f est un polynôme. Si L est rationnel, f est elle aussi rationnelle ; mais la réciproque est fausse, bien entendu.

▶ Parmi les langages rationnels, on distingue la famille des *langages minces*, qui vérifient $u_n = \mathcal{O}(1)$. On montre qu'un langage est mince si et seulement s'il peut être représenté par une expression rationnelle de la forme $\displaystyle\sum_{i \in I} x_i y_i^* z_i$, où I est un ensemble fini d'indices et où les x_i, y_i et z_i sont des mots. Le premier problème de l'épreuve d'informatique du concours commun Mines-Ponts, édition 1999, proposait aux candidats d'établir ce résultat (un grand merci au passage à Jacques SAKAROVITCH, qui a conçu ce très joli exercice).

▶ Plus généralement, on peut s'intéresser aux langages rationnels dont la densité est polynomiale, c'est-à-dire vérifie $u_n = \mathcal{O}(n^k)$ pour un certain exposant $k \geqslant 0$. Le lecteur intéressé lira avec profit l'article *Characterizing regular languages with polynomial densities*, cosigné par Andrew SZILARD, Jeffrey SHALLIT, Sheng YU et Kaizhong ZHANG, publié dans le numéro 629 des *Lecture Notes in Computer Science* (éd. Springer). On y établit une caractérisation généralisant celle citée plus haut pour les langages minces ; on y montre également que la densité d'un langage rationnel est, soit polynomiale, soit exponentielle.

▶ Une référence plus récente sur ce sujet est le chapitre *Regular languages*, rédigé par Sheng YU, du *Handbook of formal languages* (éd. Springer). La bibliographie est très conséquente.

▶ Merci à Dominique PERRIN.

L'adjectif «exclu» a été particulièrement maltraité alors qu'une simple vérification phonétique du féminin permettait que soit exclue la lettre «s» du masculin singulier alors qu'elle est incluse quand on écrit «in-clus» au masculin singulier. On ne saurait invoquer les règles savantes de l'orthographe et invoquer Racine qui écrivait «exclus» avec un «s» au masculin singulier, car ce sont souvent les mêmes copies qui, négligeant la précision de la langue, l'aisance du style et la rigueur de la pensée, multiplient les erreurs portant sur la restitution des noms propres liés aux œuvres du programme.

Concours commun des Écoles des Mines d'Albi, Alès, Douai et Nantes,
session de 1996 — Rapport du jury sur l'épreuve de français

Problème 4

Autour de la distance de Hamming

Présentation

La distance de HAMMING entre deux mots de même longueur, est le nombre de positions par lesquelles ces deux mots diffèrent. Par exemple, la distance de HAMMING des mots haricots et tapinois est égale à 4.

On définit dans ce texte la notion de voisinage de HAMMING d'un langage L : c'est l'ensemble des mots que l'on obtient en modifiant une lettre et une seule d'un mot de L. On montre que, si L est rationnel, son voisinage de HAMMING $\mathcal{H}(L)$ l'est aussi ; on donne d'abord une preuve utilisant les automates finis, puis une preuve basée sur les expressions rationnelles, et utilisant un raisonnement par induction structurelle. Cette deuxième preuve mène à l'écriture d'un programme en Caml.

Prérequis

Raisonnement par induction structurelle.
Mots et langages.
Automates finis, expressions rationnelles.

Liens

On comparera la distance de HAMMING étudiée ici, et la distance de LEVEN-SHTEIN, présentée dans le problème 10 (page 87).

The purpose of computing is insight, not numbers.
Richard Hamming — Numerical Methods for Scientists and Engineers

Problème 4 : l'énoncé

▶ Dans tout le problème, X désigne l'alphabet {0,1}. Si e est une expression rationnelle sur cet alphabet, $\mathcal{L}_{ER}(e)$ désigne le langage décrit par e. Si $\mathcal{A}$ est un automate fini, $\mathcal{L}_{AF}(\mathcal{A})$ désigne le langage reconnu par $\mathcal{A}$.

1 Distance de Hamming

▶ Soient u et v deux mots de même longueur n sur l'alphabet X. La distance de HAMMING de ces deux mots est :

$$d(u,v) = \text{Card}\{i \in [\![1, n]\!] \mid u_i \neq v_i\}$$

Par exemple, $d(0010110, 0110011) = 3$. Les deux relations $d(u, u) = 0$ et $d(u, v) = d(v, u)$ sont évidentes.

Question 1 • Prouvez que la distance de HAMMING vérifie l'inégalité triangulaire :

$$d(u, w) \leqslant d(u, v) + d(v, w)$$

et ce quels que soient les mots u, v, w de même longueur.

Question 2 • Rédigez en Caml une fonction :

```
distance : string -> string -> int
```

spécifiée comme suit : `distance u v` calcule $d(u, v)$. Vous commencerez par rédiger les fonctions suivantes :

```
list_of_string : string -> char list
combine : 'a list * 'b list -> ('a * 'b) list
filtre : ('a -> bool) -> 'a list -> 'a list
```

spécifiées comme suit :

- `list_of_string s` convertit la chaîne de caractères $s = c_1 c_2 \ldots c_n$ en une liste de caractères $(c_1, c_2, \ldots, c_n)$; par exemple, `list_of_string "abc"` rend la liste `['a';'b';'c']`.

- `combine (l1,l2)` convertit le couple de listes de même longueur (ℓ_1, ℓ_2) en une liste de couples ; par exemple, `combine ([2;5;7];['a';'b';'c'])` rend la liste `[(2,'a');(5,'b');(7,'c')]`.

- `filtre p l` ne garde, dans la liste ℓ, que les éléments qui satisfont le prédicat p ; par exemple, `filtre (fun x -> x>0) [2;-3;7]` rend la liste `[2;7]`.

2   Voisinage de Hamming

▶ Soit L un langage sur l'alphabet X. On note $\mathcal{H}(L)$ le langage défini par :

$$u \in \mathcal{H}(L) \iff \exists v \in L : d(u,v) = 1$$

Question 3 • On note $L = \mathcal{L}_{ER}(0^*1^*)$. Donnez une expression rationnelle décrivant $\mathcal{H}(L)$, puis un automate fini reconnaissant ce langage.

▶ Dans les deux questions suivantes, $L = \{0^n 1^n \mid n \in \mathbb{N}\}$.

Question 4 • Explicitez $\mathcal{H}(L)$.

Question 5 • Il est bien connu que L n'est pas rationnel. Mais existe-t-il un exposant $q \in \mathbb{N}$ tel que $\mathcal{H}^q(L)$ soit rationnel ?

▶ Soit L un langage rationnel ; on se propose de montrer que $\mathcal{H}(L)$ est également rationnel. Deux preuves différentes sont possibles : la première s'appuie sur les automates finis, la deuxième sur les expressions rationnelles.

Question 6 • Soit $\mathcal{A} = (Q, \delta, i, F)$ un automate fini reconnaissant L : on a donc $L = \mathcal{L}_{AF}(\mathcal{A})$. Construisez un automate fini $\mathcal{B}$ reconnaissant $\mathcal{H}(L)$.

▶ Dans les trois questions suivantes, L et M sont deux langages sur l'alphabet X.

Question 7 • Comparez les langages $\mathcal{H}(L \cup M)$ et $\mathcal{H}(L) \cup \mathcal{H}(M)$; comparez de même $\mathcal{H}(L \cap M)$ et $\mathcal{H}(L) \cap \mathcal{H}(M)$.

Question 8 • Exprimez $\mathcal{H}(L \cdot M)$ en fonction de L, M, $\mathcal{H}(L)$ et $\mathcal{H}(M)$.

Question 9 • Exprimez $\mathcal{H}(L^*)$ en fonction de L et $\mathcal{H}(L)$.

Question 10 • On note $\mathcal{E}$ l'ensemble des expressions rationnelles sur X. Définissez par induction structurelle une application $\mathbf{H}$, de $\mathcal{E}$ dans lui-même, vérifiant $\mathcal{L}_{ER} \circ \mathbf{H} = \mathcal{H} \circ \mathcal{L}_{ER}$. En clair : si e décrit un langage L, alors $\mathbf{H}(e)$ décrit $\mathcal{H}(L)$.

▶ On définit le type `exprat` pour représenter en Caml les expressions rationnelles sur l'alphabet X :

```
type exprat = Vide | Epsilon | Zero | Un
  | Somme of exprat*exprat | Produit of exprat*exprat
  | Etoile of exprat;;
```

Par exemple, l'expression rationnelle $1 + (0 + 10)^*$ sera représentée par :

```
Somme(Un,Etoile(Somme(Zero,Produit(Un,Zero))))
```

Question 11 • Rédigez en Caml une fonction :

```
hamming : exprat -> exprat
```

spécifiée comme suit : `hamming e` construit l'expression rationnelle $\mathbf{H}(e)$.

——— FIN DE L'ÉNONCÉ ———

Problème 4 : le corrigé

1 Distance de Hamming

Question 1 • Notons A (resp. B) l'ensemble des indices $i \in [\![1,n]\!]$ tels que $u_i \neq v_i$ (resp. $v_i \neq w_i$) ; ainsi $d(u,v) = |A|$ et $d(v,w) = |B|$. Alors $u_i \neq w_i$ implique $u_i \neq v_i$ ou (inclusif) $v_i \neq w_i$, donc $i \in A \cup B$. Du coup :

$$\begin{aligned} d(u,w) &= \mathrm{Card}\{i \in [\![1,n]\!] \mid u_i \neq w_i\} \\ &\leqslant \mathrm{Card}(A \cup B) \leqslant \mathrm{Card}\,A + \mathrm{Card}\,B = d(u,v) + d(v,w) \end{aligned}$$

Question 2 • combine fait partie de la bibliothèque Caml.

```
let rec intervalle i j =
  if i>j then [] else i::(intervalle (i+1) j) ;;

let list_of_string u =
  map (fun i -> u.[i]) (intervalle 0 (string_length u - 1)) ;;

let rec combine = function
  | ([],[]) -> []
  | (t1::q1,t2::q2) -> (t1,t2)::(combine (q1,q2))
  | (_,_) -> failwith "listes de longueurs différentes" ;;

let rec filtre p = function
  | [] -> []
  | t::q when p t -> t::(filtre p q)
  | _::q -> filtre p q ;;

let distance su sv =
  let lu = list_of_string su and lv = list_of_string sv in
  list_length (filtre (fun (x,y) -> x<>y) (combine (lu,lv))) ;;
```

2 Voisinage de Hamming

Question 3 • Un mot de $\mathcal{H}(L)$ s'obtient en remplaçant un 0 par un 1, ou un 1 par un 0, dans un mot de la forme $0^p 1^q$ avec $p+q \geqslant 1$. Ainsi, $\mathcal{H}(L)$ est l'ensemble des mots de la forme $0^a 1 0^b 1^c$ ou $0^a 1^b 0 1^c$. Il est donc décrit par l'expression rationnelle $0^* 1 0^* 1^* + 0^* 1^* 0 1^*$.

• L'automate proposé ci-dessous reconnaît $\mathcal{H}(L)$. Il comporte deux états initiaux ; on sait que ceci ne constitue pas une restriction.

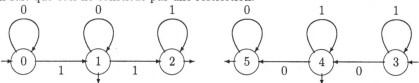

Question 4 • Cette fois, $\mathcal{H}(L)$ est l'ensemble des mots de la forme $0^a 10^b 1^{a+b+1}$ ou $0^{a+b+1} 1^a 01^b$.

Question 5 • Une récurrence immédiate montre que $\big||u|_1 - |u|_0\big| \leqslant q$ pour tout mot $u \in \mathcal{H}^q(L)$. Supposons que le langage $\mathcal{H}^q(L)$ soit rationnel. Le lemme de l'étoile affirme alors l'existence d'un naturel N tel que tout mot u de $\mathcal{H}^q(L)$, de longueur au moins N, se décompose en $u = xyz$ avec $y \neq \varepsilon$, $|xy| \leqslant N$ et $xy^*z \subset \mathcal{H}^q(L)$. Appliquons ceci au mot $u = 0^N 1^{N+2q}$, qui est clairement dans $\mathcal{H}^q(L)$. Observons la décomposition de u dont le lemme de l'étoile affirme l'existence : on a nécessairement $x = 0^a$, $y = 0^b$ (avec $b \geqslant 1$) et $z = 0^{N-a-b} 1^{N+2q}$. La contradiction résulte alors de ce que le mot $xz = 0^{N-b} 1^{N+2q}$ n'appartient pas à $\mathcal{H}^q(L)$: en effet, $|xz|_1 - |xz|_0 = 2q + b > 2q$.

Question 6 • Soient $q_1, q_2, \ldots, q_n$ les éléments de Q. Soit $\widehat{Q} = \{\widehat{q_1}, \widehat{q_1}, \ldots, \widehat{q_n}\}$ un ensemble de cardinal n, disjoint de Q. Définissons alors :

$$\widehat{\delta} = \big\{ (q, 1-x, \widehat{q'}) \mid (q, x, q') \in \delta \big\}$$

Notons enfin $\widehat{F} = \{\widehat{q} \mid q \in F\}$. L'automate $\mathcal{A} = (Q \cup \widehat{Q}, \delta \cup \widehat{\delta}, i, \widehat{F})$ reconnaît $\mathcal{H}(L)$.

Question 7 • $\mathcal{H}(L \cup M) = \mathcal{H}(L) \cup \mathcal{H}(M)$ est une propriété générale des applications.

• De même, $\mathcal{H}(L \cap M) \subset \mathcal{H}(L) \cap \mathcal{H}(M)$ ne nécessite pas de preuve. L'inclusion peut être stricte : par exemple, avec $L = \{01\}$ et $M = \{10\}$ on aura $\mathcal{H}(L \cap M) = \emptyset$ tandis que $\mathcal{H}(L) \cap \mathcal{H}(M) = \{00, 11\}$.

Question 8 • $\mathcal{H}(L \cdot M) = \big(\mathcal{H}(L) \cdot M\big) \cup \big(L \cdot \mathcal{H}(M)\big)$.

Question 9 • $\mathcal{H}(L^*) = L^* \cdot \mathcal{H}(L) \cdot L^*$.

Question 10 • On aura $\mathbf{H}(\emptyset) = \mathbf{H}(\varepsilon) = \emptyset$, $\mathbf{H}(0) = 1$, $\mathbf{H}(1) = 0$, $\mathbf{H}(e + e') = \mathbf{H}(e) + \mathbf{H}(e')$, $\mathbf{H}(e \cdot e') = \mathbf{H}(e) \cdot e' + e \cdot \mathbf{H}(e')$ et $\mathbf{H}(e^*) = e^* \cdot \mathbf{H}(e) \cdot e^*$.

Question 11 • Il suffit de transcrire les résultats de la question précédente :

```
let rec hamming = function
  | Vide | Epsilon -> Epsilon
  | Zero -> Un
  | Un -> Zero
  | Somme(e,e') -> Somme(hamming e,hamming e')
  | Produit(e,e') -> let he = hamming e and he' = hamming e'
      in Somme(Produit(he,e'),Produit(e,he'))
  | Etoile(e) -> Produit(Etoile e,Produit(hamming e,Etoile e));;
```

——— FIN DU CORRIGÉ ———

Références bibliographiques, notes diverses

▶ Richard HAMMING (1915-1998) est l'un des fondateurs de la théorie des codes détecteurs et correcteurs d'erreurs ; une famille de codes porte d'ailleurs son nom. Il a travaillé pendant de nombreuses années aux *Bell Labs* ; entre autres sujets, il s'est intéressé à l'amélioration des méthodes de prédiction-correction, pour la résolution des équations différentielles. Il a reçu en 1968 le prix TURING, décerné par l'A.C.M.

▶ Cet énoncé a été soumis à la sagacité des étudiants le jeudi 20 avril 2000.

Près de 2280 millions d'hectares ont brûlé depuis le début de l'année aux États-Unis.

Libération — samedi 26 et dimanche 27 août 2000

Problème 5

Un système de réécriture (d'après J.-M. Autebert)

Présentation

Ce texte est une adaptation du problème 4 du livre *Langages algébriques*, de Jean-Michel AUTEBERT (éd. Masson); on s'intéresse au système de réécriture défini par les deux règles $aba \to a$ et $bab \to b$.

La notion de *réécriture* est fondamentale en informatique théorique: elle intervient dans les grammaires formelles, les compilateurs, la logique, le calcul formel, les méthodes de preuve ou de vérification automatique... Nous n'aborderons dans ce texte que les deux questions fondamentales:

- terminaison d'un système de réécriture: chaque terme possède-t-il un réduit?

- confluence d'un tel système: le réduit d'un terme est-il unique?

Prérequis

Relations d'ordre, relations d'équivalence; démonstration par récurrence. Alphabets, mots, langages. Langages rationnels, automates finis, expressions rationnelles.

Liens

Le problème 15 s'intéresse lui aussi aux systèmes de réécriture (partie 2). On regardera également la partie 3 du problème 12: un morphisme peut être considéré comme un système de réécriture particulier, fonctionnant en parallèle; c'est d'ailleurs l'idée de base des *L-systèmes*.

Problème 5 : l'énoncé

▶ On note $X = \{a, b\}$. Soient u et v deux éléments de X^* ; on note $u \to v$ s'il existe des mots s et s' tels que $u = sabas'$ et $v = sas'$, ou $u = sbabs'$ et $v = sbs'$. On note $u \xrightarrow{*} v$ s'il existe un naturel n et une suite $(x_i)_{0 \leqslant i \leqslant n}$ de mots vérifiant $x_0 = u$, $x_n = v$ et $x_i \to x_{i+1}$ pour tout $i \in [\![0, n-1]\!]$.

Question 1 • Montrez que $\xrightarrow{*}$ est une relation d'ordre ; cet ordre est-il total ?

Question 2 • Montrez que cet ordre est compatible avec la concaténation, en ce sens que si l'on a $u \xrightarrow{*} v$ et $u' \xrightarrow{*} v'$, alors $uu' \xrightarrow{*} vv'$.

Question 3 • Soient u, v et w trois mots tels que $u \to v$, $u \to w$ et $v \neq w$. Montrez qu'il existe un mot t tel que $v \to t$ et $w \to t$.

Question 4 • Soient u, v et w trois mots tels que $u \xrightarrow{*} v$ et $u \xrightarrow{*} w$. Montrez qu'il existe un mot t tel que $v \xrightarrow{*} t$ et $w \xrightarrow{*} t$.

▶ On note $u \leftrightarrow v$ si $u \to v$ ou $v \to u$. On note $u \xleftrightarrow{*} v$ s'il existe un naturel n et une suite $(x_i)_{0 \leqslant i \leqslant n}$ de mots vérifiant $x_0 = u$, $x_n = v$ et $x_i \leftrightarrow x_{i+1}$ pour tout $i \in [\![0, n-1]\!]$.

Question 5 • Il est clair que $u \xrightarrow{*} v$ implique $u \xleftrightarrow{*} v$. Exhibez un contre-exemple montrant que la réciproque est fausse.

Question 6 • Montrez que $\xleftrightarrow{*}$ est une relation d'équivalence. Existe-t-il des classes modulo $\xleftrightarrow{*}$ de cardinal fini ? Le nombre de classes modulo $\xleftrightarrow{*}$ est-il fini ?

▶ Un mot u est *irréductible* s'il n'existe aucun mot v (autre que u) tel que $u \xrightarrow{*} v$.

Question 7 • Montrez que l'ensemble R des mots irréductibles est un langage rationnel. Indication : on s'intéressera au complémentaire de R.

Question 8 • Soient u et v deux irréductibles. Montrez que si uv est réductible, sa réduction se fait en une étape exactement.

Question 9 • Montrez que, dans chaque classe modulo $\xleftrightarrow{*}$, il existe un et un seul mot irréductible. On dira que ce mot est le *réduit* de tous les membres de sa classe.

Question 10 • On note r_n le nombre de mots irréductibles de longueur n ; donnez une expression simple de r_n.

▶ Soit L un langage ; on note $\rho(L)$ l'ensemble des réduits des mots de L.

Question 11 • Déterminez $\rho(L_1)$, où L_1 est le langage décrit par l'expression rationnelle $(aab)^*$.

Question 12 • Déterminez $\rho(L_2)$, où L_2 est le langage décrit par l'expression rationnelle $(a(a+b)(a+b))^*$.

▶ Soit $\mathcal{A} = (Q, \delta, i, F)$ un automate fini reconnaissant un langage rationnel L. On applique à cet automate l'opération suivante : s'il existe des états j et k et un calcul valide étiqueté aba menant de j à k, on ajoute à δ la transition (j, a, k), si toutefois elle n'existe pas déjà ; sinon, s'il existe des états j et k et un calcul valide étiqueté bab menant de j à k, on ajoute à δ la transition (j, b, k), si toutefois elle n'existe pas déjà.

Question 13 • Montrez que l'on ne peut appliquer cette opération qu'un nombre fini de fois. On note $\mathcal{B}$ l'automate obtenu.

Question 14 • Montrez que tout mot reconnu par $\mathcal{B}$ est équivalent (modulo $\overset{*}{\leftrightarrow}$) à un mot reconnu par $\mathcal{A}$.

Question 15 • Montrez que si un mot u est reconnu par $\mathcal{A}$, alors le réduit de u est reconnu par $\mathcal{B}$.

Question 16 • Montrez que, si L est rationnel, alors $\rho(L)$ est lui aussi rationnel.

$$\text{———— FIN DE L'ÉNONCÉ ————}$$

Ayant bien pesé toutes ces considérations, je crois utile d'établir ici certaines règles, qui pourront être d'un grand secours aux esprits sublimes, qu'on choisira pour faire un commentaire universel de ce merveilleux ouvrage. Ils sauront d'abord, que j'ai caché un grand mystère dans le nombre des O, qui se trouvent dans ce Traité, multipliés par sept et divisés par neuf. De cette manière, si un dévot frère de la Rose-Croix, veut bien prier ardemment, et avec une foi vive, pendant soixante-trois matinées, et ensuite transposer selon les règles de l'Art, certaines lettres et certaines syllabes, dans les sections seconde et cinquième, il peut être persuadé qu'il en résultera une Recette formelle et complète du Grand-Œuvre.

Swift — Le conte du tonneau

Problème 5 : le corrigé

Question 1 • Réflexivité : prendre $n = 0$ et $x_0 = u$.

• Transitivité : soient $n \in \mathbb{N}$ et $(x_i)_{0 \leqslant i \leqslant p}$ tels que $x_0 = u$, $x_p = v$ et $x_i \to x_{i+1}$ pour tout $i \in [\![0, p-1]\!]$. Soient $q \in \mathbb{N}$ et $(y_j)_{0 \leqslant j \leqslant q}$ tels que $y_0 = v$, $y_q = w$ et $y_j \to y_{j+1}$ pour tout $j \in [\![0, q-1]\!]$. Notons alors $n = p + q$, et définissons la famille $(z_k)_{0 \leqslant k \leqslant n}$ par $z_k = x_k$ pour $0 \leqslant k \leqslant p$ et $z_k = y_{k-p}$ pour $p + 1 \leqslant k \leqslant n$. On a $z_0 = u$, $z_n = w$ et $z_k \to z_{k+1}$ pour tout $k \in [\![0, n]\!]$; donc $u \xrightarrow{*} w$.

• Antisymétrie : on note que $u \to v$ implique $|v| = |u| - 2$, donc $|v| < |u|$. Par suite, $u \xrightarrow{*} v$ implique $|u| > |v|$ ou $u = v$; du coup, si l'on a à la fois $u \xrightarrow{*} v$ et $v \xrightarrow{*} u$, alors nécessairement $u = v$.

• Cet ordre n'est pas total : par exemple, on n'a ni $ab \xrightarrow{*} ba$, ni $ba \xrightarrow{*} ab$. Plus généralement, deux mots distincts mais de même longueur sont incomparables.

Question 2 • Il est clair que, si $x \to y$, alors $xu' \to yu'$; une récurrence immédiate montre que $u \xrightarrow{*} v$ implique $uu' \xrightarrow{*} vu'$. De la même manière, $u' \xrightarrow{*} v'$ implique $vu' \xrightarrow{*} vv'$. Par transitivité, on en déduit que, si l'on a à la fois $u \xrightarrow{*} v$ et $u' \xrightarrow{*} v'$, alors $uu' \xrightarrow{*} vv'$.

Question 3 • Distinguons plusieurs cas de figure, selon que les facteurs aba ou bab faisant l'objet d'une réduction se chevauchent ou non. Si $u = sabab s'$, v étant obtenu par la règle $aba \to a$ et w par la règle $bab \to b$, alors $v = w$ ce qui est exclu ; de même, si $u = sbabas'$ ou $u = sababas'$ ou $u = sbababs'$. Il reste le cas où les deux facteurs réduits ne se chevauchent pas ; supposons $u = sabas'abas''$ pour fixer les idées, avec $v = sas'abas''$ et $w = sabas'as''$. Il est clair que le mot $t = sas'as''$ répond à la question.

Question 4 • Si $u = v$ ou $u = w$, il n'y a rien à démontrer. Sinon, considérons deux suites $(x_i)_{0 \leqslant i \leqslant n}$ et $(y_j)_{0 \leqslant j \leqslant p}$ telles que $x_0 = y_0 = u$, $x_n = v$, $y_p = w$, $x_i \to x_{i+1}$ pour tout $i \in [\![0, n-1]\!]$ et $y_j \to y_{j+1}$ pour tout $j \in [\![0, p-1]\!]$. Le résultat de la question précédente permet de construire une famille $(z_{i,j})_{0 \leqslant i \leqslant n, 0 \leqslant j \leqslant p}$ de mots vérifiant les conditions suivantes :

- $z_{i,0} = x_i$ pour tout $i \in [\![0, n]\!]$;

- $z_{0,j} = y_j$ pour tout $j \in [\![0, p]\!]$;

- $z_{i,j} \to z_{i+1,j}$ pour tout $i \in [\![0, n-1]\!]$ et tout $j \in [\![0, p]\!]$;

- $z_{i,j} \to z_{i,j+1}$ pour tout $i \in [\![0, n]\!]$ et tout $j \in [\![0, p-1]\!]$.

Cette «matrice» de mots peut être remplie par lignes ; chaque ligne est remplie de gauche à droite. Illustrons ceci par un dessin, qui correspond au cas où $n = 3$ et $p = 5$.

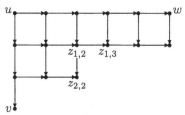

On a $z_{1,2} \rightarrow z_{2,2}$ et $z_{1,2} \rightarrow z_{1,3}$; donc, d'après la question précédente, il existe un mot $z_{2,3}$ tel que $z_{2,2} \rightarrow z_{2,3}$ et $z_{1,3} \rightarrow z_{2,3}$. Ceci nous amène à la situation suivante :

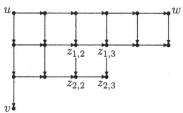

Lorsque la matrice est entièrement remplie, on a clairement $v = x_n = z_{n,0} \overset{*}{\rightarrow} z_{n,p}$ et $w = y_p = z_{0,p} \overset{*}{\rightarrow} z_{n,p}$. Donc le mot $t = z_{n,p}$ vérifie $v \overset{*}{\rightarrow} t$ et $w \overset{*}{\rightarrow} t$, ce qui termine la preuve.

▶ On dit que la relation $\rightarrow$ est *confluente*.

Question 5 • Soient $u = abaa$ et $v = aaba$. La suite $x_0 = u$, $x_1 = aa$, $x_2 = v$ vérifie $x_0 \rightarrow x_1$ et $x_2 \rightarrow x_1$, donc $u \overset{*}{\leftrightarrow} v$. Mais l'argument de longueur employé à la question 1 montre que l'on n'a ni $u \overset{*}{\rightarrow} v$, ni $v \overset{*}{\rightarrow} u$.

Question 6 • Réflexivité : prendre $n = 0$ et $w_0 = u$.

• Symétrie : soient u et v tels que $u \overset{*}{\leftrightarrow} v$. Soient $n \in \mathbb{N}$ et $(x_i)_{0 \leqslant i \leqslant n}$ tels que $x_0 = u$, $x_n = v$ et $x_i \leftrightarrow x_{i+1}$ pour tout $i \in [\![0, n-1]\!]$. Notons $y_i = x_{n-i}$ pour $0 \leqslant i \leqslant n$: on aura $y_0 = v$, $y_n = u$ et $y_i \leftrightarrow y_{i+1}$ pour tout $i \in [\![0, n-1]\!]$ ce qui établit $v \overset{*}{\leftrightarrow} u$.

• Transitivité : soient u, v et w tels que $u \overset{*}{\leftrightarrow} v$ et $v \overset{*}{\leftrightarrow} w$. Soient $p \in \mathbb{N}$ et $(x_i)_{0 \leqslant i \leqslant p}$ tels que $x_0 = u$, $x_p = v$ et $x_i \leftrightarrow x_{i+1}$ pour tout $i \in [\![0, p-1]\!]$; de même, soient $q \in \mathbb{N}$ et $(y_j)_{0 \leqslant j \leqslant q}$ tels que $y_0 = v$, $y_q = w$ et $y_j \leftrightarrow y_{j+1}$ pour tout $j \in [\![0, q-1]\!]$. Notons $n = p + q$, $z_i = x_i$ pour $0 \leqslant i \leqslant p$ et $z_i = y_{i-p}$ pour $p \leqslant i \leqslant p + q$. On a $z_0 = u$, $z_{n+p} = w$ et $z_k \leftrightarrow z_{k+1}$ pour tout $k \in [\![0, n+p]\!]$; donc $u \overset{*}{\leftrightarrow} w$.

• La classe de ε se réduit à ε, donc est finie. La classe d'un mot non vide est infinie ; en effet, supposons pour fixer les idées que ce mot commence par la lettre a ; ceci permet de l'écrire ax. Comme $abay \rightarrow ay$ pour tout mot y, une récurrence immédiate donne $(ab)^n ax \rightarrow ax$ si bien que la classe de ax contient une infinité de mots. Conclusion : la seule classe finie est celle de ε.

• Soit $\varphi : u \mapsto |u|_a - |u|_b$. On note que, si $u \rightarrow v$, alors $\varphi(u) = \varphi(v)$. Donc, dans une classe modulo $\overset{*}{\leftrightarrow}$, tous les mots ont même image par φ. On en déduit que les mots de la forme a^n sont dans des classes distinctes, si bien que le nombre de classes modulo $\overset{*}{\leftrightarrow}$ est infini.

Question 7 • Un mot est réductible s'il contient l'un des facteurs aba ou bab. Donc $X^* \setminus R$ est décrit par l'expression rationnelle $(a + b)^*(aba + bab)(a + b)^*$. Ce langage est reconnu par l'automate non-déterministe dont la représentation graphique apparaît à la figure 1.

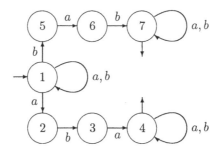

Figure 1: automate non-déterministe reconnaissant $X^* \setminus R$

• Effectuons la déterminisation de cet automate par la méthode usuelle :

	a	b
1	1,2	1,5
1,2	1,2	1,3,5
1,5	1,2,6	1,5
1,3,5	1,2,4,6	1,5
1,2,6	1,2	1,3,5,7
1,2,4,6	1,2	1,3,5,7
1,3,5,7	1,2,4,6	1,5

• On obtient un automate déterministe reconnaissant $X^* \setminus R$, représenté par la figure 2. On remarque que cet automate est complet.

• En rendant final tout état non final et réciproquement, on obtient un automate reconnaissant R, représenté par la figure 3.

Question 8 • Dans le mot uv, il ne peut apparaître un facteur aba ou bab qu'à la jonction des mots u et v. Il y a quatre cas de figure à envisager. Si $u = u'ab$ et $v = av'$, alors $uv = u'abav' \to u'av'$. u' est vide ou se termine par a (sinon u serait réductible) ; v' ne peut commencer par ba (sinon v serait réductible) donc $u'av'$ est irréductible. Les trois autres cas s'en déduisent par une simple considération de symétrie.

Question 9 • Existence : une classe n'étant pas vide, on peut considérer un représentant u de longueur minimale. Il est irréductible, car $u \overset{}{\to} v$ impliquerait $u \overset{*}{\leftrightarrow} v$ et $|v| < |u|$ ce qui serait contradictoire.

• Unicité : nous allons raisonner par l'absurde. Supposons qu'il existe une classe modulo $\overset{*}{\leftrightarrow}$ contenant deux mots u et v irréductibles distincts. Comme $u \overset{*}{\leftrightarrow} v$, il existe un naturel n et une famille $(x_i)_{0 \leqslant i \leqslant n}$ de mots vérifiant $x_0 = u$, $x_n = v$ et

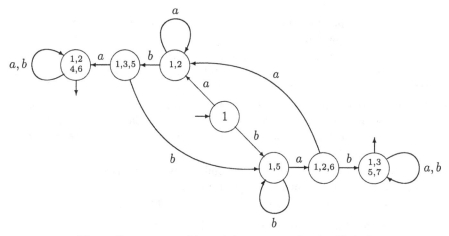

Figure 2: automate déterministe reconnaissant $X^* \setminus R$

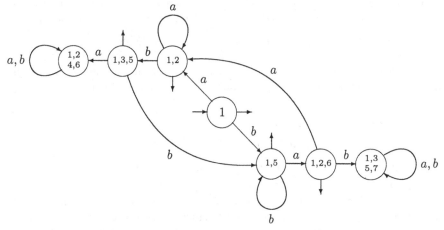

Figure 3: automate déterministe reconnaissant R

$x_i \to x_{i+1}$ pour $0 \leqslant i < n$. Comme $u \neq v$, n est au moins égal à 1. Remarquons que l'on a nécessairement $x_1 \to x_0 = u$ (car $u \to x_1$ contredirait l'irréductibilité de u) et de même $x_{n-1} \to x_n = v$.

• Définissons alors l'*altitude* h_i du mot x_i comme suit: $h_0 = 0$; $h_{i+1} = h_i + 1$ si $x_{i+1} \to x_i$, $h_{i+1} = h_i - 1$ sinon. À la suite $x = (x_i)_{0 \leqslant i \leqslant n}$ on associe son *altitude maximale* $\hat{x} = \max_{0 \leqslant i \leqslant n} h_i$. Comme $h_1 = 1$, on a nécessairement $\hat{x} \geqslant 1$. L'ensemble des altitudes maximales des suites de mots qui permettent de passer de u à v est une partie non vide de $\mathbb{N}^*$, elle possède donc un plus petit élément $\eta \geqslant 1$; on peut supposer que la suite $(x_i)_{0 \leqslant i \leqslant n}$ réalise justement ce minimum.

• Supposons $\eta > 1$: notons $i_1 < i_2 < \ldots < i_p$ les indices en lesquels la suite $(x_i)_{0 \leqslant i \leqslant n}$ passe par cette altitude maximale; on a certainement $0 < i_1$, $i_p < n$ et $i_{k+1} \geqslant i_k + 2$ pour tout $k \in [\![1, p-1]\!]$, donc $x_{i_k} \to x_{i_k-1}$ et $x_{i_k} \to x_{i_k+1}$; alors le résultat de la question 3 assure l'existence d'un mot x'_k tel que $x_{i_k-1} \to x'_k$ et $x_{i_k+1} \to x'_k$; notons $x'_i = x_i$ pour les autres indices; on peut ainsi remplacer la suite $(x_i)_{0 \leqslant i \leqslant n}$ par une suite $(x'_i)_{0 \leqslant i \leqslant n}$ dont l'altitude maximale est $\eta - 1$, contredisant l'hypothèse de minimalité faite sur η.

• On a donc $\eta = 1$; mais alors $h_2 = 0$, si bien que $x_1 \to x_0$ et $x_1 \to x_2$. Toujours d'après la question 3, il existe un mot x'_1 tel que $x_0 \to x'_1$ et $x_2 \to x'_1$; et ceci contredit l'hypothèse d'irréductibilité faite sur x_0.

▶ L'unicité du réduit résulte de la confluence de la relation $\xrightarrow{*}$, établie à la question 4. L'existence est une conséquence du fait que cette relation est *nœthérienne* : une suite de mots $(u_n)_{n \in \mathbb{N}}$ vérifiant $u_n \to u_{n+1}$ pour tout $n \in \mathbb{N}$ est nécessairement stationnaire.

Question 10 • Notons x_n (resp. y_n) le nombre d'irréductibles de longueur n qui commencent par a (resp. par b). Soit u un mot de longueur $n \geqslant 3$, irréductible, commençant par a. Deux situations peuvent se présenter :

- soit u commence par aa, auquel cas il s'écrit av avec v irréductible, de longueur $n - 1$, commençant par a

- soit u commence par ab, auquel cas il commence nécessairement par abb, et s'écrit donc abv avec v irréductible, de longueur $n - 2$, commençant par b

Ceci implique $x_n = x_{n-1} + y_{n-2}$ Par symétrie, on en déduit $y_n = y_{n-1} + x_{n-2}$ puis, par sommation, $r_n = r_{n-1} + r_{n-2}$ pour $n \geqslant 3$: le suite $(r_n)_{n \geqslant 1}$ vérifie la même relation de récurrence que la suite de FIBONACCI. Les mots de longueur inférieure à 3 sont irréductibles, si bien que $r_0 = 1$, $r_1 = 2 = 2F_1$ et $r_2 = 4 = 2F_2$; donc $r_n = 2F_n$ pour $n \geqslant 1$.

Question 11 • On note que, pour $n \geqslant 1$, on peut écrire

$$(aab)^n = a(aba)^{n-1}ab \xrightarrow{*} a^{n+1}b$$

Ceci montre que $\rho(L_1)$ est décrit par l'expression rationnelle $a^*aab + \varepsilon$.

Question 12 • Il résulte de la question 4 que le réduit d'un mot ne dépend pas de l'ordre dans lequel on effectue les réductions. Soit donc $u \neq \varepsilon$ un élément de L_2 ; nous dirons qu'un facteur v de longueur 3 de u est *positionné* si $v = u_{3p+1}u_{3p+2}u_{3p+3}$ avec $0 \leqslant p < |u|/3$. u est donc un produit de $|u|/3$ facteurs positionnés de longueur 3 de la forme aaa, aab, aba ou abb. On commence par appliquer la règle $aba \to a$ à chaque facteur positionné aba, puis à chaque facteur positionné aab suivi d'un autre facteur positionné (qui commence donc par un a). À ce stade, le mot v obtenu contient nécessairement des lettres a ; s'il contient des lettres b, celles-ci se suivent par paires (appartenant à un facteur positionné abb qui n'a pu être réduit), à l'exception éventuelle d'un b final (appartenant à un facteur positionné final aab) ; en prenant en compte le mot vide, v appartient au langage décrit par l'expression rationnelle $(a^*abb)^*(aab + \varepsilon)$. Réciproquement, un mot de ce langage est clairement irréductible ; pour montrer que c'est le réduit d'un mot de L_2, distinguons trois cas de figure :

- $u = \varepsilon$ ou $u = aab$: ces deux mots sont irréductibles et appartiennent à L_2

- $u = v_1v_2 \ldots v_p$ avec $v_k = a^{\alpha_k+1}bb$; comme v_k est le réduit de $(aba)^{\alpha_k}abb$, u est celui de

$$(aba)^{\alpha_1}abb(aba)^{\alpha_2}abb \ldots (aba)^{\alpha_p}abb$$

or ce mot est un élément de L_2

- $u = v_1 v_2 \ldots v_p aab$ avec $v_k = a^{\alpha_k + 1} bb$; comme v_k est le réduit de $(aba)^{\alpha_k} abb$, u est celui de

$$(aba)^{\alpha_1} abb (aba)^{\alpha_2} abb \ldots (aba)^{\alpha_p} abbaab$$

qui est lui aussi un élément de L_2

Finalement, $\rho(L_2)$ est décrit par l'expression rationnelle $(a^* abb)^* (aab + \varepsilon)$.

Question 13 • Soit n le nombre d'états de l'automate. Comme $|X| = 2$, la table de transitions de $\mathcal{A}$ comporte au plus $2n^2$ entrées ; donc, au bout de $2n^2$ étapes au plus, le processus décrit par l'énoncé s'achèvera.

Question 14 • Définissons la *hauteur* d'une transition de $\mathcal{B}$ comme suit : les transitions de hauteur 0 sont celles qui étaient déjà dans la table de $\mathcal{A}$; et les transitions de hauteur $h + 1$ sont celles qui se déduisent d'une suite de trois transitions de hauteur h au plus, et dont l'une au moins est de hauteur h.

• Notons alors $\mathcal{P}(h)$ l'assertion suivante : tout mot u reconnu par $\mathcal{B}$ au moyen d'un calcul n'utilisant que des transitions de hauteur h au plus est équivalent (modulo $\overset{*}{\leftrightarrow}$) à un mot reconnu par $\mathcal{A}$. Nous allons prouver que $\mathcal{P}(h)$ est vraie pour tout $h \in \mathbb{N}$, ce qui établira le résultat demandé. Nous raisonnerons par récurrence sur h.

• $\mathcal{P}(0)$ est vraie car un calcul de $\mathcal{B}$ n'utilisant que des transitions de hauteur 0 au plus est tout simplement un calcul de $\mathcal{A}$.

• Supposons l'assertion $\mathcal{P}(h)$ acquise. Soit u un mot reconnu par un calcul de $\mathcal{B}$, n'utilisant que des transitions de hauteur $h + 1$ au plus. Si ce calcul ne comporte aucune transition de hauteur $h + 1$, $\mathcal{P}(h)$ s'applique sans barguigner. Sinon, on peut remplacer chacune de ces transitions par une suite de trois transitions de hauteur h au plus, mettant ainsi en évidence un mot v équivalent modulo $\overset{*}{\leftrightarrow}$ à u, et auquel l'assertion $\mathcal{P}(h)$ s'applique : il existe un mot w reconnu par $\mathcal{A}$ tel que $v \overset{*}{\leftrightarrow} w$. Par transitivité, $u \overset{*}{\leftrightarrow} w$, ce qui établit $\mathcal{P}(h + 1)$ et termine la preuve.

Question 15 • Montrons que, si u est reconnu par $\mathcal{B}$, et si $u \to v$, alors v est lui aussi reconnu par $\mathcal{B}$. On peut supposer que, par exemple, $u = xabay$ et $v = xay$; il existe un calcul valide de $\mathcal{B}$, menant de i à un état final f, et d'étiquette u. Ce calcul peut s'écrire :

$$i \overset{x}{\to} j \overset{a}{\to} j' \overset{b}{\to} j'' \overset{a}{\to} k \overset{y}{\to} f$$

De par la définition de $\mathcal{B}$, cet automate a dans sa table la transition $j \overset{a}{\to} k$, ce qui met en évidence le calcul :

$$i \overset{x}{\to} j \overset{a}{\to} k \overset{y}{\to} f$$

Conclusion : $xay = v$ est reconnu par $\mathcal{B}$.

• Une récurrence immédiate montre que, si u est reconnu par $\mathcal{B}$, et si $u \overset{*}{\to} v$, alors v est lui aussi reconnu par $\mathcal{B}$.

• Soit alors u reconnu par $\mathcal{A}$ et v le réduit de u. u est reconnu par $\mathcal{B}$; et $u \overset{*}{\to} v$, donc v est reconnu par $\mathcal{B}$.

Question 16 • Soit $\mathcal{A}$ un automate fini reconnaissant L. Appliquons la construction de la question 13 : on obtient un automate $\mathcal{B}$. Notons $\mathcal{L}(\mathcal{B})$ le langage reconnu par $\mathcal{B}$, et montrons que $\rho(L) = \rho(X^*) \cap \mathcal{L}(\mathcal{B})$. Il en résultera que $\rho(L)$ est rationnel, en tant qu'intersection de $\rho(X^*)$, rationnel d'après la question 7, et de $\mathcal{L}(\mathcal{B})$ qui est rationnel par définition.

• Soit $v \in \rho(L)$: v est irréductible, donc appartient à $\rho(X^*)$. Par ailleurs, il existe $u \in L$ tel que $u \overset{*}{\to} v$; alors $u \in L = \mathcal{L}(\mathcal{A})$ donc $v \in \mathcal{L}(\mathcal{B})$ d'après la question 15. Conclusion : $v \in \rho(X^*) \cap \mathcal{L}(\mathcal{B})$.

• Réciproquement, soit $v \in \rho(X^*) \cap \mathcal{L}(\mathcal{B})$. v est irréductible par définition de $\rho(X^*)$; et d'après la question 14 il existe un mot $u \in \mathcal{L}(\mathcal{A}) = L$ tel que $u \overset{*}{\leftrightarrow} v$; donc v est le réduit d'un mot u de L, ce qui montre que $v \in \rho(L)$.

$$\text{------ FIN DU CORRIGÉ ------}$$

Références bibliographiques, notes diverses

▶ Je remercie les Éditions Dunod, qui m'ont autorisé à reproduire l'essentiel de l'énoncé de ce problème. Le livre *Langages algébriques* est épuisé, mais un nouvel ouvrage, au contenu très semblable, intitulé *Théorie des langages et des automates*, est disponible, aux éditions Masson.

▶ On trouvera quelques précisions sur les systèmes de réécriture dans la section de notes du problème 15, page 200.

▶ L'énoncé original propose la généralisation suivante : si un système de réécriture ne contient que des règles de la forme $u \to v$, avec $|v| \leqslant 1$, alors le réduit d'un langage rationnel par ce système est lui-même rationnel.

▶ Merci à Jean-Michel AUTEBERT et à Martine PAGÈS, qui ont effectué une relecture attentive de ce texte, et suggéré plusieurs améliorations et simplifications utiles.

La régie embraye sur une partita *pour violoncelle de Bach.*

Le Monde Télévision — dimanche 9 et lundi 10 mai 1999

Problème 6

Lemme de pompage, lemme de non-pompage

Présentation

Ce problème vous propose de revoir le lemme de l'étoile, puis de découvrir un lemme analogue dû à Guo-Qiang ZHANG et E. Rodney CANFIELD.

Prérequis

Généralités sur les mots et les langages. Langages rationnels et automates finis. Lemme de l'étoile.

When a float occurs on the same page as the start of a supertabular you can expect unexpected results.

Theo Jurriens & Johannes Braams — Documentation
of the supertabular package

Problème 6 : l'énoncé

1 Le lemme de l'étoile

▶ On rappelle l'énoncé du lemme de l'étoile :

> Soit L un langage reconnaissable ; il existe un naturel N tel que tout mot u de L, de longueur au moins égale à N, se décompose en $u = xyz$ avec $y \neq \varepsilon$, $|xy| \leqslant N$ et $xy^n z \in L$ pour tout $n \in \mathbb{N}$.

Question 1 • Utilisez le lemme de l'étoile pour montrer que le langage

$$L_1 = \{a^{n!} \mid n \in \mathbb{N}\}$$

n'est pas reconnaissable.

▶ On rappelle que tout réel x possède un et un seul développement décimal propre (c'est-à-dire ne se finissant pas par une infinité de 9) ; et que ce développement est périodique à partir d'un certain rang si et seulement si x est rationnel.

▶ Soit α un réel. Notons $d(\alpha) = d_1 d_2 d_3 \ldots$ le développement décimal propre de $\alpha - \lfloor \alpha \rfloor$ (le zéro et la virgule étant omis), considéré comme un mot infini sur l'alphabet formé des chiffres 0 à 9. Par exemple, $d(1/3) = 333\ldots$ Notons $\mathrm{Lang}(\alpha)$ le langage formé par les préfixes (finis) de ce mot infini ; par exemple, $\mathrm{Lang}(e) = \{\varepsilon, 7, 71, 718, 7182, 71828, \ldots\}$ puisque $e = 2,71828\ldots$

Question 2 • Montrez que $\mathrm{Lang}(1/7)$ est reconnaissable ; pour ce faire, vous construirez un automate fini déterministe complet reconnaissant ce langage.

Question 3 • Plus généralement, montrez que, si α est rationnel, alors $\mathrm{Lang}(\alpha)$ est reconnaissable. On ne demande pas, ici, de construire un automate !

Question 4 • Utilisez le lemme de l'étoile pour montrer que $\mathrm{Lang}(\sqrt{2})$ n'est pas reconnaissable.

▶ Il est clair que, si $\mathrm{Lang}(\alpha)$ contient le mot u, il contient aussi tous les préfixes de u. Un langage qui possède cette propriété est dit *préfixiel*.

Question 5 • Montrez que l'on peut décider (au moyen d'un algorithme que vous décrirez brièvement) si un langage reconnaissable L donné est préfixiel.

2 Le lemme de non-pompage

▶ Dans la littérature, le lemme de l'étoile est aussi désigné sous le nom de *lemme de pompage* (en anglais : *pumping lemma*) puisque son application permet, une fois que l'on a «amorcé» avec le facteur y, de «pomper» indéfiniment celui-ci en n'obtenant que des mots du langage.

▶ Guo-Qiang ZHANG et E. Rodney CANFIELD ont présenté un *lemme de non-pompage*, dont voici l'énoncé :

> Soit L un langage reconnaissable ; à tout mot y, on peut associer des naturels m et n vérifiant $m > n > 0$ et tels que $y^m z \in L \iff y^n z \in L$ pour tout mot z.

Nous allons commencer par démontrer ce lemme. Notons $\mathcal{A} = (Q, \delta, i, F)$ un automate fini déterministe reconnaissant L. La fonction de transition étendue est notée δ^* ; elle est définie par $\delta^*(q, \varepsilon) = q$ et $\delta^*(q, ux) = \delta\big(\delta^*(q, u), x\big)$ pour $q \in Q$, $x \in A$ et $u \in A^*$.

Question 6 • Expliquez l'affirmation suivante : dans la preuve du lemme de non-pompage, il n'est pas nécessaire de considérer le cas $y = \varepsilon$.

Question 7 • Soit $y \neq \varepsilon$. En observant la suite de terme général $q_k = \delta^*(i, y^k)$, terminez la preuve du lemme de non-pompage.

Question 8 • Utilisez le lemme de non-pompage pour montrer que le langage L_2 formé des mots sur l'alphabet A dont la longueur est un carré parfait, n'est pas reconnaissable.

Question 9 • On note u^R le *miroir* du mot u, défini par les relations $\varepsilon^R = \varepsilon$ et :
$$(u_1 u_2 \ldots u_n)^R = u_n u_{n-1} \ldots u_2 u_1$$

Utilisez le lemme de non-pompage pour montrer que le langage suivant n'est pas reconnaissable :
$$L_3 = \{vv^R w \mid v, w \in A^+\}$$

Question 10 • Peut-on utiliser le lemme de l'étoile pour montrer que le langage L_3 n'est pas reconnaissable ?

Question 11 ⋆⋆⋆ • Peut-on utiliser le lemme de non-pompage pour montrer que le langage $\mathrm{Lang}(\sqrt{2})$ n'est pas reconnaissable ?

——— FIN DE L'ÉNONCÉ ———

Le faisceau laser possède une trajectoire rectiligne, alors que la bombe chute en décrivant un arc de cercle.

Le Monde — vendredi 12 mai 2000

Problème 6 : le corrigé

1 Le lemme de l'étoile

Question 1 • Procédons par l'absurde. Supposons L_1 reconnaissable : le lemme de l'étoile affirme l'existence d'un naturel N tel que tout mot $u \in L_1$, de longueur au moins égale à N, se décompose en $u = xyz$ avec $y \neq \varepsilon$, $|xy| \leqslant N$ et $xy^n z \in L_1$ pour tout $n \in \mathbb{N}$. Comme $(N+2)! \geqslant N$, nous pouvons appliquer ce lemme au mot $u = a^{(N+1)!}$; soit donc xyz la factorisation de u dont le lemme affirme l'existence ; on aura $1 \leqslant y \leqslant N$, donc $(N+1)! + 1 \leqslant |xy^2 z| \leqslant (N+1)! + N$. Il est clair que $(N+1)! < (N+1)! + 1$; par ailleurs, $N+1 > N$ et $(N+1)! \geqslant 1$ impliquent :

$$(N+2)! = (N+2)(N+1)! = (N+1)! + (N+1)(N+1)! > (N+1)!$$

On a donc $(N+1)! < |xy^2 z| < (N+2)!$, si bien que $xy^2 z \notin L_2$. Ceci contredit la conclusion du lemme de l'étoile, et montre donc que L_2 n'est pas reconnaissable.

Question 2 • Le développement décimal illimité de $1/7$ est $0{,}142857142857\ldots$; donc Lang$(1/7)$ est décrit par l'expression rationnelle suivante :

$$(142857)^*(\varepsilon + 1 + 14 + 142 + 1428 + 14285)$$

Ceci prouve que ce langage est rationnel. En prime, voici un automate reconnaissant ce langage :

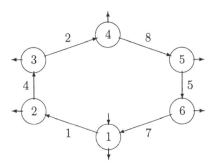

Question 3 • Soit $\alpha \in \mathbb{Q}$; le développement décimal de $\alpha - \lfloor \alpha \rfloor$ est périodique à partir d'un certain rang. Notons u le mot (éventuellement vide) obtenu en ne gardant que la partie du développement qui précède l'apparition de la période, et $v \neq \varepsilon$ la période proprement dite. Par exemple, avec $\alpha = 1/6$ on obtient $u = 1$ et $v = 6$. Le langage Lang(α) est alors la réunion des deux langages suivants :

- l'ensemble des préfixes propres de u

- l'ensemble des mots de la forme $uv^n w$, avec $n \in \mathbb{N}$ et w préfixe propre de v

Notons $\mathrm{Pref}(u)$ l'ensemble des préfixes propres de u et $\mathrm{Pref}(v)$ l'ensemble des préfixes propres de v; ces deux langages sont finis, donc rationnels. Alors $\mathrm{Lang}(\alpha)$ est rationnel, car on peut l'écrire :

$$\mathrm{Lang}(\alpha) = \mathrm{Pref}(u) + \{u\} \cdot \{v\}^* \cdot \mathrm{Pref}(v)$$

Question 4 • Procédons par l'absurde. Supposons $\mathrm{Lang}(\sqrt{2})$ reconnaissable : le lemme de l'étoile affirme l'existence d'un naturel N tel que tout mot $u \in \mathrm{Lang}(\sqrt{2})$, de longueur au moins égale à N, se décompose en $u = xyz$ avec $y \neq \varepsilon$, $|xy| \leqslant N$ et $xy^n z \in \mathrm{Lang}(\sqrt{2})$ pour tout $n \in \mathbb{N}$. Notons $p = |x|$ et $q = |y|$; alors le mot infini $d(\sqrt{2}) = d_1 d_2 d_3 \ldots$ vérifie $d_i = x_i$ pour $1 \leqslant i \leqslant p$, puis $d_j = d_{j+q}$ pour tout $j > p$: pour le voir, il suffit de considérer un préfixe de la forme xy^n suffisamment long pour que $p + nq \geqslant j$. Ainsi, le développement décimal de $\sqrt{2}$ serait périodique à partir d'un certain rang, or ceci est contradictoire puisque $\sqrt{2}$ n'est pas rationnel.

Question 5 • Soient L un langage reconnaissable et $\mathcal{A} = (Q, \delta, i, F)$ un automate fini déterministe reconnaissant L. Dire que L est préfixiel revient à dire que tout préfixe d'un mot de L est encore dans L; sur l'automate, ceci revient à dire que tous les états traversés lors d'un calcul réussi sont des états d'acceptation. Si l'on a pris le soin d'émonder $\mathcal{A}$, la condition se réduit à $F = Q$, puisque dans ce cas tout état participe à au moins un calcul réussi.

L'algorithme se résume donc comme suit : on émonde l'automate ; on vérifie ensuite qu'il ne reste que des états d'acceptation.

2   Le lemme de non-pompage

Question 6 • Si $y = \varepsilon$, alors $y^m z = z = y^n z$ quels que soient m et n. On peut donc prendre $m = 2$ et $n = 1$.

Question 7 La suite de terme général $q_k = \delta^*(i, y^k)$ $(k > 0)$ est à valeurs dans l'ensemble fini Q; il existe donc des exposants m et n distincts, tels que $q_m = q_n$; on peut supposer $m > n > 0$ pour fixer les idées. Alors

$$\begin{aligned} y^m z \in L &\iff \delta^*(i, y^m z) \in F \iff \delta^*\big(\delta^*(i, y^m), z\big) \in F \\ &\iff \delta^*\big(\delta^*(i, y^n), z\big) \in F \iff \delta^*(i, y^n z) \in F \iff y^n z \in L \end{aligned}$$

Ce qui termine la preuve du lemme.

Question 8 • Supposons L_2 reconnaissable et considérons le mot $y = a$. Le lemme de non-pompage assure l'existence de naturels m et n tels que $m > n > 0$ et $y^m z \in L \iff y^n z \in L$ quel que soit le mot z. Prenons $z = a^{m^2 + m + 1}$: alors $y^m z = a^m a^{m^2 + m + 1} = a^{m^2 + 2m + 1} = a^{(m+1)^2}$ appartient à L_2. En revanche, $y^n z = a^n a^{m^2 + m + 1} = a^{m^2 + m + n + 1}$ n'est pas élément de L_2; en effet :

$$m^2 < m^2 + m + n + 1 < m^2 + 2m + 1 = (m+1)^2$$

Par conséquent, $m^2 + m + n + 1$ n'est pas un carré parfait.

Question 9 • Supposons L_3 reconnaissable et considérons le mot $y = ab$. Le lemme de non-pompage assure l'existence de naturels m et n tels que $m > n > 0$ et $y^m z \in L \iff y^n z \in L$ quel que soit le mot z. Prenons $z = (ba)^n a$: alors $y^n z = (ab)^n (ba)^n a$ appartient à L_3, il suffit de prendre $x = (ab)^n$ et $w = a$ pour s'en convaincre. En revanche, $y^m z = (ab)^m (ba)^n a$ n'admet aucune décomposition de la forme $vv^R w$ avec v et w non vides, donc $y^m z \notin L_3$.

Question 10 • La réponse est négative. Soit $N = 4$. Considérons un mot $vv^R w$ de L_3, de longueur au moins égale à N. Comme $v \neq \varepsilon$, on peut écrire $v = au$ où a est une lettre ; deux cas de figure se présentent. Si $u \neq \varepsilon$, prenons $x = \varepsilon$, $y = a$ et $z = uu^R aw$; on a bien $|xy| = 1 \leqslant N$, $y \neq \varepsilon$ et $xy^n z \in L_3$ pour tout $n \in \mathbb{N}$ puisque $xy^0 z = uu^R aw$ (avec $u \neq \varepsilon$ et $aw \neq \varepsilon$) et $xy^n z = aa^R a^{n-2} uu^R aw$ si $n \geqslant 2$ (avec $a \neq \varepsilon$ et $a^{n-2} uu^R aw \neq \varepsilon$). Si $u = \varepsilon$, prenons $x = a^2$, $y = b$ et $z = w'$ où b est la première lettre de w et w' est tel que $w = bw'$; on a bien $|xy| = 3 \leqslant N$, $y \neq \varepsilon$, et $xy^n z \in L_3$ pour tout $n \in \mathbb{N}$ puisque ce mot s'écrit $aa^R y^n z$ avec $a \neq \varepsilon$ et $y^n z \neq \varepsilon$. Ainsi, L_3 vérifie la *conclusion* du lemme de l'étoile ; on ne peut donc pas espérer utiliser celui-ci pour montrer que ce langage n'est pas reconnaissable.

Question 11 • La réponse est négative. Considérons un mot $y \in \text{Lang}(\sqrt{2})$. Comme le développement décimal de $\sqrt{2}$ n'est pas périodique, il existe un exposant $n > 0$ tel que $y^n \notin \text{Lang}(\sqrt{2})$. Alors, comme ce langage est préfixiel, il ne contient pas non plus y^{n+1}. Notons $m = n+1$; on a $m > n > 0$. Aucun des deux mots $y^m z$ et $y^n z$ n'appartient à $\text{Lang}(\sqrt{2})$ puisque ce dernier est préfixiel. Ainsi, ce langage vérifie la *conclusion* du lemme de non-pompage ; on ne peut donc pas espérer utiliser celui-ci pour montre que ce langage n'est pas reconnaissable.

——— FIN DU CORRIGÉ ———

Références bibliographiques, notes diverses

▶ Référence de l'article de Guo-Qiang ZHANG et E. Rodney CANFIELD présentant le lemme de non-pompage : *The end of pumping*, *Theoretical Computer Science*, vol. 174, Issue 1-2, 1997, 275-279. On trouvera cet article aux URL suivants :

```
http://www.cs.uga.edu/~gqz/papers/non-pumping.ps.gz
http://www.cs.uga.edu/~gqz/Courses/cs2670/pumping.pdf
```

▶ Le chapitre 1 du *Handbook of Formal Languages* (éd. Springer), intitulé *Regular languages* et rédigé par Sheng YU, contient plusieurs variantes du lemme de l'étoile ; en particulier, il propose un lemme énonçant une condition nécessaire et suffisante pour qu'un langage *L* soit rationnel.

▶ La question 9 provient du chapitre 3 du livre *Introduction to Automata Theory, Languages and Computation*, de John E. HOPCROFT et Jeffrey D. ULLMAN (un grand classique, édité par Addison-Wesley). Cet exercice est marqué d'une «étoile», ce qui indique que les auteurs le considèrent comme plutôt difficile.

▶ Ce sujet a été soumis à la sagacité des étudiants le mercredi 27 octobre 1999.

[...] les deux planètes ne sont dans l'axe l'une de l'autre que tous les dix-huit mois [...]

Telerama — numéro 2624

Problème 7

Déterminisation d'un automate fini reconnaissant un langage fini (d'après K. Salomaa et S. Yu)

Présentation

Il est bien connu que le coût de la déterminisation d'un automate fini peut être exponentiel; par exemple, le langage `(a+b)*a(a+b)^n` est reconnu par un automate non déterministe à n états, mais ne peut être reconnu par un automate déterministe ayant moins de 2^{n-1} états.

Kai SALOMAA et Sheng YU se sont demandé quel serait le coût de cette déterminisation, pour un automate reconnaissant un langage *fini*. Ils ont montré que ce coût peut là encore être exponentiel, et en ont donné une borne supérieure faisant intervenir le cardinal de l'alphabet. Nous ne reprenons dans ce problème que l'analyse du coût pour un alphabet binaire.

Un problème analogue a été envisagé par Jean-Marc CHAMPARNAUD et Jean-Éric PIN : ils ont évalué le coût de la déterminisation d'un automate fini reconnaissant une partie de $\{a,b\}^n$; curieusement, cette étude est plus complexe que la précédente.

Prérequis

Alphabets, mots, langages. Arbres binaires (question 3 uniquement). Automates finis, langages rationnels. Algorithme de déterminisation d'un automate fini. Bien que le texte étudie implicitement des automates minimaux, la connaissance de ceux-ci n'est pas nécessaire ; le seul résultat utilisé est la minoration du nombre d'états d'un automate reconnaissant un langage rationnel L, par le nombres de classes de l'équivalence syntaxique à droite de L.

Problème 7 : l'énoncé

▶ Dans tout le problème, on utilise un alphabet $X = \{a, b\}$ réduit à deux lettres.

▶ On note $\mathcal{A}$ l'automate représenté ci-dessous :

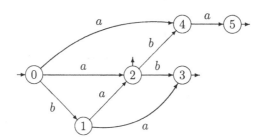

Question 1 • Quel est le langage L reconnu par $\mathcal{A}$?

Question 2 • Déterminisez l'automate $\mathcal{A}$.

Question 3 • Montrez que tout langage fini sur X peut être reconnu par un automate fini déterministe dont le graphe est un arbre binaire. Que représente la hauteur de cet arbre?

▶ Soit $\mathcal{A} = (Q, \delta, i, F)$ un automate (non déterministe) à $n = |Q|$ états, reconnaissant un langage L fini. On suppose que l'automate $\mathcal{A}$ est émondé : tous ses états sont accessibles et coaccessibles. On se propose de donner une borne supérieure du nombre d'états d'un automate déterministe complet reconnaissant L.

▶ δ est une partie de $Q \times X \times Q$; on lui associe naturellement l'application

$$(q, x) \in Q \times X \mapsto \{q' \in Q \mid (q, x, q') \in \delta\} \in \mathcal{P}(Q)$$

que l'on notera également δ. On définit ensuite l'application δ^* de $Q \times X^*$ dans $\mathcal{P}(Q)$ par $\delta^*(q, \varepsilon) = \{q\}$ et $\delta^*(q, ux) = \bigcup_{q' \in \delta^*(q, u)} \delta(q', x)$ pour $u \in X^*$ et $x \in X$.

Question 4 • Montrez qu'il n'existe pas de cycle dans le graphe de $\mathcal{A}$.

Question 5 • Quelle est la longueur maximale d'un mot de L?

▶ On note $I = \{i\}$ et $\mathcal{A}' = (Q', \Delta, I, F')$ l'automate des parties associé à $\mathcal{A}$. On note Δ^* la fonction de transition étendue de $\mathcal{A}'$, définie par $\Delta^*(S, \varepsilon) = S$ et $\Delta^*(S, ux) = \Delta\big(\Delta^*(S, u), x\big)$ quels que soient $S \in Q'$, $u \in X^*$ et $x \in X$.

Question 6 • Soient $\mathcal{S} = \{S_1, S_2, \ldots, S_s\}$ et $\mathcal{T} = \{T_1, T_2, \ldots, T_t\}$ deux parties de Q' disjointes vérifiant la propriété suivante : pour tout $k \in [\![1, t]\!]$, il existe $j \in [\![1, s]\!]$ et $u \in X^+$ tels que $T_k = \Delta^*(S_j, u)$. Prouvez qu'il existe un état q de $\mathcal{A}$ tel que $q \in \bigcup_{1 \leqslant j \leqslant s} S_j$ mais $q \notin \bigcup_{1 \leqslant k \leqslant t} T_k$.

▶ Le *niveau* d'un état S de $\mathcal{A}'$ est la longueur minimale d'un mot u tel que $\Delta^*(I, u) = S$. L'unique état de niveau 0 est donc I ; les états de niveau $j + 1$ sont les états qui ne sont pas de niveau j, mais que l'on peut atteindre par une seule transition de $\mathcal{A}'$, en partant d'un état de niveau j. On note Q'_j l'ensemble des états de $\mathcal{A}'$ qui sont de niveau j.

Question 7 • Soit j un indice tel que Q'_j ne soit pas vide. Montrez qu'il existe (au moins) un état q de $\mathcal{A}$, appartenant à (au moins) un état de niveau j de $\mathcal{A}'$, mais à aucun état de niveau strictement supérieur à j.

Question 8 • En déduire la majoration $\left| \bigcup_{k \geqslant j} Q'_k \right| \leqslant 2^{n-j}$.

Question 9 • Justifiez : $|Q'_j| \leqslant \min(2^j, 2^{n-j})$.

Question 10 • En déduire les deux majorations suivantes :

- $|Q'| \leqslant 2^{p+1} - 1$ si $n = 2p$;

- $|Q'| \leqslant 3 \cdot 2^p - 1$ si $n = 2p + 1$.

▶ On va montrer que ces majorations ne peuvent être améliorées.

▶ Soit L un langage sur l'alphabet X ; on définit sur X^* une relation $\equiv_L$ comme suit : $u \equiv_L v$ si, quel que soit $w \in X^*$:

$$\big(uw \in L\big) \iff \big(vw \in L\big)$$

Question 11 • Montrez que $\equiv_L$ est une relation d'équivalence.

Question 12 • Soit L un langage rationnel sur l'alphabet X, et $\mathcal{A} = (Q, \delta, i, F)$ un automate fini déterministe complet reconnaissant L. On note $\delta^*(i, u)$ l'état atteint par $\mathcal{A}$, placé initialement dans l'état i, après lecture du mot u. Montrez que, si $\delta^*(i, u) = \delta^*(i, v)$ alors $u \equiv_L v$.

Question 13 • En déduire que le nombre d'états de $\mathcal{A}$ est au moins égal au nombre de classes modulo $\equiv_L$.

▶ Dans les quatre questions suivantes, on suppose n pair : $n = 2p$. On note L l'ensemble des mots de la forme uav avec $|uav| < n$ et $|v| = p - 1$.

Question 14 • Construisez un automate fini non déterministe à n états reconnaissant L.

Question 15 • Soient x et y deux mots distincts, de longueur p au plus. Montrez que x et y ne sont pas équivalents modulo $\equiv_L$.

Question 16 • Montrez que tout mot de longueur strictement supérieure à p est équivalent modulo $\equiv_L$ à un mot de longueur p au plus.

Question 17 • En déduire que le nombre d'états d'un automate fini déterministe complet reconnaissant L est au moins égal à $2^{p+1} - 1$.

Question 18 • Montrez de même que la borne établie plus haut dans le cas où n est impair est optimale.

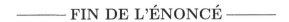
FIN DE L'ÉNONCÉ

Malheureusement, au bout d'un certain temps, Frankel, l'inventeur des programmes, a été atteint par le «virus des ordinateurs». Il s'agit d'une grave maladie dont sont victimes tous ceux qui manipulent des ordinateurs, et qui les empêche totalement de travailler. L'ennui avec ces machines, c'est qu'on ne peut pas s'empêcher de jouer avec ; on commence par s'amuser à manipuler les différentes touches ; puis peu à peu on arrive à réaliser des choses d'une sophistication incroyable, et alors on est complètement pris. Comme Frankel ne faisait plus attention à rien et ne surveillait plus ce qui se passait, le système a commencé à fonctionner au ralenti. Les choses avaient beau aller de plus en plus lentement, Frankel, lui, restait dans son bureau, essayant d'imaginer un programme qui permettrait d'imprimer automatiquement Arc tg x, fasciné par son ordinateur qui lui débitait des listings de valeurs de Arc tg x calculées par intégration. Ce qui ne présentait strictement aucun intérêt, vu que nous disposions de tables numériques où figurait Arc tg x ! Mais quiconque a déjà travaillé sur un ordinateur comprendra qu'on puisse en arriver là, comprendra la jouissance qu'il y a à voir jusqu'où l'on peut aller. L'inventeur de l'informatique en était donc aussi la première victime.

Richard Feynman — Vous voulez rire, Monsieur Feynman !

Problème 7 : le corrigé

Question 1 • On remarque qu'il n'y a pas de boucle dans le graphe de cet automate : il ne reconnaît donc qu'un nombre fini de mots. On les énumère en effectuant un parcours en largeur de ce graphe. Le langage reconnu est donc :

$$\{a, aa, ab, aba, ba, bab, baba\}$$

Question 2 • Voici la table obtenue en construisant l'automate des parties ; pour des raisons typographiques évidentes, la lecture se fait par colonnes et non par lignes :

	0	2,4	1	5	3,4	2,3
a	2,4	5	2,3	$\emptyset$	5	$\emptyset$
b	1	3,4	$\emptyset$	$\emptyset$	$\emptyset$	3,4

Et voici la représentation graphique de l'automate :

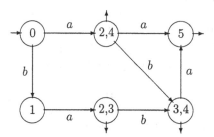

Le lecteur averti aura certainement noté que cet automate est minimal.

Question 3 • Procédons par induction structurelle. Le langage vide est reconnu par un automate ayant un seul état, initial mais non final ; en rendant final cet unique état, on obtient un automate qui reconnaît le langage $\{\varepsilon\}$; notons que dans les deux cas le graphe de l'automate est un arbre binaire réduit à sa racine. Considérons maintenant L un langage non réduit au mot vide : notons $L_a = \{u \in X^* \mid au \in L\}$ et de même $L_b = \{u \in X^* \mid bu \in L\}$. On construit alors l'automate dont le graphe est un arbre binaire, dont le sous-arbre gauche (resp. droit) est l'automate qui reconnaît L_a (resp. L_b). L'état initial est la racine, qui est aussi un état final ssi $\varepsilon \in L$. La hauteur de cet arbre est la longueur maximale d'un mot de L.

Question 4 • Raisonnons par l'absurde : supposons qu'il existe un calcul de $\mathcal{A}$, d'étiquette $v \neq \varepsilon$, commençant et finissant dans l'état s. Comme cet état est accessible et coaccessible, il existe des mots u et w tels que $s \in \delta^*(I, u)$ et $\delta^*(S, w) \cap F \neq \emptyset$. Alors $\delta^*(I, uv^k w) \cap F \neq \emptyset$ quel que soit $k \in \mathbb{N}$, ce qui contredit la finitude du langage reconnu par $\mathcal{A}$. On a utilisé la technique qui sert également à établir le lemme de l'étoile.

Question 5 • La longueur d'un mot de L est au plus $n-1$. En effet, tout calcul de $\mathcal{A}$ ayant pour étiquette un mot u de longueur n ou plus comporte un cycle, ce qui est interdit d'après la question précédente. Notons que ce maximum peut être atteint, par exemple par l'automate reconnaissant le mot a^{n-1} et lui seul.

Question 6 • Raisonnons par l'absurde, en supposant $\mathbf{S} = \bigcup_{1 \leqslant j \leqslant s} S_j$ contenu dans $\mathbf{T} = \bigcup_{1 \leqslant k \leqslant t} T_k$. Soit p_0 un élément de $\mathbf{S}$; p_0 appartient à l'un au moins des membres de la famille $\mathcal{T}$, que nous noterons T_1 ; il existe alors un indice j_1 et un mot $u_1 \in X^+$ tels que $\Delta(S_{j_1}, u_1) = T_1$; donc il existe un état $p_1 \in S_{j_1}$ tel que $p_0 \in \delta(p_1, u_1)$.

La construction se poursuit par récurrence : une fois obtenus des états $p_0, \ldots, p_t$ de $\mathcal{A}$ appartenant chacun à un membre au moins de la famille $\mathcal{S}$, et des mots $u_1, \ldots, u_t$ appartenant tous à X^+ et tels que $p_k \in \delta(p_{k-1}, u_k)$ pour tout $k \in [\![1, t]\!]$, on peut affirmer que p_t appartient à au moins un membre T_{t+1} de la famille $\mathcal{T}$; du coup, il existe un élément $S_{j_{t+1}}$ de $\mathcal{S}$ et un mot u_{t+1} non vide tels que $\Delta(S_{j_{t+1}}, u_{t+1}) = T_{t+1}$; il se trouve donc un état $p_{t+1} \in S_{j_{t+1}}$ tel que $p_t \in \delta(p_{t+1}, u_{t+1})$.

La suite d'états $(p_t)_{t \geqslant 0}$ prenant ses valeurs dans l'ensemble fini Q, il existe nécessairement des indices k et ℓ tels que $0 \leqslant k < \ell$ et $p_k = p_\ell$. Alors $p_k \in \delta^*(p_k, u_\ell u_{\ell-1} \ldots u_{k+1})$; comme $|u_\ell u_{\ell-1} \ldots u_{k+1}| \neq 0$, on met en évidence un cycle dans le graphe de $\mathcal{A}$, ce qui termine la preuve.

Question 7 • Il suffit d'appliquer le résultat précédent en prenant pour $\mathcal{S}$ la famille Q'_j des états de niveau j, et pour $\mathcal{T}$ la famille $\bigcup_{k>j} Q'_k$ des états de niveau strictement supérieur à j : ces deux parties de Q' sont disjointes par définition. D'autre part, une récurrence immédiate montre que tout état de niveau $k > j$ peut être atteint depuis au moins un état de niveau j, par lecture d'un mot de longueur $k - j > 0$.

Question 8 • Notons Q_j l'ensemble des états de $\mathcal{A}$ qui appartiennent à au moins un état de $\mathcal{A}'$ de niveau supérieur ou égal à j. Q_j est une partie de Q qui contient Q_{j+1} par définition ; et on vient de montrer que cette inclusion est stricte. Comme $|Q_0| \leqslant |Q| = n$, on en déduit par récurrence $|Q_j| \leqslant n - j$. Un état de $\mathcal{A}'$ de niveau supérieur ou égal à j apparaît ainsi comme une partie de Q_j ; le nombre de ces états est donc majoré par le cardinal de $\mathcal{P}(Q_k)$, d'où
$$\left| \bigcup_{k \geqslant j} Q'_k \right| \leqslant 2^{n-j}.$$

Question 9 • D'après la question précédente, on a $|Q'_j| \leqslant 2^{n-j}$ puisque Q'_j est contenu dans $\bigcup_{k \geqslant j} Q'_j$.

• Par ailleurs, il y a au plus 2^j états de niveau j, pour tout $j \in \mathbb{N}$. En effet, soit $\mathcal{Q} \in Q'_j$; comme l'automate $\mathcal{A}'$ est émondé, il existe au moins un mot $u \in X^j$ tel que $\Delta^*(I, u) = \mathcal{Q}$ (ceci a été vu à la question 7). Choisissons alors, parmi les mots u de longueur j tels que $\Delta^*(I, u) = \mathcal{Q}$ celui qui est le plus petit pour l'ordre lexicographique, et notons-le $\Phi(\mathcal{Q})$. Comme $\mathcal{A}'$ est déterministe, l'application Φ est injective; donc le cardinal de Q'_j est majoré par celui de X^j, soit 2^j puisque $|X| = 2$.

Question 10 • Considérons d'abord le cas $n = 2p$: on note que $\min(2^j, 2^{n-j})$ est maximal pour $j = n - j$, soit $j = p$, et vaut alors 2^p. On en déduit :

$$|Q'| = \sum_{0 \leqslant j < p} |Q'_j| + \left| \bigcup_{j \geqslant p} Q'_j \right| \leqslant \sum_{0 \leqslant j < p} 2^j + 2^{n-p} = 2^p - 1 + 2^p = 2^{p+1} - 1$$

• Examinons maintenant le cas $n = 2p+1$; cette fois, $\min(2^j, 2^{n-j})$ est maximal pour $j \in \{p, p+1\}$ et vaut alors 2^{p+1}. On en déduit :

$$|Q'| = \sum_{0 \leqslant j \leqslant p} |Q'_j| + \left| \bigcup_{j > p} Q'_j \right| \leqslant \sum_{0 \leqslant j \leqslant p} 2^i + 2^{n-(p+1)} = 2^{p+1} - 1 + 2^p = 3 \cdot 2^p - 1$$

Question 11 • La preuve la plus simple consiste à remarquer que $\equiv_L$ est la relation d'équivalence canoniquement associée à l'application qui, à un mot u, associe $u^{-1}L = \{w \in X^* \mid uw \in L\}$.

Question 12 • Soit $w \in X^*$. Si $uw \in L$, alors $\delta^*(i, uw) \in F$. Du coup :

$$\delta^*(i, vw) = \delta^*(\delta^*(i, v), w) = \delta^*(\delta^*(i, i), w) = \delta^*(i, uw)$$

Ainsi $\delta^*(i, vw) \in F$, et donc $vw \in L$. Par raison de symétrie, $vw \in L \Rightarrow uw \in L$; comme ceci vaut quel que soit $w \in X^*$, on en déduit que $u \equiv_L v$.

Question 13 • Considérons l'application φ qui, à une classe $\mathbf{u}$ modulo $\equiv_L$, associe $\delta^*(i, u)$ où u est le plus petit élément de $\mathbf{u}$, pour l'ordre lexicographique. Supposons $\varphi(\mathbf{u}) = \varphi(\mathbf{v})$; alors $\delta^*(i, u) = \delta^*(i, v)$, donc $u \equiv_L v$ soit $\mathbf{u} = \mathbf{v}$. Ceci montre que φ est injective, et par suite que $|Q|$ est au moins égal au nombre de classes modulo $\equiv_L$.

Question 14 • Considérons l'automate fini (non déterministe) ayant $Q = [\![1, n]\!]$ pour ensemble d'états, 1 pour état initial et n pour unique état final, et dont la table des transitions δ est la réunion des trois ensembles suivants :

$$\delta_1 = \big\{(i, a, i+1) \mid 1 \leqslant i < p\big\} \bigcup \big\{(i, b, i+1) \mid 1 \leqslant i < p\big\}$$
$$\delta_2 = \big\{(i, a, p) \mid 1 \leqslant i < p\big\}$$
$$\delta_3 = \big\{(i, a, i+1) \mid p+1 \leqslant i < n\big\} \bigcup \big\{(i, b, i+1) \mid p+1 \leqslant i < n\big\}$$

Voici par exemple l'automate qui correspond à $n = 6$:

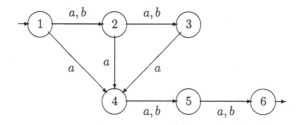

On vérifie que cet automate reconnaît exactement les mots de la forme uav avec $|u| < p$ et $|v| = p - 1$, lesquels forment précisément le langage L : un tel mot est reconnu en suivant $|u|$ transitions appartenant à δ_1, qui mènent dans l'état $|u| + 1$; puis l'unique transition partant de cet état et appartenant à δ_2, laquelle mène dans l'état $p + 1$; et enfin $p - 1$ transitions appartenant à δ_2, menant de l'état $p + 1$ à l'état $n = 2p$. Réciproquement, considérons un mot w reconnu par notre automate : notant u le préfixe lu avant de passer dans l'état $p + 1$, on a certainement $|u| < p$ et $w = uav$ avec $|v| = p - 1$.

Question 15 • Considérons deux mots x et y distincts, de longueurs respectives i et j, avec $0 \leqslant i \leqslant j \leqslant p$. Supposons $i < j$ dans un premier temps, et notons w le mot a^{n-i-1} ; comme $p > i$, on peut écrire :

$$xw = xa^{n-i-1} = xa^{2p-i-1} = xa^{p-i-1}aa^{p-1}$$

Ceci prouve que xw appartient à L. Mais yw n'appartient pas à L, puisque $|yw| = j + n - i - 1 > n - 1$. On n'a donc pas $x \equiv_L y$.

• Si $i = j$, on peut supposer sans perte de généralité $x = uav$ et $y = ubv'$; notons cette fois $w = a^{p-|v|-1}$, ce qui est licite puisque $|v| < |uav| = |x| = i \leqslant p$; le mot $xw = uavw$ appartient à L, puisque $|vw| = p - 1$ et :

$$|xw| = i + p - |v| - 1 < i + p \leqslant 2p = n$$

En revanche, le mot $yw = ubv'w$ n'appartient pas à L puisque $|v'w| = p - 1$. Dans ce cas encore, on n'a pas $x \equiv_L y$.

• Résumons : on a prouvé que deux mots x et y distincts, de longueur p au plus, ne sont pas équivalents modulo $\equiv_L$.

Question 16 • $|x| \geqslant n$ implique $x \equiv_L b^p$; en effet, quel que soit $w \in X^*$, aucun des mots xw et $b^p w$ n'appartient à L.

• Il reste à examiner le cas $p < |x| < n$; remarquons que l'on a nécessairement $p \geqslant 2$. Pour alléger le discours, nous noterons $\rho(t, k)$ la k-ième lettre du mot t, en partant de la droite ; ainsi $t \in L$ ssi $|t| < n$ et $\rho(t, p) = a$. Notons $d = n - |x|$; alors $d < p$, et $p - d \geqslant 1$. Soient u, v et w les mots définis par $x = uvw$, $|u| = n - p$, $|v| = d$ et donc $|w| = p - d$. Alors x est équivalent modulo $\equiv_L$ à vb^{p-d}, qui est de longueur p. En effet, soit z un mot quelconque. Si $|z| \geqslant d$, alors $|xz| \geqslant n$, donc $xz \notin L$; quant au mot $vb^{p-d}z$, il n'appartient pas non plus à L, car ou bien $|z| \geqslant p$, auquel cas $|vb^{p-d}z| \geqslant 2p = n$, ou bien $d \leqslant |z| < p$, mais alors $\rho(vb^{p-d}z, p) = \rho(vb^{p-d}, p - |z|) = b$ car $p - |z| \geqslant p - d$. Si maintenant $|z| < d$, alors $|xz| < n$ et $|vb^{p-d}z| = p + |z| < 2p = n$; donc :

$$\begin{aligned} \rho(xz, p) &= \rho(uvwz, p) = \rho(uv, p - |z| - |w|) = \rho(uv, d - |z|) \\ \rho(vb^{p-d}z, p) &= \rho(v, p - |z| - p + d) = \rho(v, d - |z|) \end{aligned}$$

ce qui prouve que x et vb^{p-d} sont équivalents modulo $\equiv_L$.

Résumons : on a montré que tout mot de longueur strictement supérieure à p est équivalent modulo $\equiv_L$ à un mot de longueur inférieure ou égale à p.

Question 17 • On a montré à la question 15 qu'il existait au moins autant de classes modulo $\equiv_L$ que de mots de longueur inférieure ou égale à p ; on a ensuite montré à la question 16 que tout mot de longueur strictement supérieure à p appartenait à la classe d'un mot de longueur p au plus. Il existe donc exactement autant de classes modulo $\equiv_L$ que de mots de longueur p au plus, soit :

$$\sum_{0 \leqslant j \leqslant p} 2^j = 2^{p+1} - 1$$

Ceci prouve que tout automate reconnaissant L possède au moins $2^{p+1} - 1$ états.

Question 18 • Prenons comme langage l'ensemble L des mots de la forme uav avec $|uav| < n$ et $|av| = p$. Ce langage est reconnu par un automate fini (non déterministe) à n états construit comme celui de la question 14. Comptons les classes modulo $\equiv_L$. L'argumentation utilisée plus haut concernant les mots de longueur p au plus s'applique à nouveau, nous donnant déjà $2^{p+1} - 1$ classes. Soient x et y deux mots de longueur $p + 1$ et z un mot de longueur p au plus ; $xa^p \notin L$ et $za^p \in L$ donc x et z ne sont pas équivalents modulo $\equiv_L$; par ailleurs, $x \equiv_L y$ ssi x et y sont égaux ou ne diffèrent que par leur première lettre. Ceci nous fournit 2^p nouvelles classes modulo $\equiv_L$. Enfin, tout mot x de longueur au moins égale à n est dans la classe de b^p, déjà répertoriée. Il y a donc au total $2^{p+1} - 1 + 2^p = 3 \cdot 2^p - 1$ classes modulo $\equiv_L$; ainsi, tout automate fini déterministe complet reconnaissant L possède au moins $3 \cdot 2^p - 1$ états. Ceci prouve l'optimalité de la majoration établie pour le cas où n est impair.

——— FIN DU CORRIGÉ ———

Références bibliographiques, notes diverses

▶ Une préversion de l'analyse faite par Kai SALOMAA et Sheng YU est disponible sur le Web, à l'URL :

http://www.csd.uwo.ca/tech-reports/493/finite.ps

▶ *NFA to DFA Transformation for Finite Languages*, Kai SALOMAA and Sheng YU. Automata Implementation, Proceedings of WIA'96. London, Ontario : August 1996. Lecture Notes in Computer Science, Vol. 1260. Springer-Verlag. 149-158.

▶ *NFA to DFA Transformation for Finite Languages over Arbitrary Alphabets*, Kai SALOMAA and Sheng YU. Journal of Automata, Languages and Combinatorics, 2 (1997) 3, 177-186.

▶ *A Maxmin Problem on Finite Automata*, Jean-Marc CHAMPARNAUD and Jean-Éric PIN. Discrete Applied Mathematics, 23 (1989), 91-96.

▶ Ce sujet a été traité par les étudiants au cours des vacances de Noël 1998.

▶ *Remarque* : plusieurs étudiants ont proposé le langage L formé des mots de la forme uav avec $|uav| < n$ et $|v| = p$. Cet exemple ne répond pas à la question. Rappelons que le *résiduel* d'un mot x vis-à-vis d'un langage L est $u^{-1}L = \{w \in X^* \mid uw \in L\}$; dire que deux mots u et v sont équivalents modulo $\equiv_L$ revient donc à dire que $u^{-1}L = v^{-1}L$. Considérons alors le cas $p = 1$; on a $L = \{aa, ab\}$ si bien que les classes modulo $\equiv_L$ sont au nombre de 4 seulement : la classe de ε, dont le résiduel est L ; la classe de a, dont le résiduel est $\{a, b\}$; la classe commune de a et b, dont le résiduel est $\{\varepsilon\}$; et la classe de tous les autres mots, dont le résiduel est vide.

▶ Un grand merci à Jean-Éric PIN et Kai SALOMAA.

[...] que nous disposions de 87 sièges au parlement de Strasbourg, alors que nous avons 100 départements, n'est vraiment pas un obstacle insurmontable. Il suffirait de réunir deux à deux les départements limitrophes les moins peuplés, jusqu'à parvenir au chiffre voulu.

Maurice Druon — Le Monde du 6 octobre 1998

Problème 8

Langages locaux, automates locaux

Présentation

Le théorème de KLEENE affirme l'équivalence entre *reconnaissabilité* et *rationnalité*. On connaît des preuves *constructives* de ce théorème : une telle preuve fournit un algorithme associant à un automate $\mathcal{A}$ une expression rationnelle e qui décrit le langage reconnu par $\mathcal{A}$, ou, en sens inverse, associant à une expression rationnelle e un automate $\mathcal{A}$ qui reconnaît le langage décrit par e.

C'est à cette deuxième construction, d'utilisation fréquente, que nous nous intéresserons. La méthode la plus connue, et aussi la plus facile à expliquer, repose sur l'utilisation des automates de THOMPSON ; elle avait été publiée en 1968.

Bien plus tôt, R. MCNAUGHTON et H. YAMADA (en 1960) et V. M. GLUSHKOV (en 1961) avaient, indépendamment, publié une méthode d'apparence très différente : elle consiste à numéroter les occurrences de chaque lettre de l'expression rationnelle, pour obtenir une nouvelle expression dite *linéaire*. La construction de l'automate fini associé est alors très simple ; on termine en «dénumérotant» les états et en déterminisant l'automate.

Gérard BERRY et Ravi SETHI ont donné en 1986 une présentation rigoureuse de cette méthode, et mis en évidence sa relation avec les *dérivées* d'une expression rationnelle (notion due à Janus BRZOZOWSKI).

Jean BERSTEL et Jean-Éric PIN ont proposé en 1995 une interprétation très simple de cette méthode, en faisant appel aux langages locaux.

Prérequis

Alphabets, mots, langages. Automates finis, langages rationnels. Expressions rationnelles.

Problème 8 : l'énoncé

Préliminaires : définitions et notations

▶ Soit L un langage sur l'alphabet X ; on note $\mathsf{Pref}(L)$ l'ensemble des préfixes de longueur 1 des mots de L, $\mathsf{Suff}(L)$ l'ensemble des suffixes de longueur 1 des mots de L et $\mathsf{Fact}(L)$ l'ensemble des facteurs de longueur 2 des mots de L. On a donc :

$$
\begin{aligned}
x \in \mathsf{Pref}(L) &\iff x \in X \text{ et } xX^* \cap L \neq \emptyset \\
x \in \mathsf{Suff}(L) &\iff x \in X \text{ et } X^*x \cap L \neq \emptyset \\
u \in \mathsf{Fact}(L) &\iff u \in X^2 \text{ et } X^*uX^* \cap L \neq \emptyset
\end{aligned}
$$

On définit également $\mathsf{Non}(L) = X^2 \setminus \mathsf{Fact}(L)$.

▶ Soit $\mathcal{A}$ un automate fini ; on note $\mathcal{L}_{AF}(\mathcal{A})$ le langage reconnu par $\mathcal{A}$. De même, si e est une expression rationnelle, on note $\mathcal{L}_{ER}(e)$ le langage décrit par e.

▶ Notre objectif est de décrire un algorithme calculant une fonction $\mathbf{A}$ qui, à une expression rationnelle e, associe un automate fini $\mathcal{A}$ tel que $\mathcal{L}_{AF}(\mathcal{A}) = \mathcal{L}_{ER}(e)$. On aura donc $\mathcal{L}_{AF} \circ \mathbf{A} = \mathcal{L}_{ER}$.

▶ Soient X et Y deux alphabets. Un *morphisme* de X^* vers Y^* est une application $\varphi : X^* \mapsto Y^*$ vérifiant $\varphi(uv) = \varphi(u)\varphi(v)$ quels que soient les mots u et v pris dans X^*. Il est clair qu'un tel morphisme est parfaitement défini par les images des éléments de X.

▶ Un automate fini déterministe $\mathcal{A} = (Q, \delta, i, F)$ est dit *standard* si aucune de ses transitions ne mène à l'état initial i.

Question 1 • Soit $\mathcal{A} = (Q, \delta, i, F)$ un automate fini déterministe. Décrire un algorithme construisant un automate fini déterministe standard $\mathcal{A}'$ reconnaissant le même langage que $\mathcal{A}$. Nous dirons que $\mathcal{A}'$ est le *standardisé* de $\mathcal{A}$.

1   Langages locaux

▶ Un langage L sur l'alphabet X est dit *local* si, notant $\mathsf{P} = \mathsf{Pref}(L)$, $\mathsf{S} = \mathsf{Suff}(L)$, $\mathsf{N} = \mathsf{Non}(L)$ on a $L \setminus \{\varepsilon\} = (\mathsf{P}X^* \cap X^*\mathsf{S}) \setminus X^*\mathsf{N}X^*$. Ceci revient à dire qu'un mot appartient à L ssi sa première lettre est dans P, sa dernière lettre est dans S, et si aucun de ses facteurs de longueur 2 n'appartient à N.

Question 2 • Montrez que tout langage local est rationnel.

Question 3 • Montrez que le langage décrit par l'expression rationnelle $(abc)^*$ est local.

Question 4 • Montrez que le langage décrit par l'expression rationnelle a^*ba n'est pas local.

Question 5 • Exhibez deux langages locaux L_1 et L_2, dont la réunion $L_1 \cup L_2$ n'est pas un langage local.

Question 6 • Exhibez deux langages locaux L_1 et L_2, dont la concaténation $L_1 \cdot L_2$ n'est pas un langage local.

Question 7 • Montrez que l'image d'un langage rationnel par un morphisme est également un langage rationnel.

Question 8 • Soit $\mathcal{A} = (Q, \delta, I, F)$ un automate fini (déterministe ou non). Montrez que l'ensemble des calculs réussis de $\mathcal{A}$ est un langage local sur l'alphabet $Q \times X \times Q$.

▶ • Un morphisme $\varphi : X^* \mapsto Y^*$ est *alphabétique* si $|\varphi(x)| \leqslant 1$ pour toute lettre $x \in X$; il est *strictement alphabétique* si $|\varphi(x)| = 1$ pour toute lettre $x \in X$

Question 9 • Montrez que tout langage rationnel est l'image d'un langage local par un morphisme strictement alphabétique.

2 Automates locaux

▶ Un automate fini déterministe $\mathcal{A} = (Q, \delta, i, F)$ est dit *local* si les transitions étiquetées par une lettre x donnée arrivent toutes dans un même état, qui ne dépend donc que de x.

Question 10 • Montrez que tout langage local sur un alphabet X peut être reconnu par un automate local standard, dont l'ensemble des états est $X \cup \{\varepsilon\}$.

Question 11 • Réciproquement, montrez que le langage reconnu par un automate local est lui-même local.

Question 12 • Soient L_1 et L_2 deux langages locaux sur des alphabets X et Y disjoints. Montrez que $L_1 \cup L_2$ est un langage local.

Question 13 • Soient L_1 et L_2 deux langages locaux sur des alphabets X et Y disjoints. Montrez que $L_1 \cdot L_2$ est un langage local.

Question 14 • Soit L un langage local. Montrez que L^* est également un langage local.

3 L'algorithme de McNaughton, Yamada et Glushkov

▶ Une expression rationnelle e sur l'alphabet X est dite *linéaire* si chaque lettre de X possède au plus une occurrence dans e.

▶ Soit e une expression rationnelle. On obtient une *version linéaire* e' de e en remplaçant les lettres qui apparaissent dans e par des lettres deux à deux distinctes ; plus précisément, les diverses occurrences dans e d'une même mettre a seront remplacées par $a_1, a_2, \ldots, a_{|e|_a}$. Ainsi, une version linéaire de $e = (a + b)^* aba$ sera $e' = (a_1 + b_1)^* a_2 b_2 a_3$.

Question 15 • Soit e une expression rationnelle linéaire. Montrez que $\mathcal{L}_{ER}(e)$ est un langage local.

Question 16 • Que pensez-vous de la réciproque ?

Question 17 • Définir, par induction structurelle, la fonction λ qui, à l'expression rationnelle e, associe $\{\varepsilon\} \cap \mathcal{L}_{ER}(e)$.

Question 18 • Définir, toujours par induction structurelle, une fonction $\mathbf{P}$ qui, à l'expression rationnelle linéaire e, associe $\mathbf{P}(e) = \mathsf{Pref}(\mathcal{L}_{ER}(e))$. On aura donc $\mathbf{P} = \mathsf{Pref} \circ \mathcal{L}_{ER}$.

Question 19 • Donnez de même des définitions par induction structurelle des fonctions $\mathbf{S} = \mathsf{Suff} \circ \mathcal{L}_{ER}$ et $\mathbf{F} = \mathsf{Fact} \circ \mathcal{L}_{ER}$.

▶ L'algorithme de MCNAUGHTON-YAMADA-GLUSHKOV permet d'associer à une expression rationnelle e un automate fini reconnaissant le langage $\mathcal{L}_{ER}(e)$. Il consiste en quatre étapes :

1. construire une version linéaire e' de l'expression rationnelle e, en mémorisant l'encodage des lettres qui apparaissent dans e

2. construire les ensembles $\mathbf{P}(e')$, $\mathbf{S}(e')$ et $\mathbf{F}(e')$

3. construire un automate fini déterministe $\mathcal{A}'$ reconnaissant $\mathcal{L}_{ER}(e')$

4. décoder les étiquettes des transitions de $\mathcal{A}'$ pour obtenir un automate fini reconnaissant $\mathcal{L}_{ER}(e)$

Question 20 • Appliquez l'algorithme de MCNAUGHTON-YAMADA-GLUSHKOV à l'expression rationnelle $((ab(ac)^* + ca)^* b)^*$.

Question 21 • Expliquez la phrase suivante, qui conclut l'article dont est tiré ce texte :

«BERRY and SETHI have given an unusual proof of a well-known result, namely that every rational language is the homomorphic image of a local language.»

———— FIN DE L'ÉNONCÉ ————

CRAY est le nom des supercalculateurs les plus puissants du monde, fabriqués par la firme américaine Digital Equipments.

Pierre-Gilles de Gennes — Les objets fragiles

Problème 8 : le corrigé

1 Langages locaux

Question 1 • Si $\mathcal{A}$ est standard, on ne fait rien. Sinon, soit i' un nouvel état n'appartenant pas à Q ; notons $Q' = Q \cup \{i'\}$; $F' = F$ si $i \notin F$, $F' = F \cup \{i'\}$ sinon ; et $\delta' = \delta \cup \{(i', x, q) \mid (i, x, q) \in \delta\}$. Alors l'automate $\mathcal{A}' = (Q', \delta', i', F')$ est standard et reconnaît le même langage que $\mathcal{A}$.

Question 2 • $\mathsf{P} = \mathsf{Pref}(L)$, $\mathsf{S} = \mathsf{Suff}(L)$ et $\mathsf{N} = \mathsf{Non}(L)$ sont des langages finis, donc rationnels. Il en est donc de même des langages $\mathsf{P}X^*$, $X^*\mathsf{S}$ et $X^*\mathsf{N}X^*$, puis de $\hat{L} = (\mathsf{P}X^* \cap X^*\mathsf{S}) \setminus X^*\mathsf{N}X^* = \mathsf{P}X^* \cap X^*\mathsf{S} \cap (X^* \setminus X^*\mathsf{N}X^*)$, puisque l'ensemble des langages rationnels est stable par union, produit et complémentation. Enfin, on aura soit $L = \hat{L} \cup \{\varepsilon\}$, soit $L = \hat{L}$ selon que ε appartient ou non à L. Ceci prouve que L est rationnel.

Question 3 • L'alphabet est $X = \{a, b, c\}$. Constatons que $\mathsf{P} = \mathsf{Pref}(L) = \{a\}$, $\mathsf{S} = \mathsf{Suff}(L) = \{c\}$, $\mathsf{F} = \mathsf{Fact}(L) = \{ab, bc, ca\}$ et $\mathsf{N} = X^2 \setminus \mathsf{F}$. On a bien :

$$\mathcal{L}_{ER}((abc)^*) \setminus \{\varepsilon\} = (\mathsf{P}X^* \cap X^*\mathsf{S}) \setminus X^*\mathsf{N}X^*$$

Question 4 • L'alphabet est $X = \{a, b\}$. Cette fois, on a $\mathsf{P} = \mathsf{Pref}(L) = \{a, b\}$, $\mathsf{S} = \mathsf{Suff}(L) = \{a\}$, $\mathsf{F} = \mathsf{Fact}(L) = \{aa, ab, ba\}$ et $\mathsf{N} = X^2 \setminus \mathsf{F}$. Le mot $abab$ appartient au langage $(\mathsf{P}X^* \cap X^*\mathsf{S}) \setminus X^*\mathsf{N}X^*$; pourtant il n'appartient pas à $\mathcal{L}_{ER}(a^*ba)$, ce qui prouve que ce langage n'est pas local.

Question 5 • Considérons, sur l'alphabet $X = \{a, b\}$, les langages $L_1 = \{ab\}$ et $L_2 = \{ba\}$. Notons $\mathsf{P}_1 = \mathsf{Pref}(L_1) = \{a\}$, $\mathsf{S}_1 = \mathsf{Suff}(L_1) = \{b\}$, $\mathsf{F}_1 = \mathsf{Fact}(L_1) = \{ab\}$ et $\mathsf{N}_1 = X^2 \setminus \mathsf{F}_1$. Il est clair que $L_1 = (\mathsf{P}_1 X^* \cap X^* \mathsf{S}_1) \setminus X^* \mathsf{N}_1 X^*$, donc L_1 est local ; il en est de même de L_2 par raison de symétrie. En revanche, $L_1 \cup L_2 = \{ab, ba\}$ n'est pas local ; en effet, notons $\mathsf{P} = \mathsf{Pref}(L_1 \cup L_2) = \{a, b\}$, $\mathsf{S} = \mathsf{Suff}(L_1 \cup L_2) = \{a, b\}$, $\mathsf{F} = \mathsf{Fact}(L_1 \cup L_2) = \{ab, ba\}$ et $\mathsf{N} = X^2 \setminus \mathsf{F}$. Le mot aba appartient au langage $(\mathsf{P}X^* \cap X^*\mathsf{S})X^* \setminus X^*\mathsf{N}X^*$ ce qui montre que $L_1 \cup L_2$ n'est pas local.

Question 6 • Considérons, sur l'alphabet $X = \{a, b\}$, le langage $L_1 = \{ab\}$. On a vu à la question précédente que L_1 était local. Notons $\mathsf{P} = \mathsf{Pref}(L_1 \cdot L_1) = \{a\}$, $\mathsf{S} = \mathsf{Suff}(L_1 \cdot L_1) = \{b\}$, $\mathsf{F} = \mathsf{Fact}(L_1 \cdot L_1) = \{ab, ba\}$ et $\mathsf{N} = X^2 \setminus \mathsf{F}$. Le langage $(\mathsf{P}X^* \cap X^*\mathsf{S}) \setminus X^*\mathsf{N}X^*$ est infini : c'est $\mathcal{L}_{ER}((ab)^+)$. En particulier, il n'est pas égal à $L_1 \cdot L_1$ qui n'est donc pas local.

Question 7 • Soient L un langage rationnel sur l'alphabet X, et φ un morphisme de X^* vers Y^* ; nous allons donner deux preuves différentes du fait que $\varphi(L)$ est un langage rationnel sur l'alphabet Y.

• Soit $\mathcal{A} = (Q, \delta, i, F)$ un automate fini déterministe reconnaissant L. Nous allons construire un automate $\mathcal{A}' = (Q', \delta', i, F)$ qui reconnaît $\varphi(L)$. Pour construire δ', nous distinguons pour chaque lettre $x \in X$ trois cas de figure selon la longueur de $\varphi(x)$:

  • si $|\varphi(x)| = 1$, on garde toutes les transitions de la forme (q, x, q') qui apparaissaient dans δ

  • si $|\varphi(x)| = 0$, on remplace chaque transition de la forme (q, x, q') qui apparaissait dans δ par une transition instantanée (q, ε, q')

  • si $|\varphi(x)| > 1$, alors, notant $n = |\varphi(x)|$ et $\varphi(x) = y_1 y_2 \ldots y_n$, on va, pour chaque transition (q, x, q') qui apparaissait dans δ introduire de nouveaux états $q_1, q_2, \ldots, q_{n-1}$ ainsi que les transitions (q, u_1, q_1), (q_1, u_2, q_2) et ainsi de suite jusqu'à (q_{n-1}, u_n, q').

Q' est la réunion de Q et de l'ensemble des nouveaux états ainsi introduits. On vérifie sans peine que $\mathcal{A}'$ reconnaît $\varphi(L)$.

• On peut aussi donner une preuve en travaillant sur les expressions rationnelles. Définissons par induction structurelle une application $\widehat{\varphi}$ de l'ensemble des expressions rationnelles sur X, sur lui-même, au moyen des règles suivantes :

  • $\widehat{\varphi}(\emptyset) = \emptyset$

  • $\widehat{\varphi}(\varepsilon) = \varepsilon$

  • $\widehat{\varphi}(x) = \varphi(x)$ pour tout $x \in X$

  • $\widehat{\varphi}(e + e') = \widehat{\varphi}(e) + \widehat{\varphi}(e')$

  • $\widehat{\varphi}(e \cdot e') = \widehat{\varphi}(e) \cdot \widehat{\varphi}(e')$

  • $\widehat{\varphi}(e^*) = \left(\widehat{\varphi}(e)\right)^*$

On vérifie aisément que, à une expression rationnelle e décrivant un langage L, $\widehat{\varphi}$ associe une expression rationnelle $\widehat{\varphi}(e)$ décrivant le langage $\varphi(L)$. Avec le formalisme adopté ici, on a $\varphi\big(\mathcal{L}_{ER}(e)\big) = \mathcal{L}_{ER}\big(\widehat{\varphi}(e)\big)$, soit $\varphi \circ \mathcal{L}_{ER} = \mathcal{L}_{ER} \circ \widehat{\varphi}$.

Question 8 • Notons $Y = Q \times X \times Q$: tout calcul de $\mathcal{A}$ est un mot sur cet alphabet (fini puisque X et Q le sont). Notons P l'ensemble des transitions qui partent de l'état initial ; pour S l'ensemble des transitions qui mènent à un état final ; et pour F l'ensemble des couples $\big((q, x, q'), (q', y, q'')\big)$ de transitions qui s'enchaînent. Notons $\mathsf{N} = Y^2 \setminus \mathsf{F}$. L'ensemble des calculs réussis de $\mathcal{A}$ est exactement $(\mathsf{P}Y^* \cap Y^*\mathsf{S}) \setminus Y^*\mathsf{N}Y^*$ ce qui montre que c'est un langage local.

Question 9 • Il suffit de prendre comme morphisme la projection φ qui, à la transition (q, x, q') associe la lettre x qui étiquette cette transition. L'image par φ d'un calcul de $\mathcal{A}$ est l'étiquette de ce calcul. En particulier, l'image par φ de l'ensemble des calculs réussis de $\mathcal{A}$ (qui est un langage local d'après la question précédente) est l'ensemble des étiquettes des calculs réussis de $\mathcal{A}$, autrement dit $\mathcal{L}_{AF}(\mathcal{A})$.

2 Automates locaux

Question 10 • Soient $P = \mathsf{Pref}(L)$, $S = \mathsf{Suff}(L)$ et $N = \mathsf{Non}(L)$. Considérons l'automate $\mathcal{A}$ dont l'état initial est ε; les états finals[1]. sont les éléments de S, plus éventuellement ε si ε appartient au langage; et les transitions sont de deux types: (ε, a, a) avec $a \in P$ et (x, y, y) avec $xy \in F$. On vérifie sans peine que $\mathcal{L}_{AF}(\mathcal{A}) \setminus \{\varepsilon\} = (PX^* \cap X^*S) \setminus X^*NX^*$. Ceci nous donne une autre preuve du résultat de la question 2.

Question 11 • Soit $\mathcal{A} = (Q, \delta, i, F)$ l'automate local considéré. On ne restreint pas la généralité en supposant que chaque état autre que i est la lettre de X qui étiquette les transitions menant à cet état. Notons $P = \{x \in X \mid (\varepsilon, x, x) \in \delta\}$, $S = F$ (sic), $F = \{xy \mid (x, y, y) \in \delta\}$ et $N = X^2 \setminus F$. On a alors:

$$\mathcal{L}_{AF}(\mathcal{A}) \setminus \{\varepsilon\} = (PX^* \cap X^*S) \setminus X^*NX^*$$

Question 12 • Soient $\mathcal{A}_1 = (Q_1, \delta_1, i_1, F_1)$ et $\mathcal{A}_2 = (Q_2, \delta_2, i_2, F_2)$ deux automates locaux standards qui reconnaissent respectivement L_1 et L_2. On peut supposer Q_1 et Q_2 disjoints sans perte de généralité. Soit i un nouvel état; définissons:

$$
\begin{aligned}
Q &= (Q_1 \setminus \{i_1\}) \cup (Q_2 \setminus \{i_2\}) \cup \{i\} \\
\delta &= \{(q, x, q') \in \delta_1 \mid q \neq i_1\} \cup \{(q, x, q') \in \delta_2 \mid q \neq i_2\} \\
&\quad \cup \{(i, x, q) \mid (i_1, x, q) \in \delta_1\} \cup \{(i, x, q) \mid (i_2, x, q) \in \delta_2\} \\
F &= \begin{cases} F_1 \cup F_2 & \text{si } i_1 \notin F_1 \text{ et } i_2 \notin F_2 \\ (F_1 \setminus \{i_1\}) \cup (F_2 \setminus \{i_2\}) \cup \{i\} & \text{sinon (i.e. si } \varepsilon \in L_1 \cup L_2) \end{cases}
\end{aligned}
$$

L'automate $\mathcal{A} = (Q, \delta, i, F)$ est local et reconnaît $L \cup M$.

Question 13 • Soient $\mathcal{A}_1 = (Q_1, \delta_1, i_1, F_1)$ et $\mathcal{A}_2 = (Q_2, \delta_2, i_2, F_2)$ deux automates locaux standards qui reconnaissent respectivement L_1 et L_2. On peut supposer Q_1 et Q_2 disjoints sans perte de généralité. Définissons:

$$
\begin{aligned}
Q &= Q_1 \cup (Q_2 \setminus \{i_2\}) \\
\delta &= \delta_1 \cup \{(q, x, q') \in \delta_2 \mid q \neq i_2\} \cup \{(q, x, q') \mid q \in F_1 \text{ et } (i_2, x, q') \in \delta_2\} \\
F &= \begin{cases} F_2 & \text{si } i_2 \notin F_2 \\ F_1 \cup (F_2 \setminus \{i_2\}) & \text{sinon (i.e. si } \varepsilon \in L_2) \end{cases}
\end{aligned}
$$

L'automate $\mathcal{A} = (Q, \delta, i_1, F)$ est local et reconnaît $L_1 \cdot L_2$.

Question 14 • Soit $\mathcal{A} = (Q, \delta, i, F)$ un automate local reconnaissant L. Notons $\delta' = \delta \cup \{(q, x, q') \mid q \in F, (i, x, q') \in \delta\}$. L'automate $\mathcal{A} = (Q, \delta', i, F \cup \{i\})$ est local et reconnaît L^*.

3 L'algorithme de McNaughton, Yamada et Glushkov

Question 15 • On raisonne par induction structurelle. $\mathcal{L}_{ER}(\emptyset) = \emptyset$ est local: prendre $P = \emptyset$. $\mathcal{L}_{ER}(\varepsilon) = \{\varepsilon\}$ est local: prendre ici encore $P = \emptyset$. Soit $x \in X$;

---

[1]Finals ou finaux? Je trouve que le premier sonne mieux, mais les deux sont admis. Les anglo-saxons ne connaissent par leur bonheur...

$\mathcal{L}_{ER}(x) = \{x\}$ est local : prendre $\mathsf{P} = \mathsf{S} = \{x\}$ et $\mathsf{N} = X^2$. Soient e et e' deux expressions rationnelles linéaires ; si $e + e'$ et $e \cdot e'$ sont encore linéaires, alors $\mathcal{L}_{ER}(e)$ et $\mathcal{L}_{ER}(e')$ sont des langages locaux sur des alphabets disjoints, donc $\mathcal{L}_{ER}(e + e') = \mathcal{L}_{ER}(e) \cup \mathcal{L}_{ER}(e')$ est local d'après le résultat de la question 12, et $\mathcal{L}_{ER}(e \cdot e') = \mathcal{L}_{ER}(e) \cdot \mathcal{L}_{ER}(e')$ est local d'après le résultat de la question 13. Enfin, $\mathcal{L}_{ER}(e^*)$ est local d'après le résultat de la question 14.

Question 16 • La réciproque est fausse : $\mathcal{L}_{ER}(aa^*)$ est un langage local, défini par $\mathsf{P} = \mathsf{S} = \{a\}$ et $\mathsf{F} = \{aa\}$ mais il ne peut être décrit par une expression rationnelle linéaire.

Question 17 • $\lambda(\emptyset) = \emptyset$; $\lambda(\varepsilon) = \{\varepsilon\}$; $\lambda(x) = \emptyset$ pour tout $x \in X$; $\lambda(e + e') = \lambda(e) \cup \lambda(e')$; $\lambda(e \cdot e') = \lambda(e) \cdot \lambda(e')$; $\lambda(e^*) = \{\varepsilon\}$.

Question 18 • $\mathbf{P}(\emptyset) = \mathbf{P}(\varepsilon) = \emptyset$; $\mathbf{P}(x) = \{x\}$ pour tout $x \in X$; $\mathbf{P}(e + e') = \mathbf{P}(e) \cup \mathbf{P}(e')$; $\mathbf{P}(e \cdot e') = \mathbf{P}(e) \cup \big(\lambda(e) \cdot \mathbf{P}(e')\big)$; $\mathbf{P}(e^*) = \mathbf{P}(e)$.

Question 19 • $\mathbf{S}(\emptyset) = \mathbf{S}(\varepsilon) = \emptyset$; $\mathbf{S}(x) = \{x\}$ pour tout $x \in X$; $\mathbf{S}(e + e') = \mathbf{S}(e) \cup \mathbf{S}(e')$; $\mathbf{S}(e \cdot e') = \mathbf{S}(e') \cup \big(\mathbf{S}(e) \cdot \lambda(e')\big)$; $\mathbf{S}(e^*) = \mathbf{S}(e)$.

• $\mathbf{F}(\emptyset) = \mathbf{F}(\varepsilon) = \emptyset$; $\mathbf{F}(x) = \emptyset$ pour tout $x \in X$; $\mathbf{F}(e + e') = \mathbf{F}(e) \cup \mathbf{F}(e')$; $\mathbf{F}(e \cdot e') = \mathbf{F}(e) \cup \mathbf{F}(e') \cup \big(\mathbf{S}(e) \cdot \mathbf{P}(e')\big)$; $\mathbf{F}(e^*) = \mathbf{F}(e) \cup \big(\mathbf{S}(e) \cdot \mathbf{P}(e)\big)$.

Question 20 • L'expression rationnelle $((ab(ac)^* + ca)^* b)^*$ devient, après linéarisation, $e' = ((a_1 b_1 (a_2 c_1)^* + c_2 a_3)^* b_2)^*$. En appliquant le programme donné en annexe (pages 67 à 69), on obtient $\mathbf{P}(e') = \{b_2, c_2, a_1\}$, $\mathbf{S}(e') = \{b_2\}$ et :

$$\mathbf{F}(e') \;=\; \{b_2 b_2, b_2 c_2, b_2 a_1, a_3 b_2, c_1 b_2, b_1 b_2, a_3 c_2, c_1 c_2,$$
$$b_1 c_2, a_3 a_1, c_1 a_1, b_1 a_1, c_2 a_3, b_1 a_2, a_2 c_1, c_1 a_2, a_1 b_1\}$$

L'automate construit compte huit états (un pour chaque lettre de e', plus l'état initial ε) et dix-sept transitions. Le dessin en est laissé au lecteur consciencieux (ou inconscient).

Question 21 • L'automate fini $\mathcal{A}'$ construit à la troisième étape de l'algorithme de McNaughton-Yamada-Glushkov est local ; et $\mathcal{L}_{ER}(e)$ est l'image de $\mathcal{L}_{AF}(\mathcal{A}')$ par le morphisme $a_i \mapsto a$ de décodage.

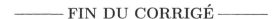

——— **FIN DU CORRIGÉ** ———

Besides a mathematical inclination, an exceptionally good mastery of one's native tongue is the most vital asset of a competent programmer.

Edsger Wybe Dijkstra — Selected writings on computing : a personal perspective

Annexe : programme en Caml

▶ Voici un ensemble de fonctions permettant de calculer les ensembles Pref(e), Suff(e) et Fact(e) associés à une expression rationnelle e. Commençons par définir un type `exprat` pour les expressions rationnelles :

```
type exprat = Vide | Epsilon | Lettre of string
  | Somme of exprat*exprat | Produit of exprat*exprat
  | Etoile of exprat;;
```

Notons que le type de base du constructeur `Lettre` est `string`, et non `char`; ceci autorise l'emploi de lettres avec indices, par exemple `Lettre "a1"`.

▶ Nous rédigeons d'abord une fonction :

```
lambda : exprat -> bool
```

spécifiée comme suit : `lambda e` calcule la valeur du prédicat $e \mapsto \lambda(e) \neq \emptyset$, conformément aux règles établies à la question 17.

```
let rec lambda = function
  | Vide | Lettre _ -> false
  | Epsilon -> true
  | Somme(e,e') -> lambda e or lambda e'
  | Produit(e,e') -> lambda e & lambda e'
  | Etoile _ -> true;;
```

▶ Nous rédigeons ensuite deux fonctions :

```
ajoute : 'a -> 'a list -> 'a list
union : 'a list -> 'a list -> 'a list
```

spécifiées comme suit : `ajoute x y` ajoute l'élément x à la liste y, sauf s'il y est déjà présent ; `union l1 l2` construit la liste «réunion» des deux listes ℓ_1 et ℓ_2. Deux remarques : `ajoute` est un exemple (rare) de filtrage sur liste, n'examinant pas le motif [] ; d'autre part, un élément qui apparaîtrait à la fois dans les listes ℓ_1 et ℓ_2 n'aura qu'une seule occurrence dans la liste `union l1 l2`.

```
let ajoute x = function
  | y when mem x y -> y
  | y -> x::y;;

let rec union l = function
  | [] -> l
  | t::q -> union (ajoute t l) q;;
```

▶ Nous pouvons maintenant programmer Pref et Suff :

```
pref : exprat -> string list
suff : exprat -> string list
```

spécifiées comme suit : `pref e` et `suff e` calculent Pref(e) et Suff(e), en suivant les règles établies aux questions 18 et 19.

```
let rec pref = function
  | Vide | Epsilon -> []
  | Lettre x -> [x]
  | Somme(e,e') -> union (pref e) (pref e')
  | Produit(e,e') -> let p = pref e in
      if lambda e then union p (pref e') else p
  | Etoile e -> pref e;;

let rec suff = function
  | Vide | Epsilon -> [] | Lettre x -> [x]
  | Somme(e,e') -> union (suff e) (suff e')
  | Produit(e,e') -> let s' = suff e' in
      if lambda e' then union (suff e) s' else s'
  | Etoile e -> suff e;;
```

▶ Pour la réalisation de la fonction Fact, nous aurons besoin de quelques outils simples :

```
cartesien : 'a list -> 'b list -> ('a * 'b) list list
flat : 'a list list -> 'a list
colle : string * string -> string
conc : string list -> string list -> string list
```

spécifiés comme suit :

- cartesien l1 l2 construit le produit cartésien des deux ensembles représentés par les listes ℓ_1 et ℓ_2 ;

- flat l met «à plat» la liste de listes ℓ, en éliminant les éventuels doublons : par exemple flat [[3;2];[7];[2;5]] construit la liste [3;7;2;5]

- colle (s,t) réalise la concaténation des deux chaînes s et t d'un couple ; par exemple, colle ("pi","po") rendra "pipo"

- conc l1 l2 construit la liste de toutes les chaînes obtenues en concaténant une chaîne prise dans la liste ℓ_1 devant une chaîne prise dans la liste ℓ_2 ; les doublons éventuels sont éliminés.

Voici donc ces quatre fonctions :

```
let cartesien l1 = map (fun y -> map (fun x ->(x,y)) l1);;
let flat l = it_list union [] l;;
let colle (x,y) = x^y;;
let conc l1 l2 = map colle (flat (cartesien l1 l2));;
```

▶ Nous sommes à même de programmer Fact :

```
fact : exprat -> string * string list
```

spécifiée comme suit : fact e calcule Fact(e), conformément aux règles établies à la question 19.

```
let rec fact = function
 | Vide | Epsilon | Lettre _ -> []
 | Somme(e,e') -> union (fact e) (fact e')
 | Produit(e,e') -> let p1 = union (fact e) (fact e')
                    and p2 = conc (suff e) (pref e')
   in union p1 p2
 | Etoile e -> union (fact e) (conc (suff e) (pref e));;
```

▶ La définition de l'expression rationnelle proposée par l'énoncé pourrait par exemple se faire comme suit, en décomposant en quelques étapes :

```
let e2a = Produit(Lettre "a1",Lettre "b1");;
let e2b = Produit(Lettre "a2",Lettre "c1");;
let e2 = Produit(e2a,Etoile(e2b));;
let e3 = Produit(Lettre "c2",Lettre "a3");;
let e1 = Somme(e2,e3);;
let e = Etoile(Produit(Etoile(e1),Lettre "b2"));;
```

Ce n'est pas une chute, mais un effondrement. Cette année, le produit national brut (PNB) de l'Indonésie baissera de 18%. Soit une croissance négative trois fois supérieure aux reculs enregistrés en Thaïlande ou en Corée du Sud.

Le Nouvel Observateur — Numéro 1776 bis

Références bibliographiques, notes diverses

▶ L'énoncé s'inspire très largement de l'article paru dans le numéro 155 de la revue *Theoretical Computer Science* et cosigné par Jean BERSTEL et Jean-Éric PIN. L'article de Gérard BERRY et Ravi SETHI, intitulé *From regular expressions to deterministic automata*, a été publié dans le numéro 48 de la même revue.

▶ Bruce WATSON a rédigé une étude de tous[2] les algorithmes connus permettant de passer d'une expression rationnelle à un automate fini : *A Taxonomy of finite automata construction algorithms*, disponible sur le Web à l'URL :

```
ftp://ftp.win.tue.nl/pub/techreports/pi/automata/taxonomy/
2nd.edition/constax.ps.gz
```

▶ Anne BRÜGGEMAN-KLEIN, dans le cadre d'un travail sur les langages de balisage, a également étudié les automates de GLUSHKOV : *Regular expression into finite automata*, disponible sur le Web à l'URL :

```
www.informatik.uni-freiburg.de/tr/1991/Report33/report33.ps.gz
```

▶ Mentionnons enfin un article de Valentin ANTIMIROV, exposant une autre construction basée sur les dérivées : *Partial derivatives of regular expressions and finite automata construction*, disponible sur le Web à l'URL :

```
ftp://ftp.loria.fr/pub/loria/eureca/articles/
Antimirov/pdre_tr.dvi.gz
```

Berry and Sethi have shown that the construction of an ε-free NFA due to to Glushkov is a natural *representation of the regular expression, because it can be described in terms of the Brzozowksi derivatives of the expression.*

Anne Brüggemann-Klein — Regular Expressions into Finite Automata

---

[2]Enfin, presque tous !

Problème 9

Sous-mots, mélange de mots, le théorème de Higman

Présentation

À côté de la notion classique de *facteur* d'un mot (ce que les anglo-saxons appellent *subword*), existe aussi la notion de *sous-mot* (que les mêmes baptisent *subsequence* ou *scattered subword*). Un sous-mot u d'un mot v est obtenu en effaçant de v zéro, une ou plusieurs lettres, mais en laissant les autres dans leur ordre initial.

Dans une première partie, on étudie quelques propriétés de la relation d'ordre sur X^* associée à cette notion de sous-mot. C'est aussi l'occasion de rencontrer quelques langages rationnels.

La deuxième partie propose de calculer le nombre de façons dont un mot u peut être obtenu comme sous-mot d'un mot v; on présente un algorithme de calcul de ce nombre par programmation dynamique.

Dans une troisième partie, on définit le *mélange* (en anglais: *shuffle*) de deux mots; cette notion est fortement reliée à celle de sous-mot.

Enfin la dernière partie établit un résultat classique dû à HIGMAN: dans un ensemble infini de mots, il existe nécessairement au moins un couple (u, v) de mots distincts tels que u soit sous-mot de v.

Prérequis

Alphabets, mots, langages. Relations d'ordre. Langages rationnels, automates finis.

Liens

Plusieurs questions de ce sujet se retrouvent dans le problème 10.

Problème 9 : l'énoncé

Notations et définitions

▶ Dans tout le problème, X désigne un alphabet ; son cardinal est noté $|X|$. Si u est un mot de longueur p et $0 \leqslant i \leqslant p$, on note $u[1..i]$ le préfixe de longueur i de u. En particulier, $u[1..0] = \varepsilon$.

▶ On pourra utiliser les fonctions suivantes :

- `mem : 'a -> 'a list -> bool`
  Spécification : `mem x y` est vrai ssi x est membre de la liste y ;

- `union : 'a list -> 'a list -> 'a list`
  Spécification : `union x y` construit la liste des éléments apparaissant dans l'une au moins des deux listes x et y ;

- `map : ('a -> 'b) -> 'a list -> 'b list`
  Spécification : `map f y` construit la liste des images par f des membres de la liste y ;

- `it_list : ('a -> 'b -> 'a) -> 'a -> 'b list -> 'a`
  Spécification : `it_list f x y` calcule $f(\ldots (f(f(x, y_1), y_2), \ldots, y_n)$.

1 Sous-mots : définition, quelques propriétés

▶ Les deux premières questions sont indépendantes de la suite de cette partie.

Question 1 • Rédigez en Caml une fonction :

```
list_of_string : string -> char list
```

spécifiée comme suit : `list_of_string s` convertit la chaîne de caractères s en une liste de caractères. Par exemple, avec l'appel :

```
list_of_string "R2D2"
```

on obtiendra la liste ['R' ; '2' ; 'D' ; '2'].

Question 2 • Rédigez en Caml une fonction :

```
string_of_list : char list -> string
```

spécifiée comme suit : `string_of_list l` convertit la liste de caractères ℓ en une chaîne. Par exemple, avec l'appel :

```
string_of_list ['C';'6';'P';'0']
```

on obtiendra la chaîne de caractères `"C6P0"`.

▶ Un mot u de longueur $p \geqslant 1$ est un *sous-mot* d'un autre mot v de longueur $n \geqslant p$ s'il existe une application strictement croissante $s : [\![1, p]\!] \mapsto [\![1, n]\!]$ telle que $u_j = v_{s(j)}$ pour tout $j \in [\![1, p]\!]$. Ceci revient à dire qu'en supprimant certaines lettres du mot v, on obtient le mot u ; par exemple, $u = abb$ est un sous-mot de $v = baababba$ (on a **graissé** les lettres de v qui étaient conservées pour former u).

▶ On convient que ε est sous-mot de tout mot u.

▶ On notera $u \prec v$ si u est sous-mot de v. SM(v) désigne l'ensemble des sous-mots de v : SM$(v) = \{u \in X^* \mid u \prec v\}$. SM$(L)$ désigne l'ensemble des sous-mots des mots du langage L : SM$(L) = \bigcup_{v \in L}$ SM(v).

Question 3 • Montrez que $u = abb$ est un sous-mot de $v = ababb$. On explicitera toutes les applications s qui conviennent.

Question 4 • Soit u un mot. Montrez que SM(u) est un langage rationnel.

Question 5 • Rédigez en Caml une fonction :

```
est_sous_mot : string -> string -> bool
```

spécifiée comme suit : `est_sous_mot u v` indique si le mot u représenté par la chaîne de caractères u est un sous-mot du mot v représenté par la chaîne de caractères v.

Question 6 • Montrez que $\prec$ est une relation d'ordre ; dans quel(s) cas est-ce un ordre total ?

Question 7 • Soit u un mot. On note L_u l'ensemble des mots dont u est un sous-mot : $L_u = \{v \in X^* \mid u \prec v\}$. Montrez que le langage L_u est rationnel.

Question 8 • Dans cette question, $X = \{a, b\}$. Construisez un automate fini déterministe complet qui reconnaît le langage L_{abb}.

Question 9 • Soit L un langage rationnel. Montrez que l'ensemble $\widehat{L}$ des mots v qui ont au moins un sous-mot dans L est un langage rationnel.

Question 10 • Soit L un langage rationnel ; montrez que SM(L) est lui aussi un langage rationnel.

Question 11 • Exhibez un langage L non rationnel, tel que SM(L) soit rationnel.

2 Ordre de multiplicité d'un sous-mot

▶ Soient u et v deux mots, de longueurs respectives p et n. On note $\binom{v}{u}$ l'*ordre de multiplicité* de u en tant que sous-mot de v : c'est le nombre d'applications

$s : [\![1,p]\!] \mapsto [\![1,n]\!]$ strictement croissantes et telles que $u_j = v_{s(j)}$ pour tout indice $j \in [\![1,p]\!]$; c'est donc le nombre de façons dont u est sous-mot de v. Par convention, $\dbinom{v}{\varepsilon} = 1$ pour tout mot v, et $\dbinom{\varepsilon}{u} = 0$ pour tout mot $u \neq \varepsilon$.

Question 12 • Soient v un mot non vide et a une lettre. Que vaut $\dbinom{v}{a}$?

Question 13 • Soient u et v deux mots, a et b deux lettres. Exprimez $\dbinom{bv}{au}$ en fonction de $\dbinom{v}{u}$ et $\dbinom{v}{au}$, en faisant intervenir le symbole de Kronecker $\delta_{a,b}$ dont on rappelle qu'il est égal à 1 si $a = b$, à 0 sinon.

Question 14 • En appliquant répétitivement la formule que l'on vient d'établir, calculez $\dbinom{ababb}{abb}$.

Question 15 • Rédigez en Caml une fonction :

```
omul : char list * char list -> int
```

spécifiée comme suit : `omul (u,v)` calcule $\dbinom{v}{u}$, si le mot u est représenté par la liste de caractères `u` et le mot v par la liste de caractères `v`. On utilisera une formulation récursive, et on ne fera pas appel à un vecteur (ou une matrice) pour stocker des résultats intermédiaires.

Question 16 • Que pensez-vous du coût du calcul avec cette méthode ?

Question 17 • Pour $0 \leqslant i \leqslant n$ et $0 \leqslant j \leqslant p$, on note $m_{i,j} = \dbinom{v[1..i]}{u[1..j]}$. Expliquez comment organiser le calcul des coefficients de la matrice m pour ramener à un $\mathcal{O}(np)$ le coût du calcul de $\dbinom{v}{u}$.

Question 18 • Construisez la matrice qui correspond à $u = abb$ et $v = ababb$.

3   Mélange de mots

▶ Soient u et v deux mots. Le *mélange* de ces deux mots, noté $u \circ v$, est l'ensemble des mots qui peuvent s'écrire $u_1 v_1 u_2 v_2 \ldots u_n v_n$, où $(u_i)_{1 \leqslant i \leqslant n}$ et $(v_i)_{1 \leqslant i \leqslant n}$ sont deux familles de mots telles que $u = u_1 u_2 \ldots u_n$ et $v = v_1 v_2 \ldots v_n$. Par exemple, le mot **aa**b**b**ab**bb** appartient au mélange des deux mots $u = abb$ et $v = ababb$ (on a **graissé** les lettres qui provenaient du mot u).

▶ Le mélange de deux langages L et M, noté $L \circ M$, est l'ensemble des mots que l'on peut obtenir en mélangeant un mot de L et un mot de M :

$$L \circ M = \bigcup_{u \in L, v \in M} u \circ v$$

$\circ$ est donc une loi de composition sur $\mathcal{P}(X^*)$, et $u \circ v$ n'est finalement qu'un raccourci commode pour désigner $\{u\} \circ \{v\}$. Avec cette interprétation, l'opération de mélange peut être définie par induction structurelle au moyen des règles suivantes :

- (R1) $u \circ \varepsilon = \varepsilon \circ u = \{u\}$ pour $u \in X^*$

- (R2) $au \circ bv = a(u \circ bv) \cup b(au \circ v)$, où $u, v \in X^*$ et $a, b \in X$

Question 19 • Énumérez $ab \circ aab$ (on ne demande pas de preuve détaillée).

Question 20 • Montrez que $\circ$ est commutative.

Question 21 • Soient L, M et N trois langages. Justifiez la relation suivante :

$$L \circ (M \cup N) = (L \circ M) \cup (L \circ N)$$

Question 22 • Montrez que $\circ$ est associative.

Question 23 • Rédigez en Caml une fonction :

```
melange_mots : string -> string -> string list
```

qui calcule le mélange de deux mots. La liste résultat ne devra pas contenir de doublons ; en revanche, l'ordre d'énumération est indifférent.

Question 24 ⋆⋆⋆ • On représente un langage fini par une `string list`. Rédigez en Caml une fonction :

```
melange_langages : string list -> string list -> string list
```

calculant le mélange de deux langages finis. Vous devrez faire en sorte que, si les listes représentant les langages à mélanger sont sans doublons, il en soit de même de la liste résultat ; en revanche, l'ordre d'énumération est indifférent et est donc laissé à votre bon goût.

4 Le théorème de Higman

▶ Soit X un alphabet. Une *antichaîne* sur X est un langage L sur X formé de mots deux à deux incomparables pour la relation $\prec$.

Question 25 • Que peut-on dire d'une antichaîne sur l'alphabet $\{a\}$?

Question 26 • Montrez que, sur l'alphabet $\{a, b\}$, il existe des antichaînes de cardinal arbitrairement grand.

▶ En 1952, HIGMAN a établi à propos de relations d'ordre un résultat qui, dans le cadre de la théorie des langages formels, s'énonce comme suit : sur un alphabet X fini, une antichaîne est nécessairement finie. On se propose de prouver ce dernier résultat.

▶ Nous allons raisonner par l'absurde, en considérant une antichaîne infinie L sur un alphabet X. On note $q = |X|$ et $n = \min_{u \in L} |u|$.

Question 27 • Montrez que $q > 1$.

▶ On peut supposer sans perte de généralité que q est minimal : il n'existe pas d'antichaîne infinie sur un alphabet de cardinal inférieur à q. On peut également supposer (toujours sans perte de généralité) que n est minimal : dans une antichaîne infinie sur un alphabet de cardinal q, les mots ont tous une longueur au moins égale à n.

Question 28 • Montrez que $n > 1$.

Question 29 • Soit u un mot de L de longueur n. On note L' l'ensemble des mots de L dont $u[1..n-1]$ est sous-mot. Montrez que $L \setminus L'$ est nécessairement fini.

▶ Il résulte de la question précédente que L' est infini. Soit $v_1, v_2, \ldots$ une énumération des mots de L'.

Question 30 • Montrez que tout mot v_i de L' peut s'écrire

$$v_i = z_{i,1} u_1 z_{i,2} u_2 \ldots z_{i,n-1} u_{n-1} z_{i,n}$$

avec $z_{i,j} \in (X \setminus \{u_j\})^*$ pour tout $j \in [\![1, n-1]\!]$.

Question 31 • Montrez que $z_n \in (X \setminus \{u_n\})^*$.

▶ Pour $1 \leqslant j \leqslant n$, on note $Z_j = \{z_{i,j} \mid i \geqslant 1\}$. Un élément x de Z_j est *maximal* s'il n'existe aucun mot y de Z_j tel que x soit un sous-mot de y, distinct de y.

Question 32 • Montrez que Z_j n'a qu'un nombre fini d'éléments maximaux.

Question 33 ⋆⋆⋆ • En déduire que, ou bien Z_j est fini, ou bien on peut (quitte à procéder à une extraction) supposer $z_{i,j} \prec z_{i+1,j}$ pour tout $i \geqslant 1$.

Question 34 • Concluez alors en mettant en évidence une contradiction.

Question 35 ⋆⋆⋆ • Soit L un langage *quelconque*. Montrez que l'ensemble $\widehat{L}$ des mots v qui ont au moins un sous-mot dans L est un langage rationnel.

Question 36 ⋆⋆⋆ • Soit L un langage *quelconque*. Montrez que $\mathrm{SM}(L)$ est un langage rationnel.

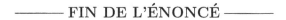

——— FIN DE L'ÉNONCÉ ———

According to usual rules for abbreviations (more exactly acronyms, since Caml stands for Categorical Abstract Machine Language), we should write CAML, as we write INRIA or SNCF. On the other hand, this upper case name seems to yell all over the place, and writing Caml is far more pretty and elegant. Now, the new name Objective Caml confirms this choice for simplicity and elegance, since, as far as I know, nobody writes Objective CAML !

So write Caml to be smart and think CAML to advertise this powerful programming tool !

Pierre Weis — Communication personnelle

Problème 9 : le corrigé

1   Sous-mots : définition, quelques propriétés

Question 1 • On construit l'intervalle discret $[\![0, n-1]\!]$, où n est la longueur de la chaîne ; on transforme ensuite cette liste de positions en la liste des caractères de la chaîne.

```
let list_of_string u =
  map (fun i -> u.[i]) (intervalle 0 (string_length u - 1)) ;;
```

Question 2 • On transforme la liste de caractères en liste de chaînes, puis on concatène celles-ci.

```
let string_of_list l =
  concat (map (fun c -> make_string 1 c) l);;
```

Question 3 • Il existe quatre applications qui conviennent. Le tableau ci-dessous les énumère, en indiquant pour chacune d'elles en **gras** les lettres extraites du mot *ababb* pour obtenir le mot *abb*.

$1 \to 1,\ 2 \to 2,\ 3 \to 4$	a**b**a**b**b
$1 \to 1,\ 2 \to 2,\ 3 \to 5$	a**b**ab**b**
$1 \to 1,\ 2 \to 4,\ 3 \to 5$	a*b*a**bb**
$1 \to 3,\ 2 \to 4,\ 3 \to 5$	*ab*a**bb**

Question 4 • SM(u) est un langage fini : c'est un ensemble de mots de longueur au plus $|u|$.

Question 5 • au est un sous-mot de av ssi u est sous-mot de v ; et, si $a \neq b$, au est sous-mot de bv ssi au est sous-mot de v. Les conventions choisies (ε est sous-mot de tout mot v, et le seul sous-mot de ε est ε) assurent la terminaison de cet algorithme. La programmation est à peu près immédiate :

```
let est_sous_mot u v =
 let rec aux = function
  | ([],_) -> true
  | (_,[]) -> false
  | (t::q,t'::q') when t = t' -> aux (q,q')
  | (x,_::q') -> aux (x,q')
 in aux (list_of_string u,list_of_string v);;
```

Question 6 • La réflexivité se montre en prenant pour s l'identité de $[\![1,n]\!]$; la transitivité en notant que la composée de deux injections croissantes est elle-même une injection croissante. Enfin, pour l'antisymétrie, il suffit de noter que, si $u \prec v$ et $v \prec u$, alors $p \leqslant n$ (sinon il ne peut exister d'injection de $[\![1,p]\!]$ dans $[\![1,n]\!]$) et par raison de symétrie $n \leqslant p$; puis, nos deux injections croissantes ayant pour composée l'identité, chacune est l'identité, donc $u = v$.

• L'ordre est total ssi $|X| = 1$. En effet, si l'alphabet X se réduit à une lettre a, alors $u = a^p \prec v = a^q$ ssi $p \leqslant q$. Si X contient au moins deux lettres distinctes a et b, les mots a et b ne sont pas comparables.

Question 7 • On a clairement $L_u = X^* u_1 X^* u_2 \ldots X^* u_n X^*$.

Question 8 • L'automate non-déterministe ci-dessous répond à la question.

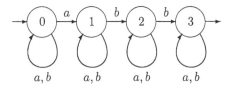

On le détermise avec le procédé usuel, résumé par la table ci-contre :

	$\{0\}$	$\{0,1\}$	$\{0,1,2\}$	$\{0,1,2,3\}$
a	$\{0,1\}$	$\{0,1\}$	$\{0,1,2\}$	$\{0,1,2,3\}$
b	$\{0\}$	$\{0,1,2\}$	$\{0,1,2,3\}$	$\{0,1,2,3\}$

Et voici l'automate espéré :

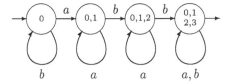

Question 9 • Soit $\mathcal{A}$ un automate fini reconnaissant L. Pour chaque état q de $\mathcal{A}$, et chaque lettre x de X, ajoutons (q, x, q) à la table de transitions de $\mathcal{A}$. L'automate obtenu reconnaît $\widehat{L}$.

Question 10 • Soit $\mathcal{A}$ un automate fini reconnaissant L. Pour toute transition (q, x, q') de $\mathcal{A}$, ajoutons la transition instantanée (q, ε, q') à la table de $\mathcal{A}$. L'automate $\mathcal{A}'$ obtenu reconnaît $\mathrm{SM}(L)$.

Question 11 • $L = \{a^n b^n \mid n \in \mathbb{N}\}$ n'est pas rationnel. Or $\mathrm{SM}(L) = a^* b^*$ est rationnel.

2   Ordre de multiplicité d'un sous-mot

Question 12 • Notons $p = |u|$. Une injection s de $[\![1,1]\!]$ dans $[\![1,p]\!]$ est parfaitement définie par le choix de $s(1)$. Ici, on impose $u_{s(1)} = a$; il existe donc $|u|_a$ choix possibles, et finalement $\binom{u}{a} = |u|_a$.

Question 13 • Supposons dans un premier temps $a \neq b$; au est sous-mot de bv ssi au est sous-mot de v, ce qui donne $\binom{v}{au}$ possibilités. Sinon, au est sous-mot de va ssi ou bien au est sous-mot de v, ce qui donne $\binom{v}{au}$ possibilités, ou bien u est sous-mot de v, ce qui donne $\binom{v}{u}$ possibilités. On peut résumer ceci par la formule unique : $\binom{bv}{au} = \binom{v}{au} + \delta_{a,b}\binom{v}{u}$.

Question 14 • Une remarque pour alléger les calculs : $\binom{u}{u} = 1$. $\binom{ababb}{abb} = \binom{babb}{abb} + \binom{babb}{bb}$. Mais $\binom{babb}{abb} = \binom{abb}{abb} = 1$. Par ailleurs $\binom{babb}{bb} = \binom{abb}{bb} + \binom{abb}{b}$, $\binom{abb}{bb} = \binom{bb}{bb} = 1$, et $\binom{abb}{b} = \binom{bb}{b} = \binom{bb}{\varepsilon} + \binom{b}{b} = 2$; donc $\binom{babb}{bb} = 3$ et finalement $\binom{ababb}{abb} = 4$, ce qui confirme le calcul effectué à la question 3.

Question 15 • Il suffit d'appliquer la formule établie à la question 13 :

```
let rec omul = function
| ([],_) -> 1
| (_,[]) -> 0
| (a::u,b::v) when a = b -> omul(u,v) + omul(a::u,v)
| (a::u,b::v) -> omul(a::u,v);;
```

Question 16 • Si $u = a^n$ et $v = a^{2n}$, le nombre d'appels de `omul` majore le coefficient binomial $\binom{2n}{n}$. Donc le coût peut être exponentiel par rapport à la somme des longueurs de u et v.

Question 17 • Notons $\tilde{u}$ le mot miroir du mot u; il est clair que $\binom{\tilde{v}}{\tilde{u}} = \binom{v}{u}$. On peut alors déduire de la formule établie à la question 13 la nouvelle formule $\binom{bv}{ua} = \binom{v}{ua} + \delta_{a,b}\binom{v}{u}$. En remplaçant dans cette formule u par $u[1..j]$, v par $v[1..i]$, a par u_{j+1} et b par v_{i+1} il vient $m_{i+1,j+1} = m_{i+1,j} + \delta_{u_{i+1},v_{j+1}}m_{i,j}$. On procède alors au remplissage de la matrice par colonnes successives : on a déjà $m_{i,0} = \delta_{i,0}$ pour tout i. Supposons la colonne j remplie, alors $m_{0,j+1} = 0$ et la formule que l'on vient d'établir permettent de remplir la colonne $j+1$, de haut en bas. Comme le coût du remplissage de chaque cellule est un $\mathcal{O}(1)$, le coût total est un $\mathcal{O}(np)$. La technique utilisée ici est connue sous le nom de *programmation dynamique* ; vous trouverez d'autres exemples de mise en œuvre de cette technique dans les problèmes 10 et 16.

L'énoncé ne demandait pas de mettre en œuvre cette technique, mais nous allons le faire. Attention à l'indexation dans les chaînes de caractères et dans la matrice.

```
let omul_dyn u v =
  let n = string_length u and p = string_length v in
  let m = make_matrix (n+1) (p+1) 1 in
  for i = 1 to n do
   m.(i).(0) <- 0;
   for j = 1 to p do
    m.(i).(j) <- m.(i).(j-1);
    if u.[i-1] = v.[j-1]
     then m.(i).(j) <- m.(i).(j) + m.(i-1).(j-1)
   done
  done;
  m;;
```

Question 18 • On suit l'algorithme exposé à la question précédente, et on trouve $\binom{ababb}{abb} = m_{3,5} = 4$.

$j \downarrow \ i \rightarrow$	0	1	2	3
0	1	0	0	0
1	1	1	0	0
2	1	1	1	0
3	1	2	1	0
4	1	2	3	1
5	1	2	5	4

3   Mélange de mots

Question 19 • Un élément u de $ab \circ aab$ est un mot de longueur 5 qui commence par a, finit par b, et vérifie $|u|_a = 3$ et $|u|_b = 2$. Ceci ne laisse que trois choix pour $u[2..4]$: aab, aba et baa. On vérifie que chacun de ces choix est effectivement obtenu. Ainsi $ab \circ aab = \{aaabb, aabab, abaab\}$.

Question 20 • Comme la réunion ensembliste est associative, il suffit d'établir $u \circ v = v \circ u$, ce que nous ferons par induction structurelle. Si $u = \varepsilon$ ou $v = \varepsilon$, alors $u \circ v = v \circ u$ résulte de (R1). Sinon, en utilisant successivement (R2), l'hypothèse d'induction structurelle, la commutativité de $\cup$ et à nouveau (R2), il vient :

$$
\begin{aligned}
ua \circ vb &= (ua \circ v)b \cup (u \circ vb)a = (v \circ ua)b \cup (vb \circ u)a \\
&= (vb \circ u)a \cup (v \circ ua)b = vb \circ ua
\end{aligned}
$$

Question 21 • Il est clair que, si $P \subset Q$, alors $L \circ P \subset L \circ Q$. Ainsi $L \circ M$ et $L \circ N$ sont tous deux contenus dans $L \circ (M \cup N)$; ainsi $(L \circ M) \cup (L \circ N) \subset L \circ (M \cup N)$. Réciproquement, soit $x \in L \circ (M \cup N)$: il existe $y \in L$ et $z \in M \cup N$ tels que $x = y \circ z$; alors $x \in L \circ M$ si $z \in M$, et $x \in L \circ N$ si $z \in N$; dans les deux cas, $x \in (L \circ M) \cup (L \circ N)$; ainsi $L \circ (M \cup N) \subset (L \circ M) \cup (L \circ N)$.

Question 22 • Le résultat de la question précédente s'étend sans difficulté à une réunion quelconque :

$$
\begin{aligned}
L \circ (M \circ N) &= L \circ \left(\bigcup_{\substack{v \in M \\ w \in N}} v \circ w \right) = \bigcup_{\substack{v \in M \\ w \in N}} (L \circ (v \circ w)) \\
&= \bigcup_{\substack{v \in M \\ w \in N}} \left(\bigcup_{u \in L} u \circ (v \circ w) \right) = \bigcup_{\substack{u \in L \\ v \in M \\ w \in N}} u \circ (v \circ w)
\end{aligned}
$$

Il suffit donc d'établir $u \circ (v \circ w) = (u \circ v) \circ w$, ce que nous ferons par induction structurelle. Notons déjà que $\varepsilon \circ L = L$ pour tout langage L, si bien que $\varepsilon \circ (v \circ w) = v \circ w = (\varepsilon \circ v) \circ w$; les cas $v = \varepsilon$ et $w = \varepsilon$ s'établissent de façon analogue. Suit un calcul pénible :

$$
\begin{aligned}
au \;\circ\; & (bv \circ cw) \\
=\; & au \circ (b(v \circ cw) \cup c(bv \circ w)) = (au \circ b(v \circ cw)) \cup (au \circ c(bv \circ w)) \\
=\; & a(u \circ b(v \circ cw)) \cup b(au \circ (v \circ cw)) \cup a(u \circ c(bv \circ w)) \cup c(au \circ (bv \circ w)) \\
=\; & a((u \circ b(v \circ cw)) \cup (u \circ c(bv \circ w))) \cup b(au \circ (v \circ cw)) \cup c(au \circ (bv \circ w)) \\
=\; & a(u \circ (b(v \circ cw) \cup c(bv \circ w))) \cup b(au \circ (v \circ cw)) \cup c(au \circ (bv \circ w)) \\
=\; & a(u \circ (bv \circ cw)) \cup b(au \circ (v \circ cw)) \cup c(au \circ (bv \circ w))
\end{aligned}
$$

$$
\begin{aligned}
(au \;\circ\; & bv) \circ cw \\
=\; & (a(u \circ bv) \cup b(au \circ v)) \circ cw = ((a(u \circ bv) \circ cw) \cup (b(au \circ v)) \circ cw \\
=\; & a((u \circ bv) \circ cw) \cup c(a(u \circ bv) \circ w) \cup b((au \circ v) \circ cw) \cup c(b(au \circ v)) \circ w \\
=\; & a((u \circ bv) \circ cw) \cup b((au \circ v) \circ cw) \cup c((a(u \circ bv) \circ w) \cup (b(au \circ v)) \circ w)) \\
=\; & a((u \circ bv) \circ cw) \cup b((au \circ v) \circ cw) \cup c((a(u \circ bv) \cup b(au \circ v)) \circ w) \\
=\; & a((u \circ bv) \circ cw) \cup b((au \circ v) \circ cw) \cup c((au \circ bv) \circ w)
\end{aligned}
$$

L'hypothèse d'induction structurelle permet alors de conclure.

Question 23 • Il suffit de suivre la définition par induction structurelle ; ce n'est peut-être pas la méthode la plus efficace, mais c'est certainement la plus rapide à traduire en Caml. `map_cons x y` place x en tête de chacune des listes membres de la liste y ; son type est `'a -> 'a list list -> 'a list list`.

```
let map_cons x y = map (fun z -> x::z) y;;
let s_o_c = string_of_list
and c_o_s = list_of_string;;

let melange_mots x y =
 let rec mm = function
  | ([],v) -> [v]
  | (u,[]) -> [u]
  | (a::u,b::v) -> let m1 = mm(a::u,v) and m2 = mm(u,b::v) in
    union (map_cons b m1) (map_cons a m2)
 in map s_o_c (mm (c_o_s x,c_o_s y));;
```

Question 24 • Définissons d'abord une fonction

```
flat_union : 'a list list -> 'a list
```

qui construit la liste réunion des membres de ses membres (*sic*) :

```
let flat_union y = it_list union [] y;;
```

Tout repose ensuite sur une utilisation adroite de `map` et de `flat_union`. On écrit d'abord une fonction `melange_mot_langage` qui réalise le mélange d'un langage réduit à un mot et d'un langage quelconque, au moyen de la formule $u \circ M = \bigcup_{v \in M} u \circ v$:

```
let melange_mot_langage u mang =
 flat_union (map (melange_mots u) mang);;
```

Maintenant, il suffit d'appliquer la formule $L \circ M = \bigcup_{u \in L} u \circ M$:

```
let melange_langages lang mang =
  flat_union (map (fun u -> melange_mot_langage u mang) lang);;
```

4 Le théorème de Higman

Question 25 • Sur un alphabet réduit à une seule lettre, une antichaîne ne peut contenir plus d'un mot !

Question 26 • Soit $n \in \mathbb{N}$; X^n est une antichaîne de cardinal 2^n.

Question 27 • La réponse a déjà été donnée à la question 25 : il ne peut exister d'antichaîne infinie sur un alphabet à une seule lettre !

Question 28 • S'il existait un mot $u \in L$ de longueur 1, on obtiendrait (en enlevant le mot u de L et la lettre u de X) une antichaîne infinie sur un alphabet de cardinal $q - 1$, contredisant la minimalité de q.

Question 29 • $M = (L \setminus L') \cup \{u[1..n-1]\}$ est également une antichaîne, sur le même alphabet de cardinal q ; comme $\min_{v \in M} |v| = n - 1 < n$, l'hypothèse faite sur n implique que M n'est pas une antichaîne infinie.

Question 30 • Notons ℓ la longueur de z_i. Notons $p_{i,1}$ la position de la première occurrence de u_1 dans z_i. Puis, pour $j \in [\![2, n-1]\!]$, notons $p_{i,j}$ la position de la première occurrence de u_j dans $z_i[p_{i,j-1} + 1..\ell]$. On définit ensuite $z_{i,1} = z_i[1..p_{i,1} - 1]$; puis, pour $j \in [\![2, n-1]\!]$, $z_{i,j} = z_i[p_{i,j-1} + 1..p_{i,j} - 1]$; enfin, $z_{i,n} = z_i[p_{i,n-1} + 1..\ell]$. Ainsi, pour $j \in [\![1, n-1]\!]$ il n'y aura aucune occurrence de u_j dans le mot $z_{i,j}$.

Question 31 • S'il existait une occurrence de u_n dans $z_{i,n}$, on pourrait écrire $z_{i,n} = wu_nw'$ puis $z_i = z_{i,1}u_1 \ldots z_{i,n-1}u_{n-1}wu_nw'$: u serait donc sous-mot de z_i, ce qui contredirait le fait qu'ils sont tous deux membres d'une même antichaîne.

Question 32 • Les éléments de Z_j sont des mots sur l'alphabet $X \setminus \{u_j\}$, lequel est de cardinal $q - 1$. Par ailleurs, les éléments maximaux de Z_j (s'il en existe) forment une antichaîne : compte tenu du choix de q, elle ne peut pas être infinie.

Question 33 • Supposons Z_j infini. Soit $s(1)$ un indice à partir duquel il n'y plus aucun élément maximal (un tel indice existe car il n'y a qu'un nombre fini d'éléments maximaux). Il existe un indice $s(2) > s(1)$ tel que $z_{s(1),j} \prec z_{s(2),j}$ puisque $z_{s(1),j}$ n'est pas maximal ; puis, comme $z_{s(2),j}$ n'est pas maximal, il existe un indice $s(3) > s(2)$ tel que $z_{s(2),j} \prec z_{s(3),j}$. On peut poursuivre indéfiniment l'extraction, pour exhiber une suite $(z_{s(i),j})_{i \geqslant 1}$ vérifiant $z_{s(i),j} \prec z_{s(i+1),j}$ pour tout $i \geqslant 1$.

Question 34 • Appliquons successivement ceci pour chaque $j \in [\![1, n]\!]$; comme L' est infini, il est impossible que les Z_j soient tous finis. Après au plus n extractions, on obtient une partie de L' infinie (donc contenant au moins deux éléments) composée de mots deux à deux comparables : or L' est censée être une antichaîne.

Question 35 • Notons $L_\downarrow$ l'ensemble des éléments minimaux de L. Cet ensemble n'est certainement pas vide, il contient par exemple les éléments de longueur minimale de L. Si v admet $u \in L$ comme sous-mot, alors il admet aussi comme sous-mot un élément de $L_\downarrow$. Donc $\widehat{L} = \bigcup_{w \in L_\downarrow} L_w$. Mais les éléments de $L_\downarrow$ sont deux à deux incomparables pour $\prec$, donc forment une antichaîne. Le théorème de HIGMAN permet d'affirmer que $L_\downarrow$ est un ensemble fini. Par ailleurs, chaque L_w est rationnel (cf. question 7), donc $\widehat{L}$ est rationnel en tant que réunion d'une famille *finie* de rationnels.

Question 36 • Notons $K = X^* \setminus \mathrm{SM}(L)$, nous allons montrer que $K = \widehat{K}$. D'après la question précédente, K sera rationnel, et donc son complémentaire $\mathrm{SM}(L)$ le sera aussi.

• L'inclusion $K \subset \widehat{K}$ est banale. Réciproquement, soit $v \in \widehat{K}$. v possède un sous-mot $u \in K$; $u \notin \mathrm{SM}(L)$, donc $v \notin \mathrm{SM}(L)$, soit $v \in K$. *Remarque* : les résultats des questions 10 et 11 apparaissent désormais comme des banalités.

——— FIN DU CORRIGÉ ———

Après une mûre délibération, un des frères plus lettré que les autres, s'avisa d'un expédient. Il est vrai, dit-il, que le testament ne fait point mention des Nœuds d'Epaule, totidem verbis ; mais je conjecture, qu'il en parle exclusivement, ou totidem sillabis. Cette distinction fut d'abord goûtée, et l'on se mit de nouveau à examiner ; mais, une malheureuse étoile avait tellement influé là-dessus, que la première syllabe ne se trouvait pas dans tout l'écrit, néanmoins, celui qui était l'auteur de cette invention reprit courage. «Mes frères, dit-il, ne vous affligez pas : l'affaire n'est pas encore tout-à-fait désespérée. Si nous ne trouvons pas ce que nous cherchons, totidem verbis, ni totidem sillabis, je me fais fort de le trouver, totidem litteris. L'expédient parut merveilleux, et les voilà aussitôt à l'ouvrage. En moins de rien, ils firent un recueil des lettres suivantes : N, U, D, S, D, E, P, A, U, L, E ; mais ils avaient beau fureter partout la seconde lettre Œ ne paraissait nulle part. La difficulté sembla d'abord importante ; mais, le frère à distinctions qui était en train de faire merveille, trouva bientôt de quoi remédier à cet inconvénient. Selon lui l'Œ était une lettre pédanteque, qui n'était d'aucune utilité, et qu'on pouvait rempacer facilement par un E simple, qui faisait dans le fond le même effet.

Swift — Le conte du tonneau

Références bibliographiques, notes diverses

▶ Ce sujet a bénéficié de nombreuses corrections et améliorations suggérées par Nicolas PUECH.

▶ L'article *Ordering by divisibility in abstract algebras* de G. H. HIGMAN a été publié dans *Proceedings of the London Mathematical Society*, 3, (1952) 326-336.

▶ Pour la preuve du théorème de HIGMAN, j'ai repris les idées exposées par Alexandru MATEESCU et Arto SALOMAA dans *Formal Languages : an Introduction and a Synopsis*, chapitre 1, volume 1 du *Handbook of Formal Languages*, (éd. Springer, 1997).

▶ On trouvera un chapitre complet sur les sous-mots dans le livre de M. LO-THAIRE : *Combinatorics on Words* (éd. Cambridge University Press, 1983 et 1997). Les parties 2 et 3 s'en inspirent largement.

▶ Ce sujet a été soumis à la sagacité des étudiants le mardi 6 février 1999.

The French school emphasizes the coherence by using the term "factor" for our "subwords" and saving the term "subword" for our scattered subwords.

A. Mateescu, A. Salomaa — Formal Languages :
an Introduction and a Synopsis

Problème 10

Plus long sous-mot commun et distance d'édition

Présentation

On définit la notion de *sous-mot*, puis on détermine le nombre maximal de sous-mots d'un mot de longueur n sur un alphabet à deux lettres a et b; on montre que les mots pour lesquels le maximum est atteint sont ceux dans lesquels les lettres a et b alternent.

On définit ensuite la *distance d'édition* de deux mots : c'est le nombre minimal d'insertions et/ou de suppressions de lettres pour passer du premier mot au deuxième; on étudie l'algorithme classique de calcul de cette distance par la *programmation dynamique*.

On définit le *plus long sous-mot* commun (PLSMC) à deux mots donnés, et on s'intéresse à trois algorithmes de calcul du PLSMC : le premier reprend la méthode de programmation dynamique, sa complexité spatiale est proportionnelle au produit des longueurs des deux mots.

On se propose ensuite de voir comment diminuer cette complexité : on étudie d'abord l'algorithme de HIRSCHBERG, puis l'algorithme de HUNT et SZYMANSKI.

Prérequis

Alphabets, mots, langages. Relations d'ordre. Langages rationnels, automates finis. Calculs de complexité; méthode *diviser pour régner*.

Liens

Autres emplois de la méthode de programmation dynamique : problème 16 sur la structure secondaire de l'ARN de transfert.

Sous-mots, chaînes et anti-chaînes : problème 9 sur le théorème de HIGMAN.

Problème 10 : l'énoncé

1 Sous-mots

Mark how one string, sweet husband to another,
Strikes each in each by mutual ordering...

Shakespeare — Sonnet 8

▶ Σ désigne un alphabet contenant au moins deux lettres a et b. Un mot x est un *sous-mot* d'un mot y (ce que l'on notera $x \sqsubseteq y$) si, notant $m = |x|$ et $n = |y|$, il existe une injection croissante s de $[\![1, m]\!]$ dans $[\![1, n]\!]$ telle que $x_i = y_{s(i)}$ pour tout $i \in [\![1, m]\!]$. Ceci revient à dire que x peut se déduire de y en *supprimant* certains caractères; ou, inversement, que y peut se déduire de x en *insérant* des caractères. Ainsi, *corne* est un sous-mot de *re$\underline{co}$u$\underline{vran}$te*.

▶ On notera que, si x est facteur de y, alors x est un sous-mot de y; mais la réciproque n'est pas vraie.

▶ On note $|X|$ le cardinal de l'ensemble fini X, et $\lg x$ le logarithme en base 2 du réel $x > 0$.

Question 1 • Citez quelques sous-mots remarquables du mot *découvrable*.

Question 2 • Justifiez rapidement : la relation $\sqsubseteq$ est un ordre, compatible avec la concaténation : si $x \sqsubseteq y$, alors $xz \sqsubseteq yz$ et $zx \sqsubseteq zy$.

Question 3 • Rédigez en Caml une fonction :

```
est_sous_mot : string -> string -> bool
```

spécifiée comme suit : `est_sous_mot x y` dit si x est un sous-mot de y. On justifiera en toute rigueur la validité de cette fonction.

Question 4 • Montrez qu'avec cette fonction, le coût de `est_sous_mot x y` (exprimé en nombre de comparaisons de caractères) est au plus égal à n.

▶ Soit $w \in \Sigma^*$; on note $S(w)$ l'ensemble des sous-mots de w et $s(w) = |S(w)|$.

Question 5 • Soit $n \in \mathbb{N}$; calculez $\min\{s(w) \mid w \in \Sigma^n\}$ et précisez les mots pour lesquels ce minimum est atteint. Justifiez la majoration $s(w) \leqslant 2^{|w|}$.

▶ Dans la suite de cette partie, on suppose que Σ se réduit à deux lettres, donc $\Sigma = \{a, b\}$. On se propose d'expliciter $\max\{s(w) \mid w \in \Sigma^n\}$, en précisant les mots pour lesquels ce maximum est atteint.

▶ Soit $P \in \mathbb{R}[X]$; pour $k \in \mathbb{N}$, on note $[X^k]P$ le coefficient de X^k dans P, ainsi $P = \sum_{k \in \mathbb{N}} ([X^k]P)X^k$. À un langage fini L, on associe le polynôme P_L défini par :

$$P_L = \sum_{k \in \mathbb{N}} |L \cap \Sigma^k| X^k$$

$[X^k]P_L$ est donc le nombre de mots de longueur k qui appartiennent à L.

▶ Soit $w \in \Sigma^*$; on note $P_w = P_{S(w)}$, et $P_w^a = P_{S(w) \cap a\Sigma^*}$; ainsi $[X^k]P_w^a$ est le nombre de sous-mots de w qui commencent par la lettre a et dont la longueur est k.

▶ Soient U et V deux polynômes ; on note $U \preceq V$ si $[X^k]U \leqslant [X^k]V$ pour tout $k \in \mathbb{N}$; on note $U \prec V$ si $U \preceq V$ et $U \neq V$. Clairement, $\preceq$ est un ordre partiel, compatible avec l'addition.

Question 6 • Explicitez P_{aaaba}.

Question 7 • Établissez la relation $P_{xy} \preceq P_x P_y$.

Question 8 • Justifiez $P_{aw}^b = P_w^b$, puis $P_{aw}^a = X(P_w^a + P_w^b + 1)$. Combien vaut P_ε^a ?

▶ On définit une suite $(Q_n)_{n \in \mathbb{N}}$ de polynômes par les formules $Q_0 = 0$, $Q_1 = X$ et $Q_{n+2} = X(Q_{n+1} + Q_n + 1)$. On définit également deux suites $(\alpha_n)_{n \in \mathbb{N}}$ et $(\beta_n)_{n \in \mathbb{N}}$ de mots par les formules $\alpha_0 = \beta_0 = \varepsilon$, $\alpha_{n+1} = a\beta_n$ et $\beta_{n+1} = b\alpha_n$. Ainsi $|\alpha_n| = |\beta_n| = n$, $\alpha_n = ababa\ldots$ et $\beta_n = babab\ldots$; plus précisément, $\alpha_{2p} = (ab)^p$, $\alpha_{2p+1} = (ab)^p a$, $\beta_{2p} = (ba)^p$ et $\beta_{2p+1} = (ba)^p b$.

Question 9 • Justifiez : $P_{\alpha_n}^a = P_{\beta_n}^b = P_{\beta_{n+1}}^a = P_{\alpha_{n+1}}^b = Q_n$.

Question 10 • La *suite de Fibonacci* est définie par les relations $F_0 = 0$, $F_1 = 1$ et $F_{n+2} = F_{n+1} + F_n$. Explicitez $s(\alpha_n)$ en fonction d'un ou plusieurs termes de cette suite.

Question 11 • Justifiez la relation $Q_n \prec Q_{n+1}$.

Question 12 ★★★ • Soit u un mot de longueur n, distinct de α_n et β_n. Montrez qu'il existe un mot v de même longueur, et vérifiant $P_u \prec P_v$.

Question 13 • Et maintenant, concluez !

2 Distance de Levenshtein

If the dull substance of my flesh were thought,
Injurious distance should not stop my way...

Shakespeare — Sonnet 44

▶ Dans tout le problème, x et y sont deux mots sur Σ, de longueurs respectives m et n. On note $d(x, y)$ le nombre minimal d'insertions et/ou de suppressions de caractères nécessaires pour transformer x en y.

Question 14 • Justifiez le fait que d est une distance ; établissez l'encadrement $|m-n| \leqslant d(x,y) \leqslant m+n$, caractérisez les couples (x, y) pour lesquels le majorant est atteint, puis ceux pour lesquels le minorant est atteint.

▶ Pour $i \in [\![0, m]\!]$, on note $x[1..i]$ le préfixe de x de longueur i ; bien entendu, $x[1..0] = \varepsilon$. On définit de même $y[1..j]$ pour $j \in [\![0, n]\!]$. On note $D(i, j)$ la distance des mots $x[1..i]$ et $y[1..j]$.

Question 15 • Combien valent respectivement $D(i, 0)$ et $D(0, j)$?

Question 16 • Pour $i \in [\![1, m]\!]$ et $j \in [\![1, n]\!]$, on note $\alpha_{i,j}$ le nombre égal à 2 si $x_i \neq y_j$, à 0 dans le cas contraire. Justifiez la relation :

$$D(i, j) = \min\big(D(i-1, j-1) + \alpha_{i,j}, D(i-1, j) + 1, D(i, j-1) + 1\big)$$

Question 17 • En déduire une méthode de calcul de $d(x, y)$; vous ferez en sorte que le nombre d'opérations et l'espace mémoire requis soient des $\mathcal{O}(mn)$. Mettez en œuvre cette méthode en Caml.

Question 18 • Expliquez comment faire pour que l'espace mémoire requis soit un $\mathcal{O}(\min(m, n))$. Rédigez en Caml une fonction exploitant cette idée.

Question 19 • Calculez $d(acbcab, bccaacba)$.

3   Script d'édition

The strings, my lord, are false.

Shakespeare — Jules César

▶ Soient σ, ι et ρ trois lettres n'appartenant pas à Σ. Un *script d'édition* est un mot t sur l'alphabet $\Sigma \cup \{\sigma, \iota, \rho\}$; σ indiquera une *suppression*, ι une *insertion* et ρ une recopie. Le résultat de l'action d'un script t sur un mot x est le mot $\varphi(t, x, \varepsilon)$, où φ est défini par les formules suivantes, dans lesquelles $a \in \Sigma$:

$$\begin{aligned}
\varphi(\varepsilon, \varepsilon, y) &= y \\
\varphi(\sigma t, ax, y) &= \varphi(t, x, y) \\
\varphi(\iota a t, x, y) &= \varphi(t, x, ya) \\
\varphi(\rho t, ax, y) &= \varphi(t, x, ya)
\end{aligned}$$

Un script d'édition est *valide* pour un mot x s'il est possible de l'appliquer complètement ; par exemple, $\rho\sigma\iota d\rho$ est un script valide pour bca, son application donne le mot bda. En revanche, les scripts $\rho\rho\sigma\sigma$, $\rho\sigma\iota$ et $\rho\iota d$ ne sont pas valides pour le mot bca.

Question 20 • Rédigez en Caml une fonction phi traduisant la définition de φ.

Question 21 • Dans quelle(s) situation(s) le calcul se bloque-t-il ?

Question 22 • L'ensemble $\mathcal{S}_x$ des scripts valides pour un mot x donné est-il fini ? Est-ce un langage rationnel ?

Question 23 • L'ensemble $\mathcal{R}_x$ des mots que l'on peut obtenir en appliquant à un mot x donné un script valide est-il rationnel ?

Question 24 • Montrez que, si l'on dispose du tableau D construit pour calculer $d(x, y)$, on peut déterminer un script d'édition transformant x en y et dont le nombre d'opérations (insertions et/ou suppressions) est minimal.

Question 25 • Appliquez le résultat précédent à la détermination d'un script d'édition minimal transformant $x = acbcab$ en $y = bccaacba$.

Question 26 • Étudiez les modifications apportées par l'introduction d'une opération supplémentaire, la *substitution* d'un caractère à un autre. Quelle autre opération peut-il être intéressant d'introduire ? Discutez également l'utilité d'une fonction de *pondération*, qui au couple de lettres (a, b) associe le coût du remplacement de a par b.

4   Plus long sous-mot commun

> *When such strings jar, what hope of harmony ?*
>
> Shakespeare — Deuxième Henry VI

Question 27 • Justifiez l'existence d'un plus long sous-mot z commun à x et y. Est-il unique ?

Question 28 • Soit z un plus long sous-mot commun à x et y. Justifiez la relation $|x| + |y| = d(x, y) + 2|z|$.

▶ La *méthode de la force brutale* consiste à déterminer l'ensemble des sous-mots de x et celui des sous-mots de y, à construire leur intersection, et à calculer la longueur maximale d'un élément de cette intersection.

Question 29 • Expliquez comment mettre en œuvre cette méthode pour obtenir un coût en $\mathcal{O}(mn2^n)$.

5   Algorithme de Wagner et Fischer

> *. . . by fair sequence and succession. . .*
>
> Shakespeare — Richard II

▶ Pour $i \in [\![0, m]\!]$ et $j \in [\![0, n]\!]$, on note $L(i, j)$ la longueur d'un plus long sous-mot commun à $x[1..i]$ et $y[1..j]$.

Question 30 • Donnez des formules permettant de remplir, de proche en proche, le tableau L.

Question 31 • Appliquez ces formules à la construction du tableau L associé aux deux mots $x = acbcab$ et $y = bccaacba$.

Question 32 • Expliquez comment l'on peut, en lisant le tableau L, déterminer un plus long sous-mot commun à x et y.

Question 33 • Montrez que la détermination d'un tel mot revient à la détermination d'un plus court chemin dans un graphe que l'on explicitera.

Question 34 • En déduire un plus long sous-mot commun à $x = acbcab$ et $y = bccaacba$.

6   Algorithme de Hirschberg

> *Who, every word by all my wit being scann'd,*
> *Want wit in all one word to understand.*
>
> Shakespeare — La comédie des erreurs

▶ L'algorithme précédent a le défaut de nécessiter un espace mémoire proportionnel à mn. HIRSCHBERG a proposé en 1975 un algorithme ne demandant qu'un espace mémoire proportionnel à $\min(m, n)$; cet algorithme a été utilisé en 1975 par HUNT et MCILROY dans le programme `diff` d'Unix.

▶ On note $L^*(i, j)$ la longueur d'un plus long sous-mot commun à $x[i + 1..m]$ et $y[j + 1..n]$ (ces deux dernières notations étant claires), et on définit :

$$M(i) = \max_{0 \leqslant j \leqslant n} \big(L(i, j) + L^*(i, j) \big)$$

On suppose $m \geqslant n$ pour fixer les idées.

Question 35 • Montrez que $M(i) = L(m, n)$ pour tout $i \in [\![0, m]\!]$.

Question 36 ⋆⋆⋆ • En prenant $i = \lfloor m/2 \rfloor$, montrez que l'on atteint bien le résultat annoncé.

7   Algorithme de Hunt et Szymanski

> *His speech was like a tangled chain; nothing impair'd, but all disorder'd.*
> *Who is next ?*
>
> Shakespeare — Le Songe d'une Nuit d'Été

▶ Soit E un ensemble fini muni d'une relation d'ordre partiel $\leqslant$. Une *chaîne* est une partie de E formée d'éléments deux à deux comparables ; une *antichaîne* est une partie de E formée d'éléments deux à deux incomparables. Une *décomposition en antichaînes* de E est une partition de E en antichaînes ; une telle décomposition est *minimale* si le nombre d'antichaînes qui la constituent est minimal.

Question 37 • Justifiez : une chaîne est de longueur maximale si et seulement si elle rencontre chaque antichaîne participant à une décomposition minimale.

▶ Un couple $(i, j) \in [\![0, m]\!] \times [\![0, n]\!]$ est un *accord* si $x_i = y_j$. Le *rang* d'un tel couple est $L(i, j)$; conventionnellement, $(0, 0)$ est un accord (de rang nul). Un accord (i, j) est k-*dominant* s'il est de rang k et si tout autre accord (i', j') de rang k vérifie $i' > i$ et $j' \leqslant j$, ou $i' \leqslant i$ et $j' > j$. On note $p = \max(m, n)$.

▶ La complexité temporelle de l'algorithme de HIRSCHBERG est proportionnelle au produit mn des longueurs des deux mots. Ceci est rédhibitoire avec des mots très longs. L'algorithme de HUNT et SZYMANSKI a une complexité temporelle $\mathcal{O}\big((r + p) \lg p\big)$ (où r est le nombre d'accords entre les deux mots) tout en conservant une complexité spatiale linéaire. Cet algorithme a été employé par MCILROY en 1977 pour améliorer les performances de `diff`.

Question 38 • Montrez que, pour tout k compris entre 0 et $L(m, n)$ inclus, il existe au moins un accord k-dominant.

Question 39 • Avec $x = acbcab$ et $y = bccaacba$, dressez un tableau à sept lignes et neuf colonnes, dans lequel vous indiquerez le rang de chaque accord ; vous mettrez en évidence les accords dominants.

Question 40 • Montrez que la connaissance des accords dominants de rang k compris entre 1 et $L(m, n)$ inclus permet de déterminer un plus long sous-mot commun à x et y.

▶ Soient (i, j) et (i', j') deux accords ; on dira que (i, j) *précède* (i', j') si $i < i'$ et $j < j'$. La clôture réflexive de la relation binaire ainsi définie est une relation d'ordre sur l'ensemble E des accords.

Question 41 • Montrez que si l'on connaît une décomposition minimale de E en antichaînes vis-à-vis de cette relation d'ordre, on peut en déduire un plus long sous-mot commun à x et y.

▶ Pour $0 \leqslant i \leqslant m$ et $0 \leqslant \ell \leqslant n$, on note $k_{i,\ell}$ le plus petit indice j tel que $L(i, j) = \ell$ si toutefois un tel indice existe ; sinon, $k_{i,\ell} = n + 1$.

Question 42 • Justifiez : si $k_{i,\ell} \leqslant n$, alors $k_{i,\ell}$ est la longueur du plus court préfixe de y ayant un sous-mot de longueur ℓ en commun avec $x[1..i]$.

Question 43 • En déduire (toujours sous l'hypothèse $k_{i,\ell} \leqslant n$) l'encadrement $k_{i,\ell-1} < k_{i+1,\ell} \leqslant k_{i,\ell}$, pour $0 \leqslant i < m$ et $1 \leqslant \ell \leqslant n$.

Question 44 • Comment pouvez-vous déduire un plus long sous-mot commun à x et y, en lisant le tableau des valeurs de $k_{i,\ell}$ associé à ces deux mots ?

Question 45 • Construisez le tableau des valeurs de $k_{i,\ell}$ associé aux mots $x = acbcab$ et $y = bccaacba$.

Question 46 ★★★ • Expliquez comment construire, pour un coût $\mathcal{O}(p \lg p)$, une structure de donnée fournissant, pour chaque valeur de i appartenant à $[\![1, m]\!]$, la liste $(j_1, j_2, \ldots, j_{q_i})$, classée en ordre décroissant, des indices j tels que (i, j) soit un accord.

Question 47 ★★★ • En déduire une mise en œuvre de l'algorithme de HUNT et SZYMANSKI respectant les contraintes de complexité citées plus haut.

8 Questions bonus

> *Was this inserted to make interest good ?*
>
> Shakespeare — Le Marchand de Venise

Question 48 • Soit s une permutation de $[\![1, n]\!]$. Montrez comment déterminer la plus longue sous-suite croissante extraite de la suite $\big(s(1), s(2), \ldots, s(n)\big)$ pour un coût quadratique par rapport à n.

Question 49 ★★★ • Montrez que, de toute permutation s de $[\![1, n]\!]$, on peut extraire une sous-suite monotone de longueur $\lceil \sqrt{n} \rceil$.

———— FIN DE L'ÉNONCÉ ————

Problème 10 : le corrigé

1 Sous-mots

Question 1 • Ce ne sont pas les mots qui manquent : `double`, `décor`, `ovale`...

Question 2 • Réflexivité : l'identité I est une injection croissante de $[\![1, m]\!]$ dans lui-même telle que $x_{I(i)} = x_i$ pour tout $i \in [\![1, m]\!]$.

• Antisymétrie : soient x et y vérifiant $x \sqsubseteq y$ et $y \sqsubseteq x$. Soient s une injection croissante de $[\![1, m]\!]$ dans $[\![1, n]\!]$ telle que $y_{s(i)} = x_i$ pour tout $i \in [\![1, m]\!]$, et t une injection croissante de $[\![1, n]\!]$ dans $[\![1, m]\!]$ telle que $x_{t(j)} = y_j$ pour tout $j \in [\![1, n]\!]$. On a nécessairement $n = m$; puis s, injection croissante de $[\![1, m]\!]$ dans lui-même est l'application identique, si bien que $y = x$.

• Transitivité : soient x, y et z vérifiant $x \sqsubseteq y$ et $y \sqsubseteq z$. Notons $p = |z|$, s une injection croissante de $[\![1, m]\!]$ dans $[\![1, n]\!]$ telle que $y_{s(i)} = x_i$ pour tout $i \in [\![1, m]\!]$, et t une injection croissante de $[\![1, n]\!]$ dans $[\![1, p]\!]$ telle que $z_{t(j)} = y_j$ pour tout $j \in [\![1, n]\!]$. Alors $z_{(t \circ s)(i)} = x_i$ pour tout $i \in [\![1, m]\!]$, et $t \circ s$ est une injection croissante. Ainsi $x \sqsubseteq z$.

• Compatibilité avec la concaténation : supposons $x \sqsubseteq y$, et soit s une injection croissante de $[\![1, m]\!]$ dans $[\![1, n]\!]$ adaptée. Soit z de longueur p ; alors $t : [\![1, m + p]\!] \mapsto [\![1, n + p]\!]$ définie par $t(i) = i$ pour $i \in [\![1, p]\!]$ et $t(i) = s(i - p) + p$ pour $i \in [\![p + 1, m + p]\!]$ est une injection croissante de $[\![1, m + p]\!]$ dans $[\![1, n + p]\!]$, vérifiant $(zx)_{t(i)} = (zy)_i$ pour tout $i \in [\![1, m + p]\!]$, ce qui montre que $zx \sqsubseteq zy$. Pour montrer $xz \sqsubseteq yz$, on utilisera u définie par $u(i) = s(i)$ si $i \in [\![1, m]\!]$ et $u(i) = n + i - m$ si $i \in [\![m + 1, m + p]\!]$.

Question 3 • Les propriétés suivantes définissent rigoureusement la fonction esm : $\Sigma^* \times \Sigma^* \mapsto \{\mathbf{VRAI}, \mathbf{FAUX}\}$; a et b sont deux lettres.

$$
\begin{aligned}
\text{esm}(\varepsilon, y) &= \mathbf{VRAI} \\
\text{esm}(x, \varepsilon) &= \mathbf{FAUX} \quad \text{si } x \neq \varepsilon \\
\text{esm}(ax, ay) &= \text{esm}(x, y) \\
\text{esm}(ax, by) &= \text{esm}(ax, y) \quad \text{si } a \neq b
\end{aligned}
$$

• La traduction en Caml est aisée ; noter que la récursivité est terminale.

```
let est_sous_mot x y =
 let m = string_length x and n = string_length y in
 let rec esm_aux i j =
```

```
i = m or
(j < n &
if x.[i] = y.[j] then esm_aux (i+1) (j+1)
                 else esm_aux i (j+1) )
in esm_aux 0 0;;
```

Question 4 • Il suffit de remarquer que chaque comparaison de caractères implique l'incrémentation de j ; on effectue donc au plus n comparaisons. On peut en effectuer moins, si x est sous-mot d'un préfixe *propre* de y.

Question 5 • Un mot de longueur n possède au moins un sous-mot de longueur k pour tout $k \in [\![0, n]\!]$, donc au total au moins $n + 1$ sous-mots. Ce minimum est atteint par tout mot de la forme a^n, $a \in \Sigma$.

• À chaque sous-ensemble J de $[\![1, |w|]\!]$, on peut associer le sous-mot x de longueur $|J|$ de w défini comme suit : $x_i = w_{s(i)}$ où $s(i)$ est le i-ième élément de J lorsque l'on énumère cet ensemble selon l'ordre croissant. La majoration de l'énoncé résulte alors du fait que $[\![1, |w|]\!]$ compte $2^{|w|}$ sous-ensembles.

Question 6 • En énumérant en ordre lexicographique, on a :

$$S(aaaba) = \{\varepsilon, a, b, aa, ab, ba, aaa, aab, aba, aaaa, aaab, aaba, aaaba\}$$

D'où $P_{aaaba} = 1 + 2X + 3X^2 + 3X^3 + 3X^4 + X^5$.

Question 7 • Soient $i \in [\![0, m]\!]$ et $j \in [\![0, n]\!]$. À chaque couple (x', y') formé d'un sous-mot de longueur i de x et d'un sous-mot de longueur j de y, on peut associer un sous-mot de longueur $i + j$ de xy, à savoir le mot $x'y'$. Réciproquement, soit z un sous-mot de xy de longueur k ; soit s une application strictement croissante de $[\![1, k]\!]$ dans $[\![1, m + n]\!]$ telle que $z_r = (xy)_{s(r)}$ pour tout $r \in [\![1, k]\!]$. Si $s(k) \leqslant m$, alors z est un sous-mot de x, on peut prendre $x' = z$, $y' = \varepsilon$, $i = k$ et $j = 0$; sinon, il existe un indice i tel que $s(i) \leqslant m$ et $s(i + 1) > m$, auquel cas on prend $x' = z[1..i]$, $y' = z[i + 1..k]$ et $j = k - i$. Dans les deux cas, on a déterminé deux mots x' et y' tels que $x' \sqsubseteq x$, $y' \sqsubseteq y$ et $z = x'y'$. Ceci montre que l'application

$$(x', y') \in \bigcup_{i+j=k} \left(S(x) \cap \Sigma^i \right) \times \left(S(y) \cap \Sigma^j \right) \mapsto x'y' \in \left(S(xy) \cap \Sigma^k \right)$$

est une surjection. Donc $[X^k]P_{xy} \leqslant \displaystyle\sum_{i+j=k} [X^i]P_x \cdot [X^j]P_y$, et par suite $P_{xy} \preceq P_x P_y$.

Question 8 • Les sous-mots de aw qui commencent par $b \neq a$ sont exactement les sous-mots de w qui commencent par b, d'où $P_{aw}^b = P_w^b$.

• On note que $[X^0]P_{aw}^a = [X^0]X(P_w^a + P_w^b + 1) = 0$ et $[X^1]P_{aw}^a = [X^1]X(P_w^a + P_w^b + 1) = 1$ (l'unique sous-mot concerné est a) ; si $k > |aw|$, $[X^k]P_{aw}^a = [X^k]X(P_w^a + P_w^b + 1) = 0$. Enfin, supposons $2 \leqslant k \leqslant |aw|$; $[X^k]P_{aw}^a$ est le nombre de sous-mots de aw de longueur k, commençant par a. Ils peuvent tous être obtenus en concaténant derrière l'initiale a un sous-mot de longueur $k - 1$ de w ; ceux-ci sont au nombre de $[X^{k-1}](P_w^a + P_w^b)$, d'où la contribution $[X^k]X(P_w^a + P_w^b)$; par ailleurs, $[X^k]X = 0$ puisque $k \geqslant 2$.

• Évidemment, $P_\varepsilon^a = 0$.

Question 9 • Par raison de symétrie, $P^a_{\alpha_n} = P^b_{\beta_n}$ et $P^a_{\beta_{n+1}} = P^b_{\alpha_{n+1}}$. Avec la question précédente, $P^b_{\alpha_{n+1}} = P^b_{a\beta_n} = P^b_{\beta_n}$. Enfin, établissons $P^a_{\alpha_n} = Q_n$ par récurrence sur n ; pour $n = 0$, les deux membres sont nuls ; pour $n = 1$, il vient $P^a_{\alpha_1} = P^a_a = X = Q_1$. Supposons l'égalité acquise jusqu'au rang $n + 1$ inclus ; alors

$$P^a_{\alpha_{n+2}} = P^a_{a\beta_{n+1}} = X(P^a_{\beta_{n+1}} + P^b_{\beta_{n+1}} + 1) = X(P^a_{\alpha_n} + P^a_{\alpha_{n+1}} + 1) = Q_{n+2}$$

Question 10 • Rappelons les premiers termes de la suite de FIBONACCI : $F_2 = 1$, $F_3 = 2$, $F_4 = 3$, $F_5 = 5$, $F_6 = 8$ et $F_7 = 13$. Observons les premiers termes : $s(\alpha_0) = s(\varepsilon) = 1 = F_3 - 1$; $s(\alpha_1) = s(a) = 2 = F_4 - 1$; $s(\alpha_2) = s(ab) = 4 = F_5 - 1$; $s(\alpha_3) = s(aba) = 7 = F_6 - 1$ et $s(\alpha_4) = s(abab) = 12 = F_7 - 1$. Nous allons établir $s(\alpha_n) = F_{n+3} - 1$ par récurrence sur n.

$$s(w) = \sum_{k=0}^{|w|} [X^k] P_w = P_w(1),$$ en particulier $s(\alpha_n) = P_{\alpha_n}(1)$. Pour $n \geqslant 1$, en distinguant les sous-mots de α_n qui commencent par a, ceux qui commencent par b, et le mot vide, on a $s(\alpha_n) = P^a_{\alpha_n}(1) + P^b_{\alpha_n}(1) + 1 = Q_n(1) + Q_{n-1}(1) + 1 = Q_{n+1}(1)$.

Nous nous ramenons donc à établir $Q_{n+1}(1) = F_{n+3} - 1$ pour $n \geqslant 1$. On note que $Q_1(1) = 1 = F_3 - 1$; et que $Q_2 = X(Q_1 + Q_0 + 1) = X^2 + X$, donc $Q_2(1) = 2 = F_4 - 1$. Supposons la relation $Q_k(1) = F_{k+2} - 1$ acquise jusqu'au rang $n+1$ inclus ; alors $Q_{n+2}(1) = Q_{n+1}(1) + Q_n(1) + 1 = F_{n+4} - 1 + F_{n+3} - 1 + 1 = F_{n+5} - 1$, ce qui établit l'assertion au rang $n + 1$.

Question 11 • Il est clair que $\alpha_n \sqsubseteq \alpha_{n+1}$ et $\beta_n \sqsubseteq \beta_{n+1}$. On a $[X^{n+1}]Q_{n+1} = 1$, tandis que $[X^{n+1}]Q_n = 0$. Pour $k > n + 1$, $[X^k]Q_n = [X^k]Q_{n+1} = 0$. Enfin, pour $k \leqslant n$, $[X^k]Q_n$ est le nombre de sous-mots commençant par a et de longueur k de α_n, qui est lui-même sous-mot de α_{n+1} ; donc $[X^k]Q_n$ est au plus égal à $[X^k]Q_{n+1}$. Ainsi, $Q_n \prec Q_{n+1}$.

Question 12 • Soit u de longueur n, distinct de α_n et de β_n : u contient donc au moins un facteur de la forme aa ou bb, disons aa pour fixer les idées. En observant la dernière occurrence dans u de ce facteur, on constate que u peut s'écrire $u = xa\alpha_p$, avec $0 < p < n$. Considérons alors $v = x\alpha_{p+1}$: $|v| = n$. On a $P^a_{a\alpha_p} = X(P^a_{\alpha_p} + P^b_{\alpha_p} + 1) = X(Q_p + Q_{p-1} + 1) = Q_{p+1} = P^a_{\alpha_{p+1}}$ et $P^b_{a\alpha_p} = P^b_{\alpha_p} = Q_{p-1} < Q_p = P^b_{\alpha_{p+1}}$. On en déduit $P^a_u \preceq P^a_v$ et $P^b_u \prec P^b_v$. Par suite $P_u = P^a_u + P^b_u + 1 \prec P^a_v + P^b_v + 1 = P_v$.

Question 13 • Résumons : $\max_{w \in \Sigma^n} s(w) = F_{n+3} - 1$, le maximum étant atteint par les mots α_n et β_n, et eux seuls.

2   Distance de Levenshtein

Question 14 • Clairement : $d(x,y) \geqslant 0$; $d(x,y) = 0$ ssi $x = y$; et $d(y,x) = d(x,y)$ (échanger le rôle des insertions et celui des suppressions). Pour l'inégalité triangulaire : si l'on peut passer de x à y au prix de $d(x,y)$ opérations, puis de y à z au prix de $d(y,z)$ opérations, alors on peut passer de x à z au prix de $d(x,y) + d(y,z)$ opérations. Ce nombre n'a pas de raison particulière d'être minimal, si bien que $d(x,z) \leqslant d(x,y) + d(y,z)$.

• Si $m = n$, l'inégalité $d(x,y) \geqslant |m - n|$ est banale ; sinon, elle traduit le fait que, pour passer du plus court au plus long des deux mots, il faut effectuer au moins $|m - n|$ insertions ; Il est clair que $d(x,y) = |m - n|$ uniquement dans ce cas de figure, *id est* lorsque le plus court des deux mots est facteur du plus long.

• On peut toujours passer de x à y en $m + n$ étapes : on effectue m suppressions (ce qui nous amène au mot vide) puis n insertions. Il est clair que ceci est la seule façon de procéder si x et y n'ont aucune lettre en commun ; sinon, notant a une lettre commune à x et y, on aura $x = x'ax''$ et $y = y'ay''$. On peut alors passer de x à y au prix de $|x'| + |x''| = m - 1$ suppressions suivies de $|y'| + |y''| = n - 1$ insertions, soit au total $m + n - 2$ opérations. Ainsi, le majorant est atteint uniquement par les paires de mots n'ayant aucune lettre en commun.

Question 15 • Il est clair que l'on peut transformer $x[1..i]$ en ε en supprimant i caractères, et que l'on peut transformer ε en $y[1..j]$ en insérant j caractères. De plus, ces transformations sont optimales ; donc $D(i,0) = i$ et $D(0,j) = j$.

• Autre argumentation possible : utiliser tout simplement l'encadrement de la question précédente !

Question 16 • La formule de l'énoncé traduit la propriété suivante : si $x_i = y_j$, toute suite d'opérations transformant $x[1..i - 1]$ en $y[1..j - 1]$ permet de transformer $x[1..i]$ en $y[1..j]$; si par contre $x_i \neq y_j$, cette transformation peut être réalisée de trois façons :

- en transformant $x[1..i-1]$ en $y[1..j-1]$, puis en supprimant x_i et en insérant y_j

- en transformant $x[1..i - 1]$ en $y[1..j]$, puis en supprimant x_i

- en transformant $x[1..i]$ en $y[1..j - 1]$, puis en insérant y_j

Les coûts respectifs sont $D(i - 1, j - 1) + 2$, $D(i - 1, j)$ et $D(i, j - 1)$; or la distance est obtenue pour le plus bas de ces coûts.

Question 17 • On remplit les cases d'un tableau D à $m + 1$ lignes et $n + 1$ colonnes en procédant comme suit : les relations $D(i,0) = i$ et $D(0,j) = j$ permettent de remplir la première colonne et la première ligne ; et la relation établie à la question précédente permet de remplir les lignes successives, depuis celle d'indice 1 jusqu'à celle d'indice m ; au sein d'une ligne, on procède de gauche à droite, de la case d'indice $j = 1$ jusqu'à celle d'indice $j = n$. Une fois ceci achevé, la valeur de $d(x,y)$ se lit dans la case $D(m,n)$.

Le nombre d'opérations effectuées est donc proportionnel à mn. La mise en œuvre en Caml doit simplement prendre en compte le fait que les chaînes de caractères sont indexées à partir de 0, et non de 1 :

```
let min3 x y z = min (min x y) z;;
let dist x y =
 let m = string_length x and n = string_length y in
 let d = make_matrix (m+1) (n+1) 0 in
```

```
for i = 0 to m do d.(i).(0) <- i done;
for j = 0 to n do d.(0).(j) <- j done;
for i = 1 to m do
 for j = 1 to n do
  let alpha = if x.[i-1] = y.[j-1] then 0 else 2 in
  let t1 = d.(i-1).(j) + 1
  and t2 = d.(i).(j-1) + 1
  and t3 = d.(i-1).(j-1) + alpha in
  d.(i).(j) <- min3 t1 t2 t3
 done
done;
d.(m).(n);;
```

Cette technique (reposant sur la mémorisation de valeurs intermédiaires) est connue sous le nom de *programmation dynamique* ; vous trouverez d'autres exemples de mise en œuvre de cette technique dans les problèmes 9 et 16.

Question 18 • On remarque qu'une fois la ligne d'indice $i \geqslant 1$ remplie, la ligne d'indice $i - 1$ ne sert plus : on peut donc n'utiliser que deux vecteurs, au lieu d'une matrice. La même remarque vaut pour un calcul par colonnes ; donc, pour que l'espace requis soit un $\mathcal{O}(\min(m,n))$, on décidera de mener les calculs en lignes si $|x| > |y|$, en colonnes dans le cas contraire. Les fonctions Caml suivantes réalisent ceci.

```
let dist_lin_aux x y m n =
 let prec = make_vect (n+1) 0 and suiv = make_vect (n+1) 0 in
 for j = 0 to n do prec.(j) <- j done;
 for i = 1 to m do
  suiv.(0) <- prec.(0) + 1;
  for j = 1 to n do
   let alpha = if x.[i-1] = y.[j-1] then 0 else 2 in
   let t1 = suiv.(j-1) + 1
   and t2 = prec.(j) + 1
   and t3 = prec.(j-1) + alpha in
   suiv.(j) <- min3 t1 t2 t3
  done;
  for j = 0 to n do prec.(j) <- suiv.(j) done
 done;
 prec.(n);;

let dist_lin x y =
 let m = string_length x and n = string_length y in
 if m>n then dist_lin_aux x y m n
        else dist_lin_aux y x n m;;
```

En fait, avec un peu de finesse, une seule ligne suffit.

Question 19 • On construit le tableau des $D(i,j)$, i est l'indice de ligne. On constate que $d(acbcab, bccaacba) = 6$.

$i \downarrow$		b	c	c	a	a	c	b	a
$j \rightarrow$	0	1	2	3	4	5	6	7	8
a	1	2	3	4	3	4	5	6	7
c	2	3	2	3	4	5	4	5	6
b	3	2	3	4	5	6	5	4	5
c	4	3	2	3	4	5	6	5	6
a	5	4	3	4	3	4	5	6	5
b	6	5	4	5	4	5	6	5	6

3 Script d'édition

Question 20 • On a supposé que les lettres grecques σ, ι et ρ étaient codées respectivement par les lettres majuscules S, I et R. Comme les listes se prêtent mieux au filtrage, on commence par convertir les chaînes de caractères (type `string`) en listes de caractères (type `char list`) au moyen de la fonction `list_of_string` suivante :

```
let list_of_string u =
  map (fun i -> u.[i]) (intervalle 0 (string_length u - 1)) ;;
```

Nous aurons également besoin de la fonction de conversion inverse :

```
let string_of_list l =
  concat (map (fun c -> make_string 1 c) l);;
```

Il ne reste plus qu'à transcrire la définition de l'énoncé en Caml :

```
let phi x y =
  let rec phi_aux = fun
    | [] [] yy            -> string_of_list yy
    | ('S'::t) (a::xx) yy -> phi_aux t xx yy
    | ('I'::a::t) xx yy   -> phi_aux t xx (yy@[a])
    | ('R'::t) (a::xx) yy -> phi_aux t xx (yy@[a])
  in phi_aux (list_of_string x) (list_of_string y) [];;
```

On peut éviter le coût quadratique induit par l'emploi de l'opérateur @, en calculant le miroir du résultat demandé, qu'il suffit ensuite de retourner.

Question 21 • Il y a blocage dans trois cas de figure : le script contient un ι qui n'est pas suivi d'une lettre de Σ ; le script contient trop de recopies et de suppressions ($|v|_\sigma + |v|_\rho > |x|$) ou pas assez ($|v|_\sigma + |v|_\rho < |x|$).

Question 22 • L'ensemble des scripts que l'on peut appliquer sans blocage à un mot x donné n'est pas fini : en effet, on peut insérer dans un tel script le facteur ιa (où a est une lettre quelconque) autant de fois que l'on veut.

• À un script valide v pour x, on associe naturellement le mot $\psi(w)$ sur l'alphabet $\{\sigma, \rho\}$ obtenu en effaçant les facteurs de la forme ιa, avec $a \in \Sigma$. Clairement, $|w| = |x|$; inversement, pour tout mot w de même longueur que x sur l'alphabet

$\{\sigma, \rho\}$ on peut considérer l'ensemble des scripts valides v pour x tels que $\psi(v) = w$. Cet ensemble est rationnel : il est décrit par l'expression rationnelle suivante :

$$(\imath\Sigma)^* w_1 (\imath\Sigma)^* w_2 (\imath\Sigma)^* \ldots (\imath\Sigma)^* w_{p-1} (\imath\Sigma)^* w_p (\imath\Sigma)^*$$

Conclusion : l'ensemble des scripts valides pour x est rationnel.

Question 23 • On obtient $y = y_1 y_2 \ldots y_p$ en appliquant à $x = x_1 x_2 \ldots x_n$ le script $\sigma^n \imath y_1 \imath y_2 \ldots \imath y_p$. Donc $\mathcal{R}_x = \Sigma^*$, qui est rationnel.

Question 24 • Il suffit de partir de la case (m, n) et de remonter jusqu'à la case $(0, 0)$ en respectant les règles suivantes lorsque l'on est sur la case (i, j) : si $i \geqslant 1$, $j \geqslant 1$ et $D(i, j) = D(i-1, j-1)$, ajouter ρ en tête du script ; sinon, on a nécessairement $D(i, j) = D(i, j-1) + 1$ ou $D(i, j) = D(i-1, j) + 1$; dans le premier cas, ajouter σ en tête du script ; dans le deuxième cas, ajouter $\imath y_j$; si les deux égalités sont vérifiées, on peut choisir l'une ou l'autre des deux possibilités.

Question 25 • Donnons la préférence au déplacement vers la gauche plutôt qu'au déplacement vers le haut lorsqu'on a le choix. Ainsi, on passe successivement par les cases $(6, 7)$; $(5, 6)$; $(5, 5)$; $(4, 4)$; $(4, 3)$; $(3, 2)$; $(3, 1)$; $(2, 0)$; $(1, 0)$ et $(0, 0)$. Ce qui nous donne le script d'édition suivant : $\sigma\sigma\rho\imath c\rho\imath a\rho\imath c\rho\imath a$.

Question 26 • Si le coût d'une substitution est égal à celui d'une suppression ou d'une insertion, les algorithmes doivent être modifiés car la valeur de $\alpha_{i,j}$ est 1 lorsque $x_i \neq y_j$.

• Une opération qui peut être intéressante est la *recopie de deux lettres consécutives, avec échange*. Par exemple, l'auteur de ces lignes tape souvent *ceratines* au lieu de *certaines* ; un correcteur orthographique devrait tenir compte de ce type d'erreur, et considérer que la distance des mots *at* et *ta* est égale à 1 (et non 3).

• Plus généralement, lors de la conception d'un tel correcteur destiné à des dactylographes, on peut imaginer que le coût du remplacement de a par b soit proportionnel à la distance qui sépare ces deux lettres sur leur clavier. Si de plus ce correcteur doit rendre service à des dysorthographiques profonds, la distance de certaines lettres, ou de certains groupes de lettres, devra être réduite en conséquence (par exemple s et c, ou encore f et ph).

4   Plus long sous-mot commun

Question 27 • L'ensemble des sous-mots communs à x et y n'est pas vide : il contient au moins ε ; la longueur de ces mots étant majorée par $\min(m, n)$, il existe au moins un sous-mot commun de longueur maximale. Un tel plus long sous-mot z commun à x et y n'est pas nécessairement unique : par exemple, a et b sont les deux plus longs sous-mots communs à $x = ab$ et $y = ba$.

Question 28 • On peut transformer x en z au moyen de $|x| - |z|$ suppressions ; puis on peut transformer z en y au moyen de $|y| - |z|$ insertions. Ainsi, $d(x, y) \leqslant |x| + |y| - 2|z|$. Inversement, la transformation de x en y peut être effectuée en $d(x, y) = v_s + v_i$ opérations où v_s est le nombre de suppressions, et v_i le nombre d'insertions. Soit z' le mot déduit de x en appliquant d'abord les v_s suppressions : c'est un sous-mot de x, mais c'est aussi un sous-mot de y puisque l'on peut le transformer en y en effectuant v_i insertions. Donc $|z'| \leqslant |z|$, d'où $2|z'| \leqslant 2|z|$

donc $d(x, y) = v_s + v_i = |x| - |z'| + |y| - |z'| = |x| + |y| - 2|z'| \geqslant |x| + |y| - 2|z|$. Finalement, $d(x, y) = |x| + |y| - 2|z|$.

Question 29 • En l'absence de méthode subtile, la construction de l'ensemble des sous-mots du mot x de longueur m revient à la construction de l'ensemble des parties de $[\![1, m]\!]$; le coût est donc 2^m. On peut, sans coût supplémentaire, faire en sorte que cet ensemble soit classé en ordre lexicographique. Pour chaque sous-mot de y, il faudra effectuer dans cet ensemble une recherche dichotomique, nécessitant au plus $m = \lg(2^m)$ comparaisons de mots, de longueur n au plus. Au final, le coût est certainement un $\mathcal{O}(mn2^n)$.

5 Algorithme de Wagner et Fischer

Question 30 • Les formules qui suivent découlent de celles fournies par l'énoncé à la question 16, et de la relation établie en à la question 28. $L(i, 0) = L(0, j) = 0$; et, pour $1 \leqslant i \leqslant m$ et $1 \leqslant j \leqslant n$:

$$L(i, j) = \max\big(L(i - 1, j), L(i, j - 1), L(i - 1, j - 1) + \delta_{x_i, y_j}\big)$$

où $\delta_{u, v}$ est le symbole de KRONECKER (égal à 1 si $u = v$, à 0 dans le cas contraire).

Question 31 • Comme le dit fort justement l'énoncé, il suffit d'appliquer les formules précédentes. On procède par lignes successives.

$i \downarrow$		b	c	c	a	a	c	b	a
$j \rightarrow$	0	0	0	0	0	0	0	0	0
a	0	0	0	0	1	1	1	1	1
c	0	0	1	1	1	1	2	2	2
b	0	1	1	1	1	1	2	3	3
c	0	1	2	2	2	2	2	3	3
a	0	1	2	2	3	3	3	3	4
b	0	1	2	2	3	3	3	4	4

Question 32 Ici encore, on part de la case (m, n) pour rejoindre la case $(0, 0)$. Lorsque l'on est sur la case (i, j), deux cas peuvent se produire : si $x_i = y_j$, cette lettre fait partie d'un plus long sous-mot commun à x et y, et on passe à la case $(i - 1, j - 1)$. Sinon, l'une des cases $(i, j - 1)$ et $(i - 1, j)$ contient la même valeur que la case (i, j) : on va dans cette case.

Question 33 • Les sommets du graphe sont les cases du tableau. Pour $i \geqslant 1$, un arc va de la case (i, j) à la case $(i - 1, j)$; pour $j \geqslant 1$, un arc va de la case (i, j) à la case $(i, j - 1)$; enfin, si $x_i = y_j$, un arc va de la case (i, j) à la case $(i - 1, j - 1)$. La longueur de chaque arc est égale à 1 ; la longueur d'un chemin menant de la case (m, n) à la case $(0, 0)$ est au plus égale à $m + n$ puisque l'on se déplace uniquement vers la gauche et/ou vers le haut. Mais on peut profiter de déplacements diagonaux, qui économisent chacun un pas. Un chemin est de longueur minimale ssi il effectue le maximum de déplacements diagonaux ; or la liste des déplacements diagonaux d'un chemin reliant les cases $(0, 0)$ et (m, n) fournit clairement un sous-mot commun à x et y.

Question 34 • Appliquons la technique décrite précédemment au tableau que l'on a construit, en privilégiant le déplacement vers la gauche lorsque l'on a le choix. On passe successivement par les cases $(6,8)$; $(6,7)$; $(5,6)$ en notant au passage la lettre b; $(5,5)$; $(4,4)$ en notant au passage la lettre a; $(4,3)$; $(3,2)$; $(2,1)$ en notant au passage la lettre c; $(1,0)$ en notant au passage la lettre b; et enfin $(0,0)$. On a recueilli le mot $bcab$.

Une remarque : le privilège accordé au déplacement vers la gauche a une conséquence intéressante. Associons à chaque sous-mot z commun à x et y la longueur $f(z)$ du plus court suffixe de x contenant ce mot. Alors, le mot obtenu avec ce privilège est, parmi les plus longs sous-mots communs à x et y, celui qui minimise $f(z)$.

6   Algorithme de Hirschberg

Question 35 • $L(i,j)$ est la longueur d'un plus long sous-mot commun à $x[1..i]$ et $y[1..j]$. De même, $L^*(i,j)$ est la longueur d'un plus long sous-mot commun à $x[i+1..m]$ et $y[j+1..n]$. Notons u et v ces deux mots; alors $w = uv$ est un sous-mot commun à x et y, si bien que $L(i,j) + L^*(i,j) = |u| + |v| = |w| \leqslant L(m,n)$; ceci vaut pour tout $j \in [\![0,n]\!]$, donc $M(i) \leqslant L(m,n)$.

• Inversement, soit w un plus long sous-mot commun à x et y. On peut écrire $w = uv$ où u (resp. v) est un facteur de $x[1..i]$ (resp. $x[i+1..m]$). w est aussi un sous-mot de y; on peut donc considérer le plus petit indice j tel que u soit un sous-mot de $y[1..j]$; nécessairement, v est un sous-mot de $y[j+1..n]$. Mais alors $|u| \leqslant L(i,j)$ et $|v| \leqslant L^*(i,j)$, donc $|w| = |u| + |v| \leqslant L(i,j) + L^*(i,j)$, à plus forte raison $|w| \leqslant M(i)$.

Question 36 • En utilisant les méthodes décrites aux questions 17 et 18, on peut calculer en parallèle $L(i,j)$ et $L^*(i,j)$ pour tout $j \in [\![0,n]\!]$, en n'utilisant qu'un espace mémoire proportionnel à n, le nombre d'opérations étant proportionnel à mn. On en déduit, pour un coût proportionnel à n, un indice j tel que $M(i) = L(i,j) + L^*(i,j)$; il reste à déterminer un plus long sous-mot z commun à $x[1..i]$ et $y[1..j]$, puis un plus long sous-mot z' commun à $x[i+1..m]$ et $y[j+1..n]$; alors zz' est un plus long sous-mot commun à x et y; on note que l'espace mémoire utilisé pour déterminer l'indice j peut être réutilisé; donc l'espace mémoire total requis par l'algorithme est un $\mathcal{O}(n + \lg m)$.

Bien entendu, si $x = \varepsilon$, le calcul est terminé : le plus long sous-mot commun est ε. De même, si $|x| = 1$, il suffit de balayer y pour voir s'il contient une occurrence de l'unique lettre composant x. Notant $C(m,n)$ le coût du calcul dans le pire des cas, on a les relations $C(0,n) = 0$, $C(1,n) \leqslant kn$ et pour $m \geqslant 1$:

$$C(m,m) \leqslant \max_{0 \leqslant j \leqslant n} \Big(C(\lfloor m/2 \rfloor, j) + C(\lceil m/2 \rceil, n - j) \Big) + kmn$$

où k est une constante. On vérifie par récurrence que $C(m,n) \leqslant 2kmn$ quels que soient m et n. Les dessins ci-dessous illustrent la nécessité du choix $i = \lfloor m/2 \rfloor$.

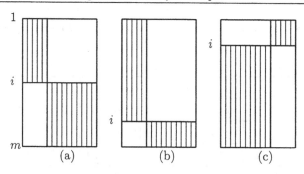

Dans le cas (a), $i = \lfloor m/2 \rfloor$: la zone hachurée a une aire égale à la moitié de celle du rectangle entier. Dans les cas (b) et (c), i est nettement plus grand que $\lfloor m/2 \rfloor$; dans le cas (b), on est gagnant mais dans le cas (c) l'aire de la zone hachurée est presque celle du rectangle entier ; or nous sommes en train de calculer la complexité dans le *pire* des cas...

7 Algorithme de Hunt et Szymanski

Question 37 • Notons d'abord qu'une antichaîne ne peut contenir deux membres d'une chaîne ; donc le cardinal d'une décomposition en antichaînes est au moins égal à la longueur d'une chaîne maximale. Exhibons une décomposition dont le nombre de chaînes est *exactement* la longueur d'une chaîne maximale : pour ce faire, notons E_1 l'ensemble des éléments de E n'ayant pas de minorants, puis E_{k+1} l'ensemble des éléments de E ayant un minorant dans E_k mais n'ayant aucun minorant dans $\bigcup\limits_{1 \leqslant j < k} E_j$. Soit ℓ le plus grand indice k tel que E_k ne soit pas vide. La famille $(E_k)_{1 \leqslant k \leqslant \ell}$ forme une décomposition de E en antichaînes ; et, choisissant un élément x_ℓ de E_ℓ, on peut en remontant construire une chaîne $(x_k)_{1 \leqslant k \leqslant \ell}$ maximale par construction.

Concluons : soit $\mathcal{Y} = (y_k)_{1 \leqslant k \leqslant \ell}$ une autre chaîne maximale. Considérons une décomposition $\mathcal{D}$ de E en antichaînes : si l'une des antichaînes ne rencontre pas $\mathcal{Y}$, alors $\mathcal{D}$ compte au moins $\ell + 1$ antichaînes, et n'est donc pas minimale.

Ce résultat a été établi en 1950 par R. P. DILWORTH (*A decomposition theorem for partially ordered sets*, Ann. Math. 51 : 161-165).

Question 38 • $(0, 0)$ est par définition un accord 0-dominant. Soit k compris entre 1 et $L(m, n)$ inclus ; il existe au moins un accord (i, j) de rang k : il suffit de prendre pour i (resp. j) la longueur du plus petit préfixe de x (resp. y) ayant en commun avec y (resp. x) un sous-mot de longueur k. Alors, dans l'ensemble des accords (i, j) de rang k, choisissons celui pour lequel i est minimal (au cas où plusieurs accords conviennent, choisissons celui pour lequel j est maximal). Soit (i', j') un autre accord de rang k : clairement, on ne peut avoir $i' < i$; et, si $i' = i$, alors nécessairement $j' < j$. Enfin, si $i' > i$ on a forcément $j' \leqslant j$: si l'on avait $j' > j$, on pourrait rallonger un plus long sous-mot commun à $x[1..i]$ et $y[1..j]$, de longueur k, en lui ajoutant à droite la lettre $x_{i'} = y_{j'}$, pour obtenir un sous-mot de longueur $k + 1$ commun à $x[1..i']$ et $y[1..j']$; mais alors (i', j') ne serait pas un accord de rang k.

Question 39 • Dans le tableau ci-dessous, les accords k-dominants (pour $k \geqslant 1$) sont $\boxed{\text{encadrés}}$.

	$i \downarrow$	b	c	c	a	a	c	b	a
$j \rightarrow$	0	1	2	3	4	5	6	7	8
a 0					$\boxed{1}$	1			1
c 1			$\boxed{1}$	1			$\boxed{2}$		
b 1		$\boxed{1}$						$\boxed{3}$	
c 3			$\boxed{2}$	2			2		
a 4					$\boxed{3}$	3			$\boxed{4}$
b 5		1						$\boxed{4}$	

Question 40 • Au sein de chaque ligne et de chaque colonne du tableau précédent, les valeurs vont en croissant de haut en bas, et de gauche à droite. On part d'un accord dominant (p, q) de rang maximal r : $x_p = y_q$ est la dernière lettre d'un plus long sous-mot commun à x et y. En continuant avec le sous-tableau limité aux indices $i \in [\![1, p-1]\!]$ et $j \in [\![1, q-1]\!]$, on construit de proche en proche le sous-mot complet.

Question 41 • Le résultat demandé résulte de la question précédente et des deux propriétés évidentes suivantes : dans toute antichaîne, il y a au moins un accord dominant ; et tout accord k-dominant est minoré par au moins un accord $(k-1)$-dominant.

Question 42 • Soit $j = k_{i,\ell}$; on a $L(i, j) = \ell$, donc $y[1..j]$ a un sous-mot de longueur ℓ en commun avec $x[1..i]$. Si $y[1..j-1]$ avait également un sous-mot de longueur ℓ en commun avec $x[1..i]$, on aurait $L(i, j-1) \geqslant \ell$; comme, pour i fixé, $L(i, j)$ est une fonction non décroissante de j, on aurait en fait $L(i, j-1) = \ell$, contredisant la définition de $k_{i,\ell}$.

Question 43 • Soit $j = k_{i,\ell}$; on a $L(i, j) = \ell$, donc $y[1..j]$ a un sous-mot de longueur ℓ en commun avec $x[1..i]$. À plus forte raison, $y[1..j]$ a un sous-mot de longueur ℓ en commun avec $x[1..i+1]$; alors, par définition, $k_{i+1,\ell} \leqslant j$ soit $k_{i+1,\ell} \leqslant k_{i,\ell}$.

• Soit $j = k_{i+1,\ell}$; $y[1..j]$ est le plus court préfixe de y ayant avec $x[1..i+1]$ un sous-mot commun w de longueur ℓ ; donc y_j est la dernière lettre de ce sous-mot. Alors $w_1 \ldots w_{\ell-1}$ est un sous-mot de longueur $\ell-1$ commun à $y[1..j-1]$ et $x[1..i]$. Donc $k_{i,\ell-1} \leqslant j-1$ soit $k_{i,\ell-1} < k_{i+1,\ell}$.

Question 44 • Soit q le plus grand indice j tel que $k_{m,j} < n+1$: $k_{m,q}$ est la longueur d'un plus long sous-mot z commun à x et y. Soit p le plus petit indice i tel que $k_{i,q} = k_{m,q}$: (p, q) est un accord de rang $|z|$, on connaît donc la dernière lettre de z (c'est $x_p = y_q$). Il ne reste plus qu'à déduire du tableau un sous-mot commun à $x[1..p-1]$ et $y[1..q-1]$ en répétant le procédé que l'on vient de décrire.

Question 45 • Allons-y :

$i\downarrow$		b	c	c	a	a	c	b	a
$j\rightarrow$	0	1	2	3	4	5	6	7	8
a	0	**4**	9	9	9	9	9	9	9
c	1	2	**6**	9	9	9	9	9	9
b	2	1	6	**7**	9	9	9	9	9
c	3	1	2	7	9	9	9	9	9
a	4	1	2	4	**8**	9	9	9	9
b	5	1	2	4	8	9	9	9	9

Question 46 • On commence par trier la liste des couples (j, y_j) où $j \in [\![1, n]\!]$ selon la relation d'ordre suivante :

$$(j, \alpha) \text{ précède } (j', \alpha') \iff \begin{cases} \alpha < \alpha' \\ \text{ou} \\ \alpha = \alpha' \quad \text{et } j > j' \end{cases}$$

Avec un tri-fusion, ceci a un coût $\mathcal{O}(n \lg n)$. Sur l'exemple $y = bccaacba$, on obtient la liste de couples suivante :

```
[(8,'a');(5,'a');(4;'a');(7,'b');(1,'b');(6,'c');(3,'c');(2,'c')]
```

On peut ensuite, pour chaque lettre α ayant une occurrence dans y, construire un vecteur v_α (éventuellement vide) donnant les positions dans y de cette lettre, par ordre décroissant ; cette opération peut être effectuée pour un coût $\mathcal{O}(n)$. Alors, pour chaque $i \in [\![1, m]\!]$, l'information demandée est dans le vecteur v_{x_i}. Noter que l'énoncé parle de *liste*, mais que, dans la suite, on aura besoin d'un vecteur pour effectuer une recherche dichotomique.

Question 47 • Il s'agit de construire les lignes successives du tableau k ; chaque ligne se déduisant de la précédente, l'espace mémoire requis sera bien proportionnel à n. On note que $k_{i+1,\ell}$ n'est différent de $j = k_{i,\ell}$ que si (i, j) est un accord auquel cas la recherche dichotomique dans le vecteur v_{x_i} de la valeur de $k_{i+1,\ell}$ a un coût $\mathcal{O}(\lg n)$. Au total, la deuxième phase de l'algorithme a un coût $\mathcal{O}(r \lg n)$.

On notera que l'algorithme n'est intéressant que si r est petit devant le produit nm. APOSTOLICO et GUERRA ont amélioré en 1987 l'algorithme de HUNT et SZYMANSKI, pour conserver l'efficacité même lorsque le nombre d'accords est grand.

8   Questions bonus

Question 48 • Il s'agit simplement de construire une plus longue sous-suite commune à la suite $1, 2, \ldots, n$ et à la suite $s(1), s(2), \ldots, s(n)$.

Question 49 • La question valait peut-être plus de trois étoiles... Le résultat a été établi en 1935 par ERDŐS et SZEKERES ; Paul ERDŐS était alors âgé de 22 ans et signait son huitième article (il devait en signer plus de 1400 par la suite).

On trouve une démonstration (utilisant les tableaux de YOUNG) dans l'exercice 8 du chapitre 5.1.4 du *Art of Computer Programming* ; mais il existe une preuve

élémentaire de ce résultat, suggérée par la lecture du chapitre 12.5 du livre de
GUSFIELD.

Lisons l'image de $[\![1, n]\!]$ par la permutation, et écrivons les nombres lus en colonnes, en respectant les règles suivantes :

- au sein d'une colonne, les nombres décroissent de haut en bas ;

- chaque nombre lu est placé en bas de la colonne la plus à gauche possible ;

- à défaut, chaque nombre lu est placé en tête d'une nouvelle colonne située
  à droite de celles existantes.

Par exemple, la permutation $(7, 5, 6, 0, 8, 1, 4, 9, 2, 3)$ de l'intervalle $[\![0, 9]\!]$ fournit
le tableau suivant :

7	6	8	9
5	1	4	3
0		2	

Soient p le nombre de lignes et q le nombre de colonnes. Si $p \geqslant \sqrt{n}$, la question
est terminée puisque l'une au moins des colonnes a pour longueur p ; or chaque
colonne contient une sous-suite décroissante extraite de la permutation. Sinon,
comme $n \leqslant pq$, on a certainement $q > \sqrt{n}$; montrons que l'on peut extraire de
la permutation une sous-suite croissante de longueur q. Choisissons un élément
de la dernière colonne (disons 9, sur notre exemple) ; lorsqu'il a été introduit à
cette place, il majorait l'élément du bas de la colonne précédente, qui se trouvait
avant lui dans la permutation (en l'espèce, il s'agit de 4) ; en poursuivant, on met
en évidence une sous-suite $(0, 1, 4, 9)$ croissante extraite de notre permutation, et
de longueur q.

——— FIN DU CORRIGÉ ———

Références bibliographiques, notes diverses

▶ L'expression *dynamic programming* a été utilisée pour la première fois par Richard BELLMAN, dans un rapport intitulé *Dynamic Programming of Continuous Processes*, rédigé en 1954 pour la RAND Corporation. BELLMAN écrit en 1957 le premier livre dédié à cette technique, et intitulé tout simplement *Dynamic programming* (édité par Princeton University Press). On trouvera des présentations, ainsi que des exemples d'applications, dans divers manuels d'informatique. Sans souci d'exhaustivité, citons :

- *Computer algorithms*, de Sara BAASE (édité par Addison-Wesley) ;

- *Introduction to algorithms*, d'Udi MANBER (également édité par Addison-Wesley) ;

- *Introduction to Algorithms*, de Thomas H. CORMEN, Charles E. LEISERSON et Ronald L. RIVEST (édité par The MIT Press) ;

- *The algorithm design manual*, de Steven SKIENA (édité par Telos).

Quelques exemples traités dans ces ouvrages : calcul du produit de n matrices ; construction d'un arbre binaire de recherche optimal ; problème du sac à dos ; triangulation de poids minimal ; recherche de tous les plus courts chemins entre sommets d'un graphe.

▶ *String Search* par Graham A. STEPHEN : un rapport technique d'une centaine de pages, que l'on peut trouver à l'URL suivante :

http://www.anchor.co.uk/home/graham/ssa/archive/tr92tex.zip

En plus des algorithmes étudiés ici pour le calcul de la distance d'édition et d'un plus long sous-mot commun, on y trouve une étude des algorithmes usuels de recherche d'un mot, une présentation du problème de la recherche approchée, et du problème de la recherche d'un plus long sous-mot répété ; bibliographie très complète. Ce rapport a servi de base pour un livre intitulé *String Searching Algorithms* (éd. World Scientific Publishing Company).

▶ *Pattern Matching and Text Compression Algorithms* par Maxime CROCHE-MORE et Thierry LECROQ : un rapport technique d'une soixantaine de pages, que l'on peut obtenir à l'URL :

http://www.dir.univ-rouen.fr/~lecroq/lir9511.ps

On y trouve une présentation rapide d'algorithmes classiques de recherche de mots et de compression de textes, illustrés de programmes en C. Le chapitre relatif au sujet de notre problème présente l'algorithme de WAGNER et FISCHER, puis celui de HIRSCHBERG.

▶ La mise en œuvre de l'algorithme de HIRSCHBERG dans la commande `diff` d'Unix est décrite par HUNT et McILROY dans *An algorithm for differential file comparison* (Computing Science Technical Report 41, Bell Laboratories, 1975).

▶ *Longest Common Subsequences* par Mike PATERSON et Vlado DANČÍK : un article de seize pages, que l'on peut trouver à l'URL :

```
http://hto-e.usc.edu/people/dancik/mfcs94.ps.Z
```

Cet article m'a servi pour la première partie du problème.

▶ *Algorithms on Strings, Trees and Sequences* par Dan GUSFIELD (éd. Cambridge University Press) : une autre description des algorithmes de recherche et de comparaison de mots, avec applications en bio-informatique (*computational biology*) ; nombreux exercices.

▶ Le deuxième volume du *Handbook of Formal Languages* (éd. Springer) contient un chapitre intitulé *String Editing and Longest Common Subsequence*, rédigé par Alberto APOSTOLICO. Bonne synthèse d'une quarantaine de pages, et bibliographie conséquente (disponible sur le Web).

▶ La thèse de Vlado DANčíK, intitulée *Expected Length of Longest Common Subsequences*, est disponible à l'URL :

```
http://www.dcs.warwick.ac.uk/pub/reports/theses/dan94.html
```

▶ Enfin, au moment où vous lirez ces lignes, vous devriez trouver en librairie le premier livre en français sur les *Algorithmes de textes*, cosigné par Maxime CROCHEMORE et Christophe HANCART (éd. Vuibert). Une lecture incontournable !

Anecdote

▶ Lorsque j'ai posé ce problème (en novembre 1997), plusieurs étudiants ont eu recours à une fonction *récursive* pour calculer la distance d'édition de deux mots. Notons $c(i,j)$ le coût du calcul lorsque l'on applique cette fonction à deux mots de longueurs respectives i et j. Il est naturel d'étudier la suite de terme général $c(n,n)$. Ses premiers termes sont 1, 4, 19, 94 et 481.

▶ Cette suite n'était alors pas connue du serveur *On-Line Encyclopedia of Integer Sequences* géré par N. J. A. SLOANE et logé à l'URL suivante :

```
http://www.research.att.com/~njas/sequences
```

▶ En fait, $c(i,j) = 3d(i,j) - 1$ où d est la famille des *nombres de Delannoy* ; $d(i,j)$ est le nombre de chemins menant du point $(0,0)$ au point (i,j) en n'effectuant que des déplacements d'un pas vers la droite, ou vers le haut, ou en diagonale. La suite de terme général $c(n,n)$ est maintenant répertoriée dans le serveur de N. J. A. SLOANE, comme le montre l'extrait de page Web ci-dessous.

```
%S A027618 1,4,19,94,481,2524,13483,72958,398593,2193844,12146179,67570078,
%T A027618 377393953,2114900428,11885772379,66963572734,378082854913,
%N A027618 c(i,j) is cost of evaluation of edit distance of two strings
           with lengths i and j, when you use recursion (every call has
           a unit cost, other computations are free); sequence gives c(n,n).
%D A027618 Found by 7 students: Dufour, Hermon, Lesueur, Moynot, Schabanel,
           Sers and Wolf.
%F A027618 c(n,n) where c(i,0)=c(0,j)=1 and
           c(i+1,j+1)=1+c(i+1,j)+c(i,j+1)+c(i,j) (c(i,j) is A047671).
%Y A027618 Delannoy numbers A008288, A001850 are given by
           c'(i,j)=(3c(i,j)-1)/2.
```

Problème 11

Rangements de boîtes

Présentation

Le problème du rangement de boîtes (*bin packing*) est un des classiques de l'optimisation combinatoire. Dans ce problème, on veut ranger un ensemble de boîtes, de volumes variés, dans des conteneurs ayant tous le même volume.

On se propose d'étudier diverses propriétés du rangement optimal. L'obtention d'un tel rangement optimal constitue un problème NP-complet.

On analyse ensuite diverses stratégies (ou *heuristiques*) donnant un résultat pas trop éloigné de l'optimum : rangement séquentiel, puis stratégie *first fit*. Le cas où cette dernière stratégie est appliquée à une entrée décroissante fait l'objet d'une étude particulière.

Les parties 1 et 2 s'inspirent d'un sujet de l'option *Mathématiques de l'Informatique* de l'Agrégation de Mathématiques (session de 1987). Plusieurs questions complémentaires proviennent des manuels d'informatique de Sara BAASE et d'Udi MANBER (publiés tous deux par Addison-Wesley).

Prérequis

Le sujet ne fait appel à aucun des points du programme de l'option informatique. Les objets étudiés sont des applications surjectives soumises à certaines conditions, traduites par des inégalités. Une bonne pratique des techniques usuelles de majoration, minoration et sommation est donc requise.

On peut répondre de deux façons différentes aux questions des parties 1 et 2 : le corrigé propose systématiquement une preuve formelle et complète ; mais, dans la plupart des cas, il existe une preuve informelle parfaitement convaincante.

Pour ce qui est des deux questions de programmation : la première, très simple, appelle une réponse en quelques lignes ; la seconde nécessite un peu plus réflexion.

Problème 11 : l'énoncé

Définitions et notations

▶ On s'intéresse au problème suivant : on dispose de *conteneurs*, tous de même capacité $c > 0$, dans lesquels on souhaite ranger des *objets* de volumes respectifs $X_1, X_2, \ldots, X_n$, lesquels appartiennent tous à l'intervalle $]0, c]$. Notant $X = (X_1, X_2, \ldots, X_n)$, le couple $(X; c)$ est une *entrée* du problème.

▶ Soit m un naturel non nul. Une application $f : [\![1, n]\!] \mapsto [\![1, m]\!]$ est un *rangement* de l'entrée $(X; c)$ si elle est surjective et vérifie, pour tout $i \in [\![1, m]\!]$:

$$\sum_{j \in \Omega_i} X_j \leqslant c$$

où $\Omega_i = f^{-1}(\{i\})$. Avec le rangement f, l'objet numéro j est placé dans le conteneur numéro $f(j)$. La surjectivité de f traduit le fait qu'aucun conteneur n'est vide ; la deuxième condition traduit le fait qu'aucun conteneur ne déborde (le volume total des objets placés dans un conteneur est au plus égal au volume de ce dernier).

▶ Le nombre m de conteneurs requis pour le rangement f est noté $\|f\|$, c'est le *coût* de ce rangement. On note $\pi(X) = \sum_{1 \leqslant i \leqslant n} X_i$ le volume total des objets à ranger.

1 Questions préliminaires

Question 1 • Montrez que le problème étudié se pose effectivement à qui utilise un ordinateur ; vous préciserez ce que sont alors les objets et les conteneurs.

Question 2 • Montrez qu'il existe au moins un rangement de l'entrée $(X; c)$, et que l'ensemble des rangements de $(X; c)$ est fini ; donnez un majorant du cardinal de cet ensemble.

2 Propriétés d'un rangement optimal

Question 3 • Montrez que, parmi tous les rangements possibles de l'entrée $(X; c)$, il en existe au moins un de coût minimal. On notera désormais

$$\omega(X; c) = \min\{\|f\|\}$$

où f parcourt l'ensemble des rangements de $(X;c)$. Un rangement f de $(X;c)$ tel que $\|f\| = \omega(X;c)$ sera dit *optimal*.

Question 4 • Combien vaut $\omega(X;c)$ lorsque $\pi(X) \leqslant c$?

Question 5 • Établissez la majoration $\dfrac{\pi(X)}{c} \leqslant \omega(X;c)$.

Question 6 • Soit $\lambda > 0$; montrez que

$$\omega\big((\lambda X_1, \lambda X_2, \ldots, \lambda X_n); \lambda c\big) = \omega\big((X_1, X_2, \ldots, X_n); c\big)$$

▶ Dans la suite, $Y = (Y_1, Y_2, \ldots, Y_n)$ est une autre famille de réels, appartenant tous à $]0, c]$.

Question 7 • On suppose $X_i \leqslant Y_i$ pour tout $i \in [\![1, n]\!]$. Établissez la majoration $\omega(X;c) \leqslant \omega(Y;c)$.

Question 8 • Montrez que

$$\omega\big((X_1, X_2, \ldots, X_n, Y_1, Y_2, \ldots, Y_n); 2c\big) \leqslant \max\big(\omega(X;c), \omega(Y;c)\big)$$

Question 9 • On suppose $X_i + Y_i \leqslant c$ pour tout $i \in [\![1, n]\!]$. Déterminez le signe de la quantité :

$$\omega\big((X_1 + Y_1, X_2 + Y_2, \ldots, X_n + Y_n); c\big) - \omega\big((X_1, X_2, \ldots, X_n, Y_1, Y_2, \ldots, Y_n); c\big)$$

Question 10 • On suppose $\pi(X) > c$. Prouvez que $\omega(X;c) < 2\dfrac{\pi(X)}{c}$.

Question 11 • Déterminez $\omega(X; 100)$ avec $X = (60, 50, 15, 30, 45, 90, 75)$.

▶ On se propose de prouver qu'il n'est pas toujours avantageux de remplir complètement un conteneur. On fixe $c = 1$.

Question 12 • Construisez, pour $n \geqslant 6$, une suite $(X_1, X_2, \ldots, X_n)$ de réels appartenant tous à $]0, 1[$, vérifiant les deux conditions suivantes :

- **C1** : $X_1 + X_2 + X_3 = 1$

- **C2** : $\omega\big((X_1, X_2, \ldots, X_n); 1\big) < 1 + \omega\big((X_4, X_5, \ldots, X_n); 1\big)$

Question 13 • Construisez une suite vérifiant de plus la condition

- **C3** : pour toute partie I de $[\![1, n]\!]$ distincte de $\{1, 2, 3\}$, on a $\sum\limits_{i \in I} X_i \neq 1$

3 Analyse de la stratégie de rangement séquentiel (*next fit*)

▶ La stratégie de rangement séquentiel (*next fit*) consiste à loger des objets de numéros consécutifs dans le conteneur courant, tant que ceci est possible. Si l'espace disponible n'est pas suffisant pour l'objet courant, on «referme» le conteneur, et on alloue un nouveau conteneur. Formellement, si $((X_1, X_2, \ldots, X_n); c)$ est l'entrée à ranger, le premier conteneur accueillera les objets X_1 à X_k, où k est le plus grand indice $j \in [\![1, n]\!]$ tel que $\displaystyle\sum_{1 \leqslant i \leqslant j} X_i \leqslant c$. Si $k < n$, les objets qui restent seront rangés dans des conteneurs supplémentaires, selon la même stratégie.

▶ On notera $C_{rs}(X; c)$ le coût du rangement obtenu par application de la stratégie de rangement séquentiel à l'entrée $(X; c)$.

Question 14 • Quel résultat obtenez-vous en appliquant la stratégie de rangement séquentiel à l'exemple de Q11 ?

Question 15 • Rédigez en Caml une fonction :

```
next_fit : int -> int list -> int list
```

spécifiée comme suit : `next_fit c x` calcule un rangement de l'entrée $(X; c)$ en appliquant la stratégie de rangement séquentiel.

Question 16 • Prouvez la majoration $C_{rs}(X; c) \leqslant \left\lceil 2\dfrac{\pi(X)}{c} \right\rceil$.

Question 17 • Soit $\varepsilon > 0$, $c > 0$ et $n \geqslant 1$. Construisez une suite $(X_1, X_2, \ldots, X_p)$ d'éléments de $]0, c]$ telle que $p \geqslant n$ et $\dfrac{C_{rs}(X; c)}{\omega(X; c)} > 2 - \varepsilon$.

4 Analyse de la stratégie *first fit*

▶ La stratégie *first fit* consiste à loger chaque objet dans le conteneur de plus petit numéro susceptible de l'accueillir ; à défaut, on alloue un nouveau conteneur. Voici une description imagée de cette stratégie : les objets arrivent entre les mains d'un manutentionnaire, en tête d'un train dont chaque wagon porte un conteneur ; le manutentionnaire se dirige vers la queue du train en inspectant les wagons, à la recherche du premier conteneur offrant une place suffisante ; il y loge l'objet, puis retourne à la tête du train. Lorsque tous les objets ont été chargés, il repart vers la queue du train, et, au besoin, sépare le dernier wagon ayant reçu un objet du premier wagon n'en ayant reçu aucun.

▶ On notera $C_{ff}(X; c)$ le coût du rangement obtenu par application de la stratégie *first fit* à l'entrée $(X; c)$.

Question 18 • Montrez qu'avec cette stratégie, tous les conteneurs (sauf peut-être un) sont remplis à plus de 50%.

Question 19 • Quel résultat obtenez-vous en appliquant la stratégie *first fit* à l'exemple de Q11 ?

Question 20 • Rédigez en Caml une fonction :

```
first_fit : int -> int list -> int list
```

spécifiée comme suit : `first_fit c x` calcule un rangement de l'entrée $(X; c)$ en appliquant la stratégie *first fit*.

Question 21 • Construisez une entrée $(X; c)$ telle que $\dfrac{C_{ff}(X; c)}{\omega(X; c)} = \dfrac{5}{3}$.

Question 22 • La stratégie de rangement séquentiel présente sur la stratégie *first fit* un avantage notable. Quel est-il, selon vous ?

5   Analyse de la stratégie *first fit* avec une entrée décroissante

▶ Nous dirons qu'une entrée $(X; c)$ est *décroissante* lorsque $X_1 \geqslant X_2 \geqslant \ldots \geqslant X_n$. On analyse dans cette partie la qualité du rangement obtenu lorsque la stratégie *first fit* est appliquée à une telle entrée.

Question 23 • On note $(\widehat{X}; c)$ l'entrée déduite de celle donnée à la question 11, en triant les objets par taille décroissante :

$$\widehat{X} = (90, 75, 60, 50, 45, 30, 15)$$

Quel résultat obtenez-vous en appliquant la stratégie *first fit*, lorsqu'on l'applique à $(\widehat{X}; c)$.

▶ Soit $(X; c)$ une entrée décroissante pour laquelle un rangement optimal requiert m conteneurs. Nous allons établir une majoration du nombre de conteneurs supplémentaires nécessaires lorsque l'on applique la stratégie *first fit*. On suppose donc $C_{ff}(X; c) > m$.

Question 24 • Montrez que les conteneurs d'indice supérieur à m ne contiennent que des objets de volume au plus égal à $c/3$.

Question 25 • Montrez que ces conteneurs contiennent moins de m objets.

Question 26 • Pour $m \geqslant 2$, montrez que $C_{ff}(X; c) \leqslant \dfrac{4m+1}{3}$. Qu'en est-il du cas $m = 1$?

Question 27 • Construisez une entrée décroissante $(X; c)$ vérifiant $\omega(X; c) = 2$ et $C_{ff}(X; c) = 3$.

Question 28 • Soit $n \in \mathbb{N}^*$. Construisez une entrée décroissante $(X; c)$ vérifiant $\omega(X; c) = 2$ et $C_{ff}(X; c) = 3$, et telle que la longueur de X soit au moins égale à n.

▶ Soit $n \geqslant 2$. On note $H^{(n)} = \left(\dfrac{1}{k}\right)_{2 \leqslant k \leqslant n}$, et $\gamma_n = C_{rs}(H^{(n)}; 1)$ le coût du rangement obtenu par application de la stratégie *first fit* à l'entrée décroissante $(H^{(n)}; 1)$.

Question 29 • Montrez que la suite de terme général $\gamma_n - \omega(H^{(n)}; 1)$ est bornée.

———— FIN DE L'ÉNONCÉ ————

Ce dont nous sommes persuadés, c'est que l'auteur de l'effraction se trouve sur le campus, et qu'il s'introduit par l'intermédiaire d'Internet et d'un autre réseau baptisé Telnet.

Patricia Cornwell — Morts en eaux troubles

Problème 11 : le corrigé

1 Questions préliminaires

Question 1 • On souhaite transférer un certain nombre de fichiers, logés dans un disque de forte capacité, sur des disquettes ; on suppose qu'aucun fichier n'a une taille supérieure à la capacité d'une disquette. Il s'agit exactement du problème posé, si l'on veut bien négliger quelques détails bassement informatiques...

Question 2 • L'application $i \mapsto i$ est un rangement (de coût n maximal) : elle est bijective, donc surjective ; et la deuxième condition est vérifiée car chaque objet a par hypothèse un volume au plus égal à celui d'un conteneur. Notons que ce rangement consiste à placer exactement un objet dans chaque conteneur.

• Le coût d'un rangement est compris entre 1 et n ; le nombre de rangements de coût $k \in [\![1, n]\!]$ est fini, puisqu'ils forment un sous-ensemble de l'ensemble des applications de $[\![1, n]\!]$ dans $[\![1, k]\!]$. Donc l'ensemble de tous les rangements de $(X ; c)$ est lui-même fini, en tant que réunion de n ensembles finis.

• Il existe k^n applications de $[\![1, n]\!]$ dans $[\![1, k]\!]$. Donc le nombre de rangements est majoré par

$$\sum_{1 \leqslant k \leqslant n} k^n \leqslant \sum_{1 \leqslant k \leqslant n} n^n = n^{n+1}$$

Il est clair que ce majorant est très grossier !

2 Propriétés d'un rangement optimal

Question 3 • L'ensemble des coûts des rangements de l'entrée $(X ; c)$ est un une partie non vide de $\mathbb{N}^*$; il possède donc un plus petit élément, lequel est le coût d'un rangement optimal.

Question 4 • Si $\pi(X) \leqslant c$, on peut ranger tous les objets dans un seul conteneur, si bien que $\omega(X ; c) = 1$ dans ce cas.

Question 5 • Soit f un rangement optimal de l'entrée $(X ; c)$. Il est clair que le volume total $\pi(X)$ de l'entrée est au plus égal au volume total $c\omega(X ; c)$ offert par les conteneurs mis en jeu dans ce rangement, donc $\pi(X) \leqslant c\omega(X ; c)$, soit
$$\frac{\pi(X)}{c} \leqslant \omega(X ; c).$$

Question 6 • Soit f un rangement optimal de l'entrée $(X; c)$. Si nous notons $\lambda X = (\lambda X_1, \lambda X_2, \ldots, \lambda X_n)$, il est clair que le même rangement peut s'appliquer à l'entrée $(\lambda X; \lambda c)$; en effet, dans la deuxième condition, on peut multiplier les deux membres par $\lambda > 0$. Ceci montre qu'il existe au moins un rangement de coût $\omega(X; c)$ de l'entrée $(\lambda X; \lambda c)$, et par suite $\omega(\lambda X; \lambda c) \leqslant \omega(X; c)$. Mais le même raisonnement peut être appliqué à l'entrée $(\lambda X; \lambda c)$, en divisant cette fois par λ, pour obtenir l'inégalité inverse $\omega(X; c) \leqslant \omega(\lambda X; \lambda c)$, d'où l'égalité de l'énoncé.

Question 7 • Soit f un rangement optimal de l'entrée $(Y; c)$; il est clair que f convient comme rangement de l'entrée $(X; c)$ car, pour tout $i \in [\![1, \omega(Y; c)]\!]$:

$$\sum_{j \in \Omega_i} X_j \leqslant \sum_{j \in \Omega_i} Y_j$$

ceci, par sommation de l'inégalité $X_j \leqslant Y_j$ sur l'ensemble des $j \in \Omega_i$. Ayant exhibé un rangement de coût $\omega(Y; c)$ de l'entrée $(X; c)$, on peut affirmer que $\omega(X; c) \leqslant \omega(Y; c)$.

Question 8 • Notons $Z = (X_1, X_2, \ldots, X_n, Y_1, Y_2, \ldots, Y_n)$. Soient f et g des rangements optimaux des entrées $(X; c)$ et $(Y; c)$ respectivement. Notons alors $m = \|f\|$ et $p = \|g\|$, et supposons $m \geqslant p$ pour fixer les idées, si bien que $\max(m, p) = m$. Nous allons construire un rangement h de coût m de $(Z; 2c)$, ce qui prouvera que $\omega(Z; 2c) \leqslant \max(\omega(X; c), \omega(Y; c))$.

• Notons $h(j) = f(j)$ pour $j \in [\![1, n]\!]$, et $h(j) = g(j - n)$ pour $j \in [\![n+1, 2n]\!]$. Ceci a bien un sens, car, lorsque j décrit $[\![n+1, 2n]\!]$, $j - n$ décrit $[\![1, n]\!]$. h est clairement une surjection de $[\![1, 2n]\!]$ sur $[\![1, m]\!]$, puisque f est elle-même une surjection de $[\![1, n]\!]$ sur $[\![1, m]\!]$. Reste à vérifier la deuxième condition ; soit $i \in [\![1, m]\!]$. Notons $\Omega_i = h^{-1}(\{i\})$, $\Omega_i' = f^{-1}(\{i\})$ et $\Omega_i'' = g^{-1}(\{i\})$. Notons que Ω_i'' est vide si $i \in [\![p+1, m]\!]$. Il nous faut établir $\sum_{j \in \Omega_i} Z_j \leqslant 2c$. Soit $j \in \Omega_i$; $h(j) = i$, donc ou bien $1 \leqslant j \leqslant n$, et alors $h(j) = f(j) = i$; ou bien $n + 1 \leqslant j \leqslant 2n$, et alors $h(j) = g(j - n) = i$; autrement dit, soit $j \in \Omega_i'$, soit $j \in \Omega_i''$, une seule de ces deux relations étant vraie. Du coup :

$$\sum_{j \in \Omega_i} Z_j = \sum_{j \in \Omega_i'} X_j + \sum_{j - n \in \Omega_i''} Y_{j-n}$$

Mais $\sum_{j \in \Omega_i'} X_j \leqslant c$, et $\sum_{j-n \in \Omega_i''} Y_{j-n} = \sum_{k \in \Omega_i''} Y_k \leqslant c$, d'où $\sum_{j \in \Omega_i} Z_j \leqslant 2c$, ce qui achève la preuve.

Question 9 • Intuitivement, il semble plus facile de ranger des petits paquets que des gros ; ceci nous amène à prouver que :

$$\omega((X_1, X_2, \ldots, X_n, Y_1, Y_2, \ldots, Y_n); c) \leqslant \omega((X_1 + Y_1, X_2 + Y_2, \ldots, X_n + Y_n); c)$$

En bref : la quantité de l'énoncé est positive.

• Soit f un rangement optimal de l'entrée $((X_1 + Y_1, X_2 + Y_2, \ldots, X_n + Y_n); c)$ et $m = \|f\|$. Construisons un rangement g de coût m de l'entrée

$$((X_1, X_2, \ldots, X_n, Y_1, Y_2, \ldots, Y_n); c)$$

ce qui prouvera notre assertion.

- Pour tout $i \in [\![1, m]\!]$, on a $\sum_{j \in \Omega_i} (X_j + Y_j) \leqslant c$, où $\Omega_i = f^{-1}(\{i\})$; donc $\sum_{j \in \Omega_i} X_j + \sum_{j \in \Omega_i} Y_j \leqslant c$. Notons $Z = (X_1, X_2, \ldots, X_n, Y_1, Y_2, \ldots, Y_n)$: $Z_k = X_k$ pour $k \in [\![1, n]\!]$, et $Z_k = Y_{k-n}$ pour $k \in [\![n+1, 2n]\!]$. Considérons g défini par $g(k) = f(k)$ pour $k \in [\![1, n]\!]$ et $g(k) = f(k - n)$ pour $k \in [\![n+1, 2n]\!]$; on vérifie sans peine que l'on obtient ainsi une application surjective de $[\![1, 2n]\!]$ dans $[\![1, m]\!]$. Il reste à vérifier la deuxième condition.

- Soit $i \in [\![1, m]\!]$, $\Omega_i = g^{-1}(\{i\})$, $\Omega_i' = \Omega_i \cap [\![1, n]\!]$ et $\Omega_i'' = \Omega_i \cap [\![n+1, 2n]\!]$. On aura

$$\sum_{j \in \Omega_i} Z_j = \sum_{j \in \Omega_i'} X_j + \sum_{j \in \Omega_i''} Y_j$$

Mais Ω_i' et Ω_i'' sont des parties de $f^{-1}(\{i\})$; donc $\sum_{j \in \Omega_i'} X_j \leqslant \sum_{j \in f^{-1}(\{i\})} X_j$ et de la même façon $\sum_{j \in \Omega_i''} Y_j \leqslant \sum_{j \in f^{-1}(\{i\})} Y_j$, d'où par sommation :

$$\sum_{j \in \Omega_i} Z_j \leqslant \sum_{j \in f^{-1}(\{i\})} (X_j + Y_j) \leqslant c$$

- Notons que la quantité de l'énoncé peut être nulle : il suffit de prendre $n = 1$, $X_1 = Y_1 = c/2$ pour s'en convaincre.

Question 10 • Supposons d'abord que les X_i sont tous strictement supérieurs à $c/2$. On ne peut alors placer qu'un objet par conteneur, si bien que $\omega(X; c) = n$. Mais $\pi(X) > \dfrac{nc}{2}$, soit $n < \dfrac{2\pi(X)}{c}$, d'où l'inégalité du texte.

- Supposons maintenant qu'il existe aussi des objets de volume au plus égal à $c/2$. Regroupons ces objets pour obtenir des objets dont tous, sauf peut-être un, sont de volume strictement supérieur à $c/2$. Après le cas particulier précédent, il ne reste à examiner que le cas où les X_i sont tous, sauf un, de volume strictement supérieur à $c/2$. On peut supposer qu'il s'agit de X_n ; notant $\xi = \max_{1 \leqslant i < n} X_i$, on a $\xi > c/2$, et on peut même supposer $X_n + \xi > c$ (sinon on pourrait placer X_n dans l'un des $n - 1$ premiers conteneurs). L'unique rangement f envisageable a un coût égal à n ; mais

$$\pi(X) > (n-1)\xi + c - \xi = (n-2)\xi + c \geqslant \dfrac{(n-2)c}{2} + c = \dfrac{nc}{2}$$

D'où $\|f\| = n < 2\dfrac{\pi(X)}{c}$. Il est clair que f induit un rangement de l'entrée initiale $(X; c)$, de même coût ; d'où $\omega(X; c) < 2\dfrac{\pi(X)}{c}$.

Question 11 • $X = (60, 50, 15, 30, 45, 90, 75)$, donc $\pi(X) = 365$, si bien que $3.65 \leqslant \omega(X, c) < 7.3$; comme $\omega(X; c)$ est entier, ceci donne $\omega(X; c) \in [\![4, 7]\!]$. On peut facilement exhiber un rangement de coût 4 : il suffit de prendre $f(1) = f(4) = 1$, $f(2) = f(5) = 2$, $f(3) = f(7) = 3$ et $f(6) = 4$. Ceci montre que $\omega(X; c) = 4$.

Question 12 • Prenons $X_1 = X_2 = X_3 = 1/3$, et $X_i = 2/3$ pour $i \geqslant 4$. Il est clair que $\omega((X_4, X_5, \ldots, X_n); 1) = n - 3$, car chacun des objets requiert un conteneur pour lui tout seul. Par contre, $\omega((X_1, X_2, \ldots, X_n); 1) \leqslant n - 3$, car on peut placer les objets X_1 à X_6 dans trois conteneurs (en associant X_1 avec X_4, X_2 avec X_5 et X_3 avec X_6), puis les objets X_7 à X_n dans $n - 6$ conteneurs. D'où l'inégalité demandée.

Question 13 • Il suffit de prendre $X_i = 0.6$ pour $i \geqslant 4$, puisque $\dfrac{1}{3} + 0.6 \neq 1$, et toute autre somme est strictement inférieure à 1 (si elle ne fait intervenir qu'un paquet, ou deux des trois premiers paquets), ou strictement supérieure à 1 (dans tous les autres cas).

3   Étude du rangement séquentiel

Question 14 • Le rangement f obtenu lorsque l'on applique la stratégie de rangement séquentiel à l'entrée $(X; c)$ décrite par $X = (60, 50, 15, 30, 45, 90, 75)$ et $c = 100$, est défini par $f(1) = 1$, $f(2) = f(3) = f(4) = 2$, $f(5) = 3$, $f(6) = 4$ et $f(7) = 5$. On remarque que ce rangement n'est pas optimal. La figure 1 représente le résultat obtenu.

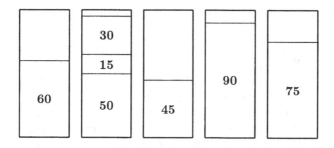

Figure 1: stratégie de rangement séquentiel

Question 15 • La fonction aux place l'objet courant dans le conteneur courant si le volume disponible le permet, sinon elle le place dans le conteneur suivant. La liste résultat est construite «à l'envers» : la valeur de $f(j + 1)$ est placée en tête de la liste $(f(j), f(j - 1), \ldots, f(1))$. Ceci explique la nécessité de rev.

```
let next_fit x c =
 let rec aux dispo n accu = function
 | [] -> rev accu
 | t::q when t <= dispo -> aux (dispo-t) n (n::accu) q
 | t::q -> aux (c-t) (n+1) ((n+1)::accu) q
 in aux c 1 [] x;;
```

Question 16 • Pour $k \in [\![1, m]\!]$, notons i_k l'indice du dernier objet rangé dans le conteneur numéro k ; on a donc $f(i_k) = k$, et $f(i_k + 1) = k + 1$ (sauf pour $k = m$). Envisageons trois cas de figure :

- comme l'objet d'indice $i_1 + 1$ n'a pu être logé dans le conteneur numéro 1, on a l'inégalité $c < \displaystyle\sum_{1 \leqslant j \leqslant i_1 + 1} X_j$;

- pour $2 \leqslant k < m$, l'objet d'indice $i_k + 1$ n'a pu être logé dans le conteneur numéro k ; on en déduit $c < \displaystyle\sum_{i_{k-1} < j \leqslant i_k + 1} X_j$;

- enfin, on a la majoration banale $c < c + \displaystyle\sum_{i_{m-1} + 1 \leqslant j \leqslant i_m} X_j$.

Sommons ces m inégalités : à gauche, on trouve m ; à droite, X_j apparaît deux fois si $j \in \{i_1, i_2, \ldots, i_m\}$, une seule fois dans le cas contraire. D'où la majoration $m < c + \displaystyle\sum_{1 \leqslant j \leqslant n} X_j$, soit $cC_{rs}(X; c) < c + 2\pi(X)$, d'où $C_{rs}(X; c) < 1 + 2\dfrac{\pi(X)}{c}$.

De la définition de la fonction «partie entière supérieure» il résulte alors que $C_{rs}(X; c) \leqslant \left\lceil 2\dfrac{\pi(X)}{c} \right\rceil$. Notons que l'on a l'égalité avec l'entrée $X_1 = 1/2$.

Question 17 • Soit $c > 0$ (quelconque). Soient $\alpha > 0$ et $q \geqslant 1$ (à définir). Pour $1 \leqslant k < q$, notons $X_{2k-1} = c/2 + (k+1)\alpha$ et $X_{2k} = c/2 - k\alpha$. Notons $X = (X_i)_{1 \leqslant i \leqslant 2q}$. Montrons que l'entrée $(X; c)$ répond à la question, pour peu que $2q \geqslant n$.

• Comme $X_{2k-1} + X_{2k} = c + \alpha > c$ et $X_{2k} + X_{2k+1} = c + 2\alpha > c$, le rangement séquentiel nécessitera $2q$ conteneurs : $C_{rs}(X; c) = 2q$.

• Par ailleurs, on note que $X_{2k-1} + X_{2k+2} = c$ pour $k \in [\![1, q-1]\!]$; on peut donc loger tous les objets, à l'exception de X_2 et X_{2q-1}, en utilisant $q - 1$ conteneurs (tous remplis à 100%). Les deux objets qui restent ont alors un volume total de $c/2 - \alpha + c/2 + (q+1)\alpha = c + q\alpha > c$, et nécessitent donc deux conteneurs pour être logés. On exhibe ainsi un rangement de coût $q+1$, qui est clairement optimal puisque $\pi(X) > qc$.

• Pour réaliser l'inégalité demandée, il suffit donc de choisir α et q tels que $\dfrac{C_{rs}(X; c)}{\omega(X; c)} > 2 - \varepsilon$, $X_{2q-1} < c$, $X_{2q} > 0$ et $2q \geqslant n$. La première condition s'écrit $\dfrac{2q}{q+1} > 2 - \varepsilon$, ou encore $\varepsilon > \dfrac{2}{q+1}$, soit $q + 1 > \dfrac{2}{\varepsilon}$, donc $q \geqslant \lfloor 2/\varepsilon \rfloor$; pour satisfaire aussi la condition $2q \geqslant n$, on prendra donc $q = \max(\lfloor 2/\varepsilon \rfloor, \lceil n/2 \rceil)$. Les deux autres conditions s'écrivent $c/2 + (q+1)\alpha < c$ et $c/2 - q\alpha > 0$: $\alpha = \dfrac{c}{2(q+2)}$ répond à la question.

4 Étude de la stratégie *first fit*

Question 18 • Observons un rangement qui laisse deux conteneurs remplis à 50% au plus : on aurait pu placer le contenu du deuxième dans l'espace libre du premier ; ce rangement n'a donc pas pu être obtenu par application de la stratégie *first fit*.

Question 19 • Appliquée à l'entrée décrite par $X = (60, 50, 15, 30, 45, 90, 75)$ et $c = 100$, la stratégie *first fit* donne le rangement f défini par $f(1) = f(3) = 1$, $f(2) = f(4) = 2$, $f(5) = 3$, $f(6) = 4$ et $f(7) = 5$; la figure 2 représente ce rangement. On remarque qu'il n'est pas optimal.

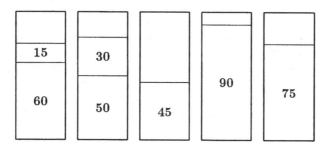

Figure 2: stratégie *first fit*

Question 20 • Le programme, plus compliqué que celui écrit plus haut pour la stratégie de rangement séquentiel, demande quelques explications préalables :

- le vecteur `disponible` indique, pour chaque conteneur, l'espace libre restant ;

- dans le vecteur `rangement`, on note les numéros des conteneurs dans lesquels on loge les objets ;

- la fonction `premier_conteneur_suffisant` détermine le numéro du conteneur dans lequel sera logé un objet ;

- `aux` applique répétitivement cette fonction ; `j` est le numéro de l'objet à ranger ;

- on termine le travail en transformant en liste le vecteur `rangement`.

```
let first_fit c x =
 let n = list_length x in
 let disponible = make_vect n c
 and rangement = make_vect n (-1) in
 let rec premier_conteneur_suffisant depuis = function
  | v when v <= disponible.(depuis) -> depuis
  | v -> premier_conteneur_suffisant (depuis+1) v in
 let rec aux j = function
  | [] -> list_of_vect rangement
  | t::q -> let i = premier_conteneur_suffisant 0 t in
    rangement.(j) <- i+1;
    disponible.(i) <- disponible.(i) - t;
    aux (j+1) q
 in aux 0 x;;
```

Question 21 • L'entrée $X_1 = X_2 = X_3 = 0.25 + \varepsilon$, $X_4 = X_5 = X_6 = 0.25 - 2\varepsilon$, $X_7 = X_8 = X_9 = 0.5 + \varepsilon$ répond à la question : avec la stratégie *first fit*, on utilisera cinq conteneurs : $f(1) = f(2) = f(3) = 1$, $f(4) = f(5) = f(6) = 2$, $f(7) = 3$, $f(8) = 4$ et $f(9) = 5$; en revanche, le rangement g défini par $g(1) = g(4) = g(7) = 1$, $g(2) = g(5) = g(8) = 2$ et $g(3) = g(6) = g(9) = 3$ est optimal puisque les trois conteneurs sont remplis à 100%.

Question 22 • La stratégie de placement séquentiel fonctionne «en ligne» : le délai de rangement d'un objet est constant, et il n'est pas nécessaire de disposer d'espace mémoire pour noter les conteneurs partiellement remplis, et non encore refermés. Dans l'analogie avec le manutentionnaire, celui-ci n'a pas besoin de courir le long du train : si le conteneur courant n'offre pas assez de place, il le referme, et demande au conducteur de faire avancer le train de la longueur d'un wagon.

5   Analyse de la stratégie *first fit* avec une entrée décroissante

Question 23 • Le rangement f obtenu lorsque l'on applique la stratégie *first fit* à l'entrée décrite par $\widehat{X} = (90, 75, 60, 50, 45, 30, 15)$ et $c = 100$, est défini par $f(1) = 1$, $f(2) = f(7) = 2$, $f(3) = f(6) = 3$ et $f(4) = f(5) = 4$. On remarque que ce rangement est optimal. La figure 3 représente le résultat obtenu.

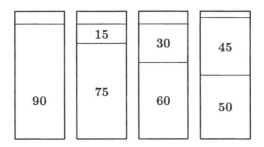

Figure 3: stratégie *first fit*, entrée décroissante

Question 24 • Raisonnons par l'absurde : supposons que l'un des conteneurs supplémentaires contienne un objet de taille strictement supérieure à $c/3$, et mettons en évidence une contradiction. On ne restreint pas la généralité en supposant que cet objet est celui qui a causé l'allocation du premier conteneur supplémentaire ; donc, si q est son indice, les objets d'indice 1 à $q - 1$ inclus sont tous logés dans les m premiers conteneurs, et sont tous de taille strictement supérieure à $c/3$; donc, chacun des m premiers conteneurs contient exactement un ou deux objets.

• En fait, les conteneurs ne contenant qu'un objet (s'il en existe) précèdent les conteneurs contenant deux objets (s'il en existe) : pour le voir, supposons qu'il existe deux conteneurs d'indices i et $j > i$, le premier contenant deux objets X_r et X_s, le second contenant un objet X_t avec $r < t < q$. On a certainement

$X_t \leqslant X_r$ et $X_q \leqslant X_s$; mais $X_r + X_s \leqslant c$, donc $X_t + X_q \leqslant c$: l'objet d'indice q aurait pu être placé dans le conteneur numéro j.

• Notons α le nombre de conteneurs ne contenant qu'un objet, et $\beta = m - \alpha$. Les objets logés dans les α premiers conteneurs sont tous de taille strictement supérieure à $c/2$. Les objets logés dans les β conteneurs suivants ont une taille comprise entre $c/2$ inclus et $c/3$ exclu[1]. Il est clair alors qu'aucun rangement des objets d'indice 1 à q inclus ne peut se faire dans m conteneurs de taille c: en effet, les α objets de taille strictement supérieure à $c/2$ exigent chacun un conteneur; et aucun conteneur ne peut accueillir plus de deux des $\beta + 1$ autres objets. On a ainsi mis en évidence une contradiction.

Question 25 • Supposons que les conteneurs supplémentaires contiennent chacun m objets au moins; notons $y_1, \ldots, y_m$ les m premiers. Aucun d'eux ne pouvait être logé dans l'un des m premiers conteneurs; si nous notons v_i le volume accueilli dans le i-ième conteneur, nous avons $y_i + v_i > c$ pour $i \in [\![1, m]\!]$. Par sommation, il vient $\sum\limits_{1 \leqslant i \leqslant m} y_i + \sum\limits_{1 \leqslant i \leqslant m} v_i > mc$; mais le membre de gauche est au plus égal à $\pi(X)$. On aurait donc $\pi(X) > c\omega(X; c)$, contredisant le résultat de la question 5.

Remarque : on en déduit immédiatement $C_{ff}(X; c) < 2\omega(X; c)$.

Question 26 • Si $C_{ff}(X; c) = m$, la majoration est banale. Nous supposons désormais $C_{ff}(X; c) > m$.

• Les conteneurs d'indice supérieur à m contiennent au plus $m - 1$ objets, tous de volume $1/3$ au plus; la stratégie *first fit* utilisera donc au plus $\lceil (m-1)/3 \rceil$ conteneurs pour les loger. En comptant les m premiers conteneurs, on obtient $C_{ff}(X; c) \leqslant m + \left\lceil \dfrac{m-1}{3} \right\rceil$. Distinguons trois cas selon le reste de m modulo 3 :

• $m = 3k$: $m + \left\lceil \dfrac{m-1}{3} \right\rceil = 3k + \left\lceil \dfrac{3k-1}{3} \right\rceil = 4k$;

  or $\dfrac{4m+1}{3} = \dfrac{12k+1}{3} = 4k + \dfrac{1}{3} > 4k$;

• $m = 3k + 1$: $m + \left\lceil \dfrac{m-1}{3} \right\rceil = 3k + 1 + \left\lceil \dfrac{3k}{3} \right\rceil = 4k + 1$;

  or $\dfrac{4m+1}{3} = \dfrac{12k+5}{3} = 4k + \dfrac{5}{3} > 4k + 1$;

• $m = 3k + 2$: $m + \left\lceil \dfrac{m-1}{3} \right\rceil = 3k + 2 + \left\lceil \dfrac{3k+1}{3} \right\rceil = 4k + 3$;

  or $\dfrac{4m+1}{3} = \dfrac{12k+9}{3} = 4k + 3$.

Dans tous les cas de figure, on a bien $C_{ff}(X; c) \leqslant \dfrac{4m+1}{3}$.

• Dans le cas $m = 1$, tous les objets peuvent être logés dans un seul conteneur, donc $C_{ff}(X; c) = 1$.

---

[1] Le lecteur est invité à lire la citation en bas de page 24.

Question 27 • L'entrée décroissante $X_1 = X_2 = 0.41$, $X_3 = X_4 = 0.39$, $X_5 = X_6 = 0.2$ répond à la question. En effet, la stratégie *first fit* donne le rangement $f(1) = f(2) = 1$, $f(3) = f(4) = f(5) = 2$ et $f(6) = 3$. En revanche, le rangement g défini par $g(1) = g(3) = g(5) = 1$ et $g(2) = g(4) = g(6)$ est optimal puisque les trois conteneurs sont remplis à 100%.

Question 28 • Soient $n \in \mathbb{N}^*$; notons $\varepsilon = \dfrac{1}{4n(4n+1)}$. L'entrée décroissante de longueur $4n+2$ définie par $X_i = \dfrac{2}{4n+1} + \varepsilon$ pour $1 \leqslant i \leqslant 2n$, $X_i = \dfrac{2}{4n+1} - \varepsilon$ pour $2n+1 \leqslant i \leqslant 4n$ et $X_{4n+1} = X_{4n+2} = \dfrac{1}{4n+1}$ répond à la question. Le choix de ε assure $0 < X_i < 1$ pour tout indice $i \in [\![1, 4n+2]\!]$. La stratégie *first fit* donne le rangement f défini par $f(i) = 1$ pour $1 \leqslant i \leqslant 2n$, $f(i) = 2$ pour $2n+1 \leqslant i \leqslant 4n$ et $f(4n+1) = f(4n+2) = 3$. En revanche, le rangement g défini par $g(2i-1) = 1$ et $g(2i) = 2$ pour $1 \leqslant i \leqslant 2n$, $g(4n+1) = 1$ et $g(4n+2) = 2$ est optimal

Question 29 • Nous allons séparément minorer $\omega(H^{(n)}; 1)$ et majorer γ_n.

• De la question 5, on déduit

$$\omega(H^{(n)}; 1) \geqslant \pi(H^{(n)}) = \sum_{2 \leqslant k \leqslant n} \frac{1}{k} \geqslant \sum_{2 \leqslant k \leqslant n} \int_k^{k+1} \frac{dt}{t} \geqslant \int_2^{n+1} \frac{dt}{t} = \ln \frac{n+1}{2}$$

• Pour $1 \leqslant k \leqslant \gamma_n$, notons i_k l'indice du premier objet placé dans le conteneur numéro k. On a donc $i_1 = 1$, et $i_2 = 3$ (sous réserve que $n \geqslant 3$, sinon i_2 n'est pas défini) puisque $1/2 + 1/3 \leqslant 1 < 1/2 + 1/3 + 1/4$. Le conteneur d'indice γ_n contient au moins un objet, de volume au moins égal à $1/n$; donc, dans chacun des conteneurs précédents, le volume disponible est strictement inférieur à $1/n$. Ceci permet d'écrire la majoration suivante, pour $1 \leqslant k < \gamma_n$:

$$1 < \frac{1}{n} + \sum_{i_k \leqslant j < i_{k+1}} \frac{1}{j}$$

Sommons ces $\gamma_n - 1$ inégalités ; il vient :

$$\gamma_n - 1 < \frac{\gamma_n - 1}{n} + \sum_{1 \leqslant k < \gamma_n} \left(\sum_{i_k \leqslant j < i_{k+1}} \frac{1}{j} \right) = \frac{\gamma_n - 1}{n} + \sum_{2 \leqslant j < i_n} \frac{1}{j} \leqslant \frac{\gamma_n - 1}{n} + \sum_{2 \leqslant j \leqslant n} \frac{1}{j}$$

Avec la majoration bien connue $\displaystyle\sum_{2 \leqslant j \leqslant n} \frac{1}{j} \leqslant \ln n$, il vient $\left(1 - \dfrac{1}{n}\right)(\gamma_n - 1) \leqslant \ln n$, soit $\gamma_n < 1 + \dfrac{n}{n-1} \ln n$.

• Rassemblons ces résultats :

$$
\begin{aligned}
\gamma_n - \omega(H^{(n)}; 1) &\leqslant 1 + \frac{n}{n-1} \ln n - \ln \frac{n+2}{2} \\
&= 1 + \left(1 + \frac{1}{n-1}\right) \ln n - \ln n - \ln \frac{n+2}{2n} \\
&= 1 + \frac{\ln n}{n-1} - \ln \frac{n+2}{2n}
\end{aligned}
$$

Le majorant obtenu est le terme général d'une suite qui converge vers 0, ce qui termine la preuve. On peut d'ailleurs expliciter un majorant : $\frac{\ln n}{n-1} \leqslant 1$ est bien connu, et $\frac{n+2}{2n} \geqslant \frac{1}{2}$, donc $-\ln\frac{n+2}{2n} \leqslant \ln 2 < 1$. Ainsi, $\gamma_n - \omega(H^{(n)};1) < 3$ pour tout $n \geqslant 2$.

——— FIN DU CORRIGÉ ———

Références bibliographiques, notes diverses

▶ Beaucoup de questions de ce sujet proviennent des deux manuels suivants : *Computer algorithms*, de Sara BAASE ; et *Introduction to algorithms*, d'Udi MANBER (tous deux édités par Addison-Wesley). On consultera également avec profit le livre de Michael GAREY et David JOHNSON, *Computers and intractability* (éd. W. H. Freeman).

▶ David JOHNSON, A. DEMERS, Jeffrey ULLMAN, Michael GAREY et Ron GRAHAM ont prouvé que la stratégie *first fit* vérifie :

$$C_{ff}(X;c) \leqslant \frac{17}{10}\omega(X;c) + 2$$

Le facteur 17/10 de cette majoration ne peut être diminué. Référence : *Worst case performance bounds for simple one-dimensional packing algorithms*, SIAM J. Comput. 3, 299-325.

▶ Dans sa thèse, David JOHNSON donne, pour une entrée décroissante soumise à la stratégie *first fit* :

$$C_{ff}(X;c) \leqslant \frac{11}{9}\omega(X;c) + 4$$

Ici encore, le facteur qui intervient est optimal.

▶ Dans la stratégie *best fit*, on regarde si l'un au moins des conteneurs déjà alloués peut accueillir le prochain objet à loger ; si c'est le cas, on en choisit un qui minimise l'espace restant après rangement de l'objet. Sinon, on alloue un nouveau conteneur. On pourrait penser que cette stratégie offre de meilleurs résultats que *first fit* : l'article précité montre qu'il n'en est rien.

▶ En 1981, W. FERNANDEZ DE LA VEGA et G. S. LUEKER ont montré que, quel que soit $\varepsilon > 0$, il existe un algorithme $\mathcal{A}$ de coût linéaire (par rapport au nombre de boîtes à ranger) réalisant la majoration :

$$C_{\mathcal{A}}(X;c) \leqslant (1+\varepsilon)\omega(X;c) + K_\varepsilon$$

où $C_{\mathcal{A}}(X;c)$ désigne le coût du rangement obtenu par application de l'algorithme $\mathcal{A}$ à l'entrée $(X;c)$ et K_ε ne dépend que de ε ; notons toutefois que la constante K_ε a le mauvais goût d'être exponentielle en $1/\varepsilon$. Référence : *Combinatorica* **1** (1981), 349-355.

▶ C. U. MARTEL a proposé en 1985 une stratégie répartissant les boîtes à ranger en cinq catégories ; le coût du prétraitement est un $\mathcal{O}(n)$. Notant $C_{martel}(X;c)$

le coût du rangement obtenu par application de sa stratégie à l'entrée $(X; c)$, on a :

$$C_{martel}(X; c) \leqslant \frac{4}{3}\omega(X; c) + 2$$

Référence : *Oper. Res. Lett.* **4** (1985), 189-192.

▶ En 1998, József BÉKÉSI et Gábor GALAMBOS ont présenté une amélioration de la méthode de MARTEL, consistant à répartir les boîtes en huit catégories (le coût du prétraitement restant linéaire). Notant $C_{bg}(X; c)$ le coût du rangement obtenu par application de leur stratégie à l'entrée $(X; c)$, on a :

$$C_{bg}(X; c) \leqslant \frac{5}{4}\omega(X; c) + 3$$

Référence : *Journal of Computer and System Science* **60** (2000), 145-160.

▶ Il est intéressant de noter que l'article de BÉKÉSI et GALAMBOS s'étend sur quatorze pages, alors que celui de MARTEL n'en couvre que quatre. Les deux premiers auteurs indiquent d'ailleurs, dans leurs conclusions :

> This improvement may indicate that one can refine the classification in order to get a 6/5 or even a better worst-case ratio. But this idea is already questionable : we think that theoretically the algorithm remains linear (like the FERNANDEZ DE LA VEGA and LUEKER algorithm) but it may become more complicated, and probably the pro0f will grow exponentially because of the huge number of subcases.

▶ Un farceur avait suggéré le titre *Piles de boîtes*.

▶ Cet énoncé a été soumis à la sagacité des étudiants le mardi 25 janvier 2000.

Petites boîtes, petites boîtes
Petites boîtes toutes pareilles
Y'a des rouges, des violettes
Et des vertes très coquettes
Elles sont toutes faites en ticky-tacky
Elles sont toutes toutes pareilles

Graeme Allwright — Petites boîtes

Problème 12

Figures de pixels, mots de contour, pavages du plan

Présentation

Au début des années 1990, la section de mathématiques de l'École Normale Supérieure de Lyon a progressivement fait évoluer l'esprit de l'épreuve de *Mathématiques Appliquées* de son concours de recrutement. Le mot *Informatique* a été introduit dans le titre de cette épreuve ; et en 1994 fut posé un problème aussi intéressant que bien construit, amenant l'étudiant à examiner diverses questions posées par des pavages du plan par des dominos. L'une au moins de ces questions était infaisable (en tout cas aucun candidat ne l'a résolue), mais, que le lecteur se rassure, nous ne la lui infligerons pas.

Nous n'avons gardé que quelques unes des questions sur le pavage par des dominos, et ajouté une approche d'autres types de pavages (avec des triominos, avec des tuiles de WANG).

Le sujet abordait aussi la notion de *mot de contour* d'une partie pavée et connexe du plan. Nous avons un peu développé cette idée, dans le cadre du programme actuel d'informatique de nos classes : qui dit *mots* dit aussi langages et reconnaissabilité, voire morphismes, itération de morphismes...

Prérequis

Ce texte, basé sur un problème de concours conçu avant la mise en place de l'option informatique, ne fait appel à aucune des notions spécifiquement enseignées dans cette dernière (à l'exception d'une question sur les arbres, dans la dernière partie).

Certaines questions de programmation sont assez difficiles ; leur apporter une réponse concise demandera une bonne réflexion.

Un théorème d'analyse (dont on taira le nom pour laisser un peu de suspense) intervient de façon surprenante...

Liens

Itération de morphismes : problème 15.

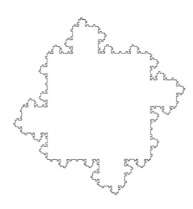

Ma noi, molto più severi che gli antichi, imponemo a noi stessi certe nove leggi fuor di proposito, ed avendo inanzi agli occhi le strade battute, cerchiamo andar per diverticuli ; perché nella nostra lingua propria, della quale, come di tutte l'altre, l'officio è esprimer bene e chiaramente i concetti dell'animo, ci dilettiamo dell'oscurità e, chiamandola lingua volgare, volemo in essa usar parole che non solamente non son dal vulgo, ma né ancor dagli omini nobili e litterati intese, né più si usano in parte alcuna ; senza aver rispetto che tutti i boni antichi biasmano le parole rifutate dalla consuetudine.

Baldassare Castiglione — Il libro del cortegiano

Problème 12 : l'énoncé

Définitions et notations

▶ Soient i et j deux relatifs ; la *case* (i,j) est le carré $[i, i+1] \times [j, j+1]$ de $\mathbb{R}^2$. Les *bords* de cette case sont les quatre segments

$$\begin{array}{cc} \big[(i,j),(i+1,j)\big] & \big[(i+1,j),(i+1,j+1)\big] \\ \big[(i+1,j+1),(i,j+1)\big] & \big[(i,j+1),(i,j)\big] \end{array}$$

Chacun de ces segments est adjacent à exactement *deux* cases. Une *figure* du plan est un ensemble *fini* de cases.

▶ Les figures considérées dans la suite étant finies, on pourra au besoin les supposer constituées de cases à coordonnées non négatives, et «calées» sur les axes, en ce sens qu'elles contiennent au moins une case de la forme $(0,j)$ et une case de la forme $(i,0)$. Une telle figure est alors codée par une matrice dont le nombre de lignes et le nombre de colonnes sont suffisamment grands. On utilisera le type Caml suivant :

```
type figure == bool vect vect;;
```

Soit f de type figure ; f.(i).(j) sera égal à true si la case (i,j) appartient à la figure. L'*aire* d'une telle figure est le nombre de ses cases.

▶ La ligne L_j de la figure F est $\{i \mid (i,j) \in F\}$. On note N le plus grand indice j tel que L_j ne soit pas vide. Une figure F est *convexe par lignes* si pour tout $j \in [\![0, N]\!]$, la ligne L_j est, soit vide, soit un intervalle $[min_j, max_j]$. De façon similaire, on définit la notion de figure *convexe par colonnes*. Une figure est *convexe* si elle est convexe par lignes et convexe par colonnes.

1 Préliminaires

Question 1 • Rédigez en Caml une fonction :

```
aire : figure -> int
```

spécifiée comme suit : aire F calcule l'aire de la figure F.

▶ Un problème classique en infographie est le calcul de la boîte englobant une figure (*bounding box*) : c'est le plus petit rectangle à côtés parallèles aux axes contenant cette figure.

Question 2 • Rédigez en Caml une fonction :

```
bbox : figure -> int*int
```

spécifiée comme suit : `bbox F` calcule les dimensions (largeur, hauteur) de la boîte englobant la figure F.

▶ Une figure F est *connexe* si, pour toute paire de cases (i, j) et (k, ℓ) de F, il existe une suite $(i_r, j_r)_{0 \leqslant r \leqslant m}$ de cases de F vérifiant les conditions suivantes : $(i_0, j_0) = (i, j)$; $(i_m, j_m) = (k, \ell)$; et, pour tout indice $r \in [\![1, m]\!]$:

$$\left(i_r = i_{r-1} \text{ et } |j_r - j_{r-1}| = 1\right) \text{ ou } \left(|i_r - i_{r-1}| = 1 \text{ et } j_r = j_{r-1}\right)$$

Question 3 • Exhibez une figure du plan connexe au sens topologique usuel, mais pas au sens de la définition ci-dessus.

▶ Une figure connexe F est *sans trou* si son complémentaire (par rapport au plan entier) est un ensemble de cases connexe au sens défini ci-dessus.

Question 4 • Dessinez la plus petite figure connexe ayant un trou ; une preuve sera bienvenue.

2   Mots de contour d'une figure

▶ La *frontière* d'une figure F est l'ensemble des segments adjacents à une case de F et à une case du complémentaire de F.

▶ On définit les *mots de contour* d'une figure F connexe sans trou de la façon suivante : partant d'un point p quelconque de la frontière de F, on parcourt la suite des segments qui forment cette frontière dans le sens direct, c'est-à-dire en gardant toujours à sa gauche la case adjacente au segment parcouru appartenant à F, jusqu'à retrouver le point p de départ. On admettra que l'ensemble des segments de la frontière est ainsi parcouru sans répétition.

▶ Cette frontière est formée d'une suite de segments horizontaux ou verticaux de longueur 1. À chaque segment horizontal, on associe d ou g selon qu'il est parcouru dans le sens des abscisses croissantes ou décroissantes. À chaque segment vertical, on associe h ou b selon qu'il est parcouru dans le sens des ordonnées croissantes ou décroissantes. Au parcours de frontière précédent est donc associé un *mot de contour* sur l'alphabet $A = \{d, g, h, b\}$. Le *mot de contour canonique* est celui obtenu lorsque le point de départ p est le point de F d'abscisse minimale parmi ceux d'ordonnée minimale.

Question 5 • Dessinez la figure $\big\{(0,0), (1,0), (2,0), (1,1), (2,1), (3,1), (1,2)\big\}$.

Question 6 • Quel est le mot de contour canonique de cette figure ?

Question 7 • Soient u et v deux mots de contour d'une même figure F. Quelle relation existe-t-il entre les mots u et v ?

Question 8 • L'ensemble des mots de contour des figures connexes sans trou est-il un langage rationnel sur l'alphabet A ?

Question 9 ★ ★ ★ • Rédigez en Caml une fonction :

```
mot_de_contour : figure -> string
```

spécifiée comme suit : `mot_de_contour` F calcule le mot de contour canonique d'une figure F connexe sans trou.

Question 10 • Montrez que le nombre de cases d'une figure F connexe sans trou peut être calculé de façon simple à partir d'un mot de contour de F.

Question 11 • Rédigez en Caml une fonction :

```
aire_contour : string -> int
```

spécifiée comme suit : `aire_contour` m calcule l'aire de la figure connexe sans trou définie par le mot de contour m.

Question 12 • Soit F une figure connexe sans trou ; le *périmètre* de F est la longueur commune de tous ses mots de contour. En observant quelques cas particuliers, conjecturez une relation liant le périmètre de F, son aire, et le nombre de points à coordonnées entières situés à l'intérieur de la figure F.

Question 13 ⋆⋆⋆ **•** Démontrez cette relation.

Question 14 • Comment généraliser cette formule aux figures ayant un ou plusieurs trous ?

▶ Un mot u sur l'alphabet A n'est pas forcément un mot de contour d'une figure connexe. Par exemple, il est nécessaire que ce mot vérifie $|u|_h = |u|_b$ et $|u|_g = |u|_d$.

Question 15 • Montrez que cette condition n'est pas suffisante.

▶ L'étudiant Jean-Marcel MALHABILE affirme qu'un mot u sur l'alphabet A est un mot de contour d'une figure connexe si et seulement si il vérifie les deux conditions suivantes :

- $|u|_h = |u|_b$ et $|u|_g = |u|_d$

- aucun des mots hb, bh, gd, dg n'est facteur de u

Question 16 • Que pensez-vous de cette affirmation ?

Question 17 ⋆⋆⋆ **•** Rédigez en Caml une fonction :

```
contour_valide : string -> bool
```

spécifiée comme suit : `contour_valide` u décidera si le mot u sur l'alphabet A est un mot de contour d'une figure connexe.

Question 18 • Rédigez en Caml une fonction :

```
bbox' : string -> int*int
```

spécifiée comme suit : `bbox'` m calcule les dimensions de la boîte englobant une figure connexe décrite par le mot de contour m (supposé valide).

I shall short my word by lengthening my return

Shakespeare — Cymbeline

3 Itération d'un morphisme sur les mots de contour

▶ On définit sur A^* un morphisme φ par $\varphi(\mathtt{h}) = \mathtt{hhdhgh}$, $\varphi(\mathtt{b}) = \mathtt{bbgbdb}$, $\varphi(\mathtt{d}) = \mathtt{ddbdhd}$ et $\varphi(\mathtt{g}) = \mathtt{gghgbg}$. On définit alors une suite $(u_n)_{n\in\mathbb{N}}$ de mots sur l'alphabet A par la donnée de $u_0 = \mathtt{dhgb}$ et la relation de récurrence $u_{n+1} = \varphi(u_n)$ pour $n \geqslant 0$.

Question 19 • Explicitez u_1 et u_2.

Question 20 • Montrez que u_n est un mot de contour valide.

▶ On note P_n la figure dont u_n est le mot contour ; en particulier, la figure P_0 est réduite à une case.

Question 21 • Dessinez P_1 et P_2 (chaque case sera un carré de 5 mm de côté).

Question 22 • Quel est le périmètre $|u_n|$ de P_n ? Quelle est l'aire $\mathcal{A}_n$ de P_n ?

▶ On note Q_n l'image de P_n dans une homothétie de rapport 4^{-n}.

Question 23 • Explicitez le rapport ρ_n du périmètre de Q_n à son aire. Que remarquez-vous ? Comment définir $\lim_{n\to\infty} Q_n$? Quel qualificatif attribueriez-vous à cette partie du plan ?

4 Pavages avec des dominos

▶ Un *domino* est une figure formée de deux cases $\{(i,j),(i,j\pm 1)\}$ (domino *vertical*) ou $\{(i,j),(i\pm 1,j)\}$ (domino *horizontal*). Un *pavage* d'une figure F est une famille $(D_k)_{1\leqslant k\leqslant p}$ de dominos vérifiant $F = \bigcup_{1\leqslant k\leqslant p} D_k$ et tels que, si $k \neq \ell$, alors $D_k \cap D_\ell$ ne contient aucune case.

▶ On suppose dans toute la suite que le plan est muni d'un *coloriage* défini comme suit : la case (i,j) est *blanche* si $i + j$ est pair, et *noire* sinon. Une figure est *équilibrée* si elle contient autant de cases noires que de cases blanches.

Question 24 • Montrez que toute figure pavable par des dominos est équilibrée.

Question 25 • Que pensez-vous de la réciproque ?

Question 26 • Quel est le nombre de façons de paver par des dominos le rectangle $\{(i,j) \mid 1 \leqslant i \leqslant n, 1 \leqslant j \leqslant 2\}$?

▶ Soit x_n le nombre de pavages du carré $\{(i,j) \mid 1 \leqslant i \leqslant n, 1 \leqslant j \leqslant n\}$ par des dominos. D'après la question 24, $x_n = 0$ si n est impair. On suppose donc n pair.

Question 27 • Montrez que $2^{n^2/4} \leqslant x_n \leqslant 4^{n^2/2}$.

Question 28 • Améliorez la majoration précédente en prouvant que $x_n \leqslant 2^{n^2/2}$.

Question 29 ⋆⋆⋆ • Montrez qu'avec des dominos, on peut paver un carré de côté pair, amputé d'une case noire et d'une case blanche, et ce quels que soient les emplacements respectifs de ces deux cases dans le carré.

▶ Une figure F est un *trapèze* si elle est convexe et si, de plus, pour tout i, j allant de 1 à N, $(i,1) \in F$ dès que $(i,j) \in F$.

Question 30 • Montrez qu'une figure convexe par lignes est un trapèze ssi la suite (L_j) est décroissante pour l'inclusion.

Question 31 ⋆ ⋆ ⋆ • Montrez qu'un trapèze est pavable par des dominos si et seulement s'il est équilibré.

5 Pavages du plan

▶ On se propose de paver le plan au moyen de dalles carrées. Chaque dalle porte, sur chacun de ses côté, un motif (représenté par un nombre dans la suite). On dispose d'une infinité d'exemplaires de chaque modèle de dalle, mais il n'y a qu'un nombre fini de ces modèles. Les dalles ont une orientation : il est interdit de les faire tourner. De plus, le pavage doit respecter la contrainte «pas de conflits de voisinage» illustrée par la figure ci-dessous, dans laquelle la portion de pavage de gauche est licite, alors que celle de droite est interdite (on a **graissé** les motifs de/en conflit) :

Question 32 • Peut-on paver le plan avec le jeu de dalles suivant :

Question 33 • Peut-on paver le plan avec le jeu de dalles suivant :

Question 34 • On a défini le type `dalle = {h:int; b:int; g:int; d:int}`. Rédigez en Caml une fonction :

```
pavage_rectangle : int -> int -> dalle list -> dalle vect vect
```

spécifiée comme suit : `pavage_rectangle p q catalogue` calcule un pavage d'un rectangle de largeur `p` et de hauteur `q`, en utilisant les modèles de dalles énumérés dans `catalogue` (de type `dalle list`) ; on lèvera une exception si un tel pavage n'existe pas.

Question 35 • On considère un arbre T de racine r ; les nœuds de T sont tous d'arité finie. Montrez que si T compte une infinité de nœuds, il existe un chemin infini partant de r.

Question 36 • À quel couple célèbre la preuve que vous venez de donner pour la question précédente vous fait-elle penser ? La réponse n'est pas *Roméo et Juliette*[1].

---

[1]Tu as raison, Luc : la réponse n'est pas non plus *Jacob et Delafon*

Question 37 ⋆ ⋆ ⋆ • Montrez que si l'on peut paver le quart de plan $\mathbb{R}_+ \times \mathbb{R}_+$, alors on peut paver le plan entier.

▶ On utilise maintenant des *triominos* : ce sont des dalles en forme de L ; il en existe quatre modèles différents, qui se déduisent l'un de l'autre par rotation d'angle $k\pi/2$:

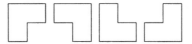

Question 38 • Montrez qu'avec des triominos, on peut paver tout carré de côté 2^n auquel on a enlevé une case.

Question 39 • Montrez qu'avec des triominos, on peut paver le plan entier.

▶ On dispose maintenant du jeu de dalles suivant :

Question 40 ⋆ ⋆ ⋆ • Avec ce jeu de dalles, est-il possible de paver le plan de telle façon que l'on puisse aller de la case $(0,0)$ à une case (i,j) quelconque en suivant un «chemin» matérialisé sur les dalles par le trait gras ?

——— FIN DE L'ÉNONCÉ ———

Je recommande surtout à la méditation des savants certaines découvertes de ma façon, auxquelles mes prédécesseurs n'ont pas songé seulement : telle est entr'autres mon «nouveau secours pour la teinture du savoir, ou l'art de devenir profondément savant, par une lecture superficielle».

Swift — Le conte du tonneau

Problème 12 : le corrigé

▶ Nous aurons besoin, en plusieurs endroits, de fonctions qui ne font pas partie du noyau de Caml ; en voici les noms et spécifications :

- ou_liste calcule la disjonction d'une liste de booléens.

- listlist_of_matrix transforme une matrice en liste de listes ; flat transforme cette dernière en une liste par concaténation de ses membres.

- entoure appliquée à une liste ℓ de booléens rend le plus grand intervalle $[\![i, j]\!]$ tel que ℓ_i et ℓ_j aient la valeur true ; si la liste ne contient que des false, une exception est levée par la fonction index.

- la *largeur* d'une liste de booléens est la longueur de la liste obtenue après élimination d'éventuels false en tête et/ou en queue ; elle se déduit aisément du résultat de entoure, en interceptant l'exception éventuelle.

- transpose calcule la transposée d'une matrice.

- cap calcule le vecteur unitaire donnant le *cap* associé à l'une des lettres d, h, g ou b.

- avance ajoute deux couples d'int, par exemple pour appliquer une translation.

Et voici le détail de la programmation.

```
let ou_liste = it_list (prefix or) false;;

let listlist_of_matrix f = map list_of_vect (list_of_vect f);;

let flat = it_list (prefix @) [];;

let entoure l =
  (index true (rev l) , list_length l - index true l - 1);;

let largeur l = try
  let (i,j) = entoure l in j+1-i with _ -> 0;;

let transpose m = (* la transposée de la matrice m *)
  let n = vect_length m and p = vect_length m.(0) in
```

```
let tm = make_matrix p n m.(0).(0) in
for i = 0 to n-1 do
 for j = 0 to p-1 do
  tm.(j).(i) <- m.(i).(j)
 done
done; tm;;

let cap = function
 | 'd' -> (1,0)
 | 'h' -> (0,1)
 | 'g' -> (-1,0)
 | 'b' -> (0,-1)
 | _ -> failwith "cap inconnu";;

let avance (x,y) (dx,dy) = (x+dx,y+dy);;
```

▶ Il fallait bien faire attention au point suivant : dans une matrice, l'origine est *en haut* à gauche, et le premier indice désigne la ligne ; mais, dans le quart de plan $\mathbb{R}_+ \times \mathbb{R}_+$, l'origine est *en bas* et à gauche, et la première coordonnée est l'abscisse.

1 Préliminaires

Question 1 • On peut essayer diverses variations, à base de boucles `for` ou de récursivités imbriquées. Avec l'arsenal déployé ci-dessus, on a une solution élémentaire :

```
let aire f = let ff = flat (listlist_of_matrix f) in
list_length (subtract ff [false]);;
```

Question 2 • Pour calculer la largeur de la boîte englobant une figure F, on commence par tranformer celle-ci en liste de listes ; on calcule la disjonction de chaque liste, ce qui nous donne une liste de booléens indiquant quelles sont les *colonnes* non vides de F, liste dont il suffit alors de calculer la largeur. La hauteur de la boîte englobant F est la largeur de la boîte englobant la figure transposée de F...

```
let largeur_boite f =
largeur (map ou_liste (listlist_of_matrix f));;

let bbox f = (largeur_boite f,largeur_boite (transpose f));;
```

Question 3 • La figure constituée des cases $(1,1)$ et $(2,2)$ est topologiquement connexe, en tant que réunion de deux connexes (les deux cases) ayant au moins un point en commun, celui de coordonnées $(2,2)$. Mais cette figure n'est pas connexe au sens de l'énoncé : l'unique suite de cases que l'on peut construire est, à l'ordre près, $i_0 = j_0 = 1$ et $i_1 = j_1 = 2$; or, on n'a ni $i_0 = i_1$, ni $j_0 = j_1$.

La notion topologique sous-jacente est une restriction de la *connexité par arcs*, n'utilisant que des segments parallèles à l'un des axes du repère.

Question 4 • Considérons la figure suivante :

$$\{(0,0);(1,0);(2,0);(0,1);(2,1);(0,2);(1,2)\}$$

Elle est clairement connexe ; son complémentaire n'est pas connexe, puisqu'il contient la case $(1,1)$ mais aucune case adjacente à celle-ci. Il reste à voir que cette figure est, à isométrie près, la plus petite ; or une figure dont l'aire cumulée des trous est supérieure à un doit comporter au moins six cases (pour assurer la non-connexité de son complémentaire) plus une (pour assurer sa propre connexité, dans le cas «optimal» de deux trous partageant un sommet).

Notre seul espoir est donc une figure ayant un trou d'aire unité ; elle doit comporter quatre cases (adjacentes au trou) pour assurer la non-connexité du supplémentaire, plus trois cases au moins (pour assurer sa propre connexité) ce qui nous donne bien l'exemple dessiné ci-contre.

2 Mots de contour d'une figure

Question 5 • Enfin une question pas trop fatigante :

Question 6 • On trouve `dddhdhgghgbbgb`.

Question 7 • u et v sont *conjugués* : il existe des mots x et y tels que $u = xy$ et $v = yx$. x est le préfixe de u qu'il faut lire pour aller du point de départ choisi pour déterminer u, au point de départ choisi pour déterminer v.

Question 8 • La réponse est négative ; utilisons le lemme de l'étoile pour l'établir. Si ce langage $\mathcal{L}$ était rationnel, il existerait une constante n telle que tout mot de contour u de longueur au moins égale à n se décompose en $u = vwx$ avec $|vw| \leqslant n$, $w \neq \varepsilon$ et $vw^*x \subset \mathcal{L}$. Prenons $u = \mathrm{d}^n\mathrm{hg}^n\mathrm{b}$ qui est le mot de contour d'un rectangle de largeur n et de hauteur 1. Avec le lemme de l'étoile, $v = \mathrm{d}^i$, $w = \mathrm{d}^j$ et $x = \mathrm{d}^{n-i-j}\mathrm{hg}^n\mathrm{b}$ où $j > 0$. Alors le mot $vx = \mathrm{d}^{n-j}\mathrm{hg}^n\mathrm{b}$ appartient à $\mathcal{L}$; et pourtant ce n'est pas un mot de contour puisque $|vx|_\mathrm{g} \neq |vx|_\mathrm{d}$.

Question 9 • Le premier travail à effectuer est la détermination du point de départ, qui d'après l'énoncé est le point de F d'abscisse minimale parmi ceux d'ordonnée minimale. Le plus simple, ici, est de parcourir la figure dans l'ordre *lexicographique* des cases : (i,j) est vue avant (i',j') si $j < j'$, ou si $j = j'$ et $(i < i')$. Deux boucles imbriquées et une exception judicieusement utilisée feront l'affaire :

```
exception trouvé of int*int;;
let départ f = try
 let n = vect_length f and p = vect_length f.(0) in
 for j = 0 to p-1 do
  for i = 0 to n-1 do
   if f.(i).(j) then raise (trouvé (i,j))
  done
 done; failwith "figure vide"
 with trouvé xy -> xy;;
```

Nous allons maintenant considérer un observateur qui décrit
la frontière de la figure dans le sens direct. Parvenu au point
$p = (i, j)$, il regarde dans la direction $\overrightarrow{k}$ (son *cap*). Notons
$p' = p + \overrightarrow{k}$, c_g la case située à gauche du segment pp', et c_d
la case située à droite de ce segment (pour notre observateur).
Trois cas peuvent se présenter :

- c_g et c_d sont dans la figure : l'observateur tourne vers la droite de 90 degrés, puis avance d'un pas

- c_g est dans la figure, mais pas c_d : l'observateur avance d'un pas sans changer de direction

- ni c_g ni c_d ne sont dans la figure : l'observateur tourne vers la gauche de 90 degrés (sans se déplacer)

La quatrième situation (c_g n'est pas dans la figure, c_d est dans la figure) ne peut
se produire : en effet, la figure étant connexe (au sens du texte), elle encerclerait
au moins la case c_g, ce qui est contraire à l'hypothèse.

Au départ, l'observateur est placé au coin inférieur gauche de la case d'abscisse
minimale parmi les cases d'ordonnée minimale ; de plus, son cap est le vecteur
$\overrightarrow{k} = (1, 0)$, si bien qu'il va pouvoir faire un premier pas en avant. Le processus s'achève lorsque l'observateur est revenu à la case départ, avec l'orientation
initiale (ne pas oublier cette dernière condition).

```
let rotg (dx,dy) = (-dy,dx);; (* rotation à gauche *)
let rotd (dx,dy) = (dy,-dx);; (* rotation à droite *)
let recule (x,y) (dx,dy) = (x-dx,y-dy);; (* recule *)

let tete s = (sub_string s 0 1);; (* gestion de la boussole *)
let queue s = (sub_string s 1 3);;
let tg s = (queue s)^(tete s);;
let td s = tg(tg(tg s));;

let dans_fig (x,y) f = try f.(x).(y) with _ -> false;;

let mot_de_contour f =
 let n = vect_length f and p = vect_length f.(0)
 and c0 = départ f and k0 = (1,0) in
 let rec suivant c_g k s accu =
  let k' = rotd k in let c_d = avance c_g k' in
  match (dans_fig c_g f,dans_fig c_d f) with
   | (true,true)   -> next c_d k' (td s) accu
   | (true,false)  -> next (avance c_g k) k s (accu^(tete s))
   | (false,false) -> next (recule c_g k) (rotg k) (tg s) accu
   | _ -> failwith "situation impossible"
  and next c_g k s accu =
```

```
    if c_g = c0 & k = k0 then accu else suivant c_g k s accu
  in suivant c0 k0 "dhgb" "";;
```

Question 10 • La présence simultanée des mots *contour* et *aire* dans l'énoncé de la question suivante nous amène automatiquement à la formule de Green-Riemann : F est sans trou, donc l'aire intérieure à F est égale à $\int_{\Gamma^+} x \cdot dy$, où Γ^+ est le bord de F orienté dans le sens de parcours direct. Notons x l'abscisse du point de départ du segment en cours : en lisant le mot de contour, la lettre d (resp. g) augmente (resp. diminue) x de 1, la lettre h (resp. b) ajoute (resp. enlève) x à l'aire. Le tableau ci-dessous résume ceci.

lettre	Δx	Δy	intégrale	effet net
d	+1	0	$\displaystyle\int_{x}^{x+1} x \cdot dy = 0$	$x \leftarrow x + 1$
g	−1	0	$\displaystyle\int_{x}^{x-1} x \cdot dy = 0$	$x \leftarrow x - 1$
h	0	+1	$\displaystyle\int_{y}^{y+1} x \cdot dy = +x$	aire $\leftarrow$ aire $+ x$
b	0	−1	$\displaystyle\int_{y}^{y-1} x \cdot dy = -x$	aire $\leftarrow$ aire $- x$

Question 11 • La traduction de ce qui précède en une fonction Caml est à peu près immédiate.

```
let aire_contour mot = let n = string_length mot in
  let rec aire x accu pos = if pos = n then accu else
    let (dx,dy) = cap mot.[pos] in
      aire (x+dx) (accu+x*dy) (pos+1)
  in aire 0 0 0;;
```

On peut aussi donner une version plus fonctionnelle, si l'on dispose d'une fonction `list_of_string` convertissant une chaîne de caractères en une liste de caractères (on en trouvera un exemple page 28) :

```
let aire_contour mot =
  let l = map cap (list_of_string mot)
  and f (x,a) (dx,dy) = (x+dx,a+x*dy) in
  snd(it_list f (0,0) l);;
```

Question 12 • Examinons quelques figures, pour nous faire une petite idée du résultat à établir.

figure	aire	périmètre	points intérieurs
	7	16	0
	5	12	0
rectangle $1 \times n$	n	$2n + 2$	0
rectangle $2 \times n$	$2n$	$2n + 4$	$n - 1$
rectangle $3 \times n$	$3n$	$2n + 6$	$2n - 2$

Les deux premiers exemples ci-dessus semblent montrer que l'aire augmente d'une unité quand le périmètre augmente de 2 ; les exemples suivants indiquent que l'aire augmente d'une unité par point intérieur. La quantité

$$\text{aire} - \frac{\text{périmètre}}{2} - \text{Card}\{\text{points intérieurs}\}$$

serait donc constante, égale à -1.

Question 13 • Notons A l'aire, P le périmètre et I le nombre de points à coordonnées entières situés à l'intérieur la figure considérée. Nous allons prouver la *formule de Pick* : $A = I + P/2 - 1$. Cette formule est exacte pour une figure d'aire 1 (donc réduite à un carré de côté 1). Supposons-la exacte pour toute figure d'aire n, et établissons qu'elle l'est aussi pour toute figure d'aire $n + 1$. Observons une telle figure F, et plus précisément la case d'abscisse maximale parmi celles d'ordonnée maximale. Parmi ses huit voisines immédiates, quatre ne peuvent appartenir à F : celle qui est à droite, et celles qui sont sur la rangée immédiatement supérieure. Il reste seize cas de figure à examiner : on vérifie manuellement que chacun de ces cas, ou bien ne peut se produire, ou bien mène (après suppression de la case considérée) à une ou deux figures plus petites, donc vérifiant l'hypothèse ; et que la suppression de la case se traduit par une variation nulle de la quantité

$$\text{aire} - \frac{\text{périmètre}}{2} - \text{Card}\{\text{points intérieurs}\}$$

▶ À noter : la formule de PICK vaut en fait pour toute partie du plan délimitée par un polygone dont les sommets sont à coordonnées entières. On commence par la vérifier pour un triangle, puis on montre que tout polygone peut être triangulé.

Question 14 • S'il y a k trous, l'aire est $I + P/2 + k - 1$. On peut encore généraliser la formule, si un trou contient des îles... Pour la démonstration : examiner ce qui se passe quand on «bouche» un trou.

Question 15 • Un contre-exemple simple est hb.

Question 16 • Notre ami se trompe : le mot dhdhgbgb vérifie les conditions qu'il propose, mais ce n'est pas le mot de contour d'une figure connexe.

Question 17 • Nous admettrons le *théorème de Jordan* : soit f une application continue du segment $[0,1]$ dans le plan vérifiant $f(0) = f(1)$, et n'ayant pas d'autre point double. Un tel arc sépare le plan en deux parties, l'une bornée, l'autre non bornée.

À un mot u sur l'alphabet $\{\text{d}, \text{h}, \text{g}, \text{b}\}$ on associe naturellement un arc du plan ; u sera un mot de contour valide ssi l'arc est simple. Il suffit donc de suivre le chemin indiqué par le mot proposé, et de vérifier que l'on ne repasse pas par un point déjà vu (sauf à la toute dernière étape, bien entendu).

```
let contour_valide u =
 let rec valide vus p i n = match n with
 | 0 -> p = (0,0)
 | _ -> let p' = avance p (cap u.[i]) in
     not(mem p' vus) && valide (p'::vus) p' (i+1) (n-1)
 in valide [] (0,0) 0 (string_length u);;
```

Question 18 • On détermine les abscisses et ordonnées minimales et maximales atteintes en suivant le mot de contour, et en considérant que l'on part du point $(0,0)$; les dimensions de la boîte sont alors $x_M - x_m$ et $y_M - y_m$. Choix des identificateurs : (x,y) désigne le point courant, (x',y') le point suivant, xm l'abscisse minimale obtenue jusqu'au point courant, xM l'abscisse maximale ; rôles analogues pour ym et yM.

```
let parcours u =
  let rec itère (x,y) (xm,xM) (ym,yM) i = function
  | 0 -> (xm,xM,ym,yM)
  | n -> let (x',y') = avance (x,y) (cap u.[i])
         and p1 = (min x xm,max x xM)
         and p2 = (min y ym,max y yM) in
         itère (x',y') p1 p2 (i+1) (n-1)
  in itère (0,0) (0,0) (0,0) 0 (string_length u);;


let bbox' u =
  let (xm,xM,ym,yM) = parcours u in (xM-xm,yM-ym);;
```

3 Itération d'un morphisme sur les mots de contour

Question 19 • $u_1 = \varphi(u_0) = \varphi(\text{dhgb}) = \varphi(\text{d})\varphi(\text{h})\varphi(\text{g})\varphi(\text{b})$, soit, en remplaçant : $u_1 = $ ddbdhdhhdhghgghgbgbbgbdb. Pour la suite des opérations, on écrit deux fonctions qui évaluent respectivement φ et u ; ici encore, on s'appuie sur une fonction convertissant une chaîne de caractères en une liste de caractères.

```
let morphisme = function
| 'h' -> "hhdhgh"
| 'b' -> "bbgbdb"
| 'g' -> "gghgbg"
| 'd' -> "ddbdhd"
| _   -> failwith "caractère incorrect";;

let phi s =  (* bonne solution de JJT *)
  concat (map morphisme (list_of_string s));;

let rec u = function
| 0 -> "dhgb"
| n -> phi(u(n-1));;
```

On calcule ainsi le mot :

$$u_2 = \text{ddbdhdddbdhdbbgbdbddbdhdhhdhghddbdhd}$$
$$\text{hhdhghhhdhghddbdhdhhdhghgghgbghhdhgh}$$
$$\text{gghgbggghgbghhdhghgghgbgbbgbdbgghgbg}$$
$$\text{bbgbdbbbgbdbgghgbgbbgbdbddbdhdbbgbdb}$$

Question 20 • Il suffit de noter que l'on passe de la figure de mot de contour u_n à celle de mot de contour u_{n+1} en appliquant une homothétie de rapport 4, puis en découpant la frontière en suites de quatre segments consécutifs et de même orientation, et en remplaçant chaque suite $s_1 s_2 s_3 s_4$ par la suite de six segments $s_1 s_2 z s_3 z' s_4$, où z et z' ont pour effet d'ajouter une case «vers l'extérieur», les cases ajoutées par deux suites consécutives ne pouvant pas entrer en contact (seul le cas «rentrant» est à examiner).

Question 21 • La figure ci-dessous représente P_1. Je n'ai pas représenté P_2 ; en revanche P_3 apparaît page 124...

L'énoncé ne le demandait pas, mais voici quand même une panoplie de fonctions permettant de représenter une figure donnée par son mot de contour. Les arguments de la fonction `trace` sont, dans l'ordre : abscisse et ordonnée du point courant ; mot de contour ; position dans le mot ; facteur d'homothétie. Enfin, `dessin` appliqué à n et k dessine P_n calée sur les axes comme convenu en début d'énoncé, après homothétie de rapport k.

```
let rec trace x y s i k =
  if i = string_length s then () else
  let (dx,dy) = cap s.[i] in
  let (x',y') = (x+dx,y+dy) in
  begin
    lineto (k*x') (k*y');
    trace x' y' s (i+1) k
  end;;

let dessin n k =
  let s = u n in
  let (xm,xM,ym,yM) = parcours s in
  begin
    moveto (-k*xm) (-k*ym);
    trace (-xm) (-ym) s 0 k
  end;;
```

On obtiendra P_2 à une échelle raisonnable avec `dessin 2 10`. Pour P_3, on prendra `dessin 3 2` si l'on ne veut pas que le dessin déborde de la fenêtre graphique.

Question 22 • On a $\big|\varphi(x)\big| = 6|x|$ pour chacune des lettres de l'alphabet, donc $\big|\varphi(u)\big| = 6|u|$ pour tout mot u. Comme $|u_0| = 4$, on en déduit $|u_n| = 4 \cdot 6^n$.

• On peut passer de P_n à P_{n+1} en deux temps : on commence par appliquer une homothétie de rapport 4, comme si φ envoyait x sur $xxxx$ pour chaque $x \in \{d, h, g, b\}$. Puis, pour chaque groupe de quatre segments consécutifs de la frontière, on ajoute une case vers l'extérieur. On obtient ainsi la formule $\mathcal{A}_{n+1} = 16\mathcal{A}_n + |u_n| = 16\mathcal{A}_n + 4 \cdot 6^n$. On en déduit :

$$\frac{\mathcal{A}_n}{16^n} = \mathcal{A}_0 + \frac{1}{4} \sum_{0 \leqslant k < n} (3/8)^k = 1 + \frac{2}{5}\big(1 - (3/8)^n\big) = \frac{7 - 2 \cdot (3/8)^n}{5}$$

donc $\boxed{\mathcal{A}_n = \dfrac{7 \cdot 16^n - 2 \cdot 6^n}{5}}$

Question 23 • Le périmètre de Q_n est $4^{-n}|u_n| = 4 \cdot (3/2)^n$; l'aire de Q_n est $16^{-n}\mathcal{A}_n = \dfrac{7 - 2 \cdot (3/8)^n}{5}$. L'aire tend donc vers $7/5$, tandis que le périmètre tend vers l'infini, de même que ρ_n. On voit sans difficulté que Q_{n+1} contient Q_n, il est donc naturel de noter $\lim_{n \to \infty} Q_n$ la réunion des Q_n. Cette figure est certainement fractale.

4 Pavages avec des dominos

Question 24 • Chaque domino couvre une case noire et une case blanche ; et chaque case est recouverte par un et un seul domino.

Question 25 • La figure $\big\{(1,1),(2,1),(3,1),(2,2),(2,3),(1,4),(2,4),(3,4)\big\}$ est connexe, équilibrée, et même convexe par lignes. Mais il est clair qu'elle n'est pas pavable ; on observera le dessin ci-dessous pour s'en persuader. À titre d'exercice, le lecteur pourra construire une figure équilibrée et convexe mais non pavable par des dominos.

Question 26 • Notons f_n ce nombre ; $f_1 = 1$, $f_2 = 2$ et $f_{n+2} = f_{n+1} + f_n$ (on peut poser un domino vertical à l'extrémité droite, ou deux dominos horizontaux superposés). On reconnaît, à un décalage d'indice près, la définition de la suite de FIBONACCI : donc $f_n = F_{n+1}$.

Question 27 • Il existe deux façons de paver un échiquier de côté $n = 2$. Comme un échiquier de côté n pair peut être découpé en $n^2/4$ échiquiers de côté 2, il existe au moins $2^{n^2/4}$ pavages d'un tel échiquier.

• À tout pavage d'un échiquier de côté n pair, on peut associer une application de l'intervalle discret $[\![1, n^2/2]\!]$ dans l'ensemble $\{n, e, s, o\}$ définie comme suit : une numérotation de l'ensemble des $n^2/2$ cases noires ayant été fixée, on associe à $i \in [\![1, n^2/2]\!]$ la lettre n, e, s ou o, selon que la case blanche couverte par le domino couvrant la case noire numéro i est au nord, à l'est, au sud ou à l'ouest de cette case. Il est clair qu'à deux pavages distincts sont associées des applications distinctes ; donc $x_n \leqslant 4^{n^2/2}$.

• On peut en fait améliorer (infimement) cette majoration, en tenant compte des cas particuliers présentés par les cases situées sur les bords de l'échiquier : on aboutit à : $x_n \leqslant 2^2 \times 3^{2n-4} \times 4^{(n-2)^2/2}$.

Question 28 • Prouvons que le nombre de pavages d'un échiquier de forme quelconque contenant $2p$ cases est majoré par $y_p = 2^{p-1}$. Le résultat demandé en découlera, car dans un échiquier de côté n, il y a n^2 cases, donc $x_n \leqslant 2^{n^2/2-1}$ et à plus forte raison $x_n \leqslant 2^{n^2/2}$.

• Procédons par récurrence sur $p \geqslant 1$. La majoration est claire pour $p = 1$. Supposons-la acquise au rang p, et considérons un échiquier contenant $2p + 2$ cases. Observons, parmi les cases d'ordonnée maximale, celle d'abscisse minimale : il existe au plus deux façons de poser un domino pour la paver, soit en couvrant une case située à l'est, soit en couvrant une case située au sud. Il reste ensuite à couvrir les $2p$ cases restantes, donc $y_{p+1} \leqslant 2y_p = 2 \cdot 2^{p-1} = 2^p$, ce qui achève la démonstration.

Question 29 • La solution repose sur l'utilisation des *fourchettes de Gomory*, représentées (en traits gras et dans le cas d'un échiquier de côté 8) à la figure 1. Ces «fourchettes» délimitent un circuit, qui sera découpé en deux chemins par les cases manquantes (elles sont marquées d'un disque noir •). Il est clair que chacun des deux chemins est pavable par des dominos (car sa longueur est paire) ; dans l'exemple, chaque domino couvre deux cases vides ou deux cases marquées d'un disque blanc ○.

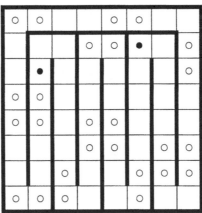

Figure 1: les fourchettes de GOMORY

Question 30 • Sens direct : soit F un trapèze ; il est convexe, à plus forte raison convexe par lignes. De plus, soit $i \in L_j$; $(i, j) \in F$, donc $(i, 1) \in F$. Mais alors, $(i, k) \in F$ pour tout $k \in [\![1, j]\!]$ en raison de la convexité par colonnes. En particulier, $(i, j - 1) \in F$, soit $i \in L_{j-1}$. Conclusion : $L_{j-1} \supset L_j$, d'où $L_1 \supset L_2 \supset \ldots \supset L_N$ par récurrence.

• Réciproque : soit F convexe par lignes et vérifiant $L_1 \supset L_2 \supset \ldots \supset L_N$. Soit $(i, j) \in F$: $i \in L_j$, donc $i \in L_1$ soit $(i, 1) \in F$. La convexité par colonnes se prouve de la même façon : si la colonne i n'est pas vide, alors, comme elle est bornée, on peut définir $k = \max\{j : (i, j) \in F\}$; $i \in L_k$, donc $i \in L_j$ pour tout $j \in [\![1, k]\!]$; comme $(i, j) \notin F$ pour $j \leqslant 0$ ou $j > k$, la colonne i est l'intervalle $[\![1, k]\!]$, ce qui termine la preuve.

Question 31 • Résumé de la preuve : si à l'une des extrêmités d'une rangée, on trouve deux cases sans «voisins du dessus», on peut les «effacer» en les couvrant par un domino ; si une telle possibilité est absente, on peut encore poser un domino lorsque deux rangées consécutives ont même extrêmité droite (ou gauche), la case du dessus n'ayant pas de voisin du dessus. Enfin, si aucune de ces réductions n'est possible, c'est que le trapèze est vide (fin de l'histoire) ou que ses rangées successives ont pour largeurs 1, 3, 5... mais ceci contredirait son caractère équilibré.

5   Pavages du plan

Question 32 • La réponse est négative. En effet, il n'existe qu'une façon de placer des dalles l'une à côté de l'autre horizontalement :

Il est impossible de superposer deux telles lignes de dalles, car le bord supérieur compte deux fois plus de 1 que de 2, alors que c'est l'inverse pour le bord inférieur.

Question 33 • Cette fois, la réponse est positive. Observons le rectangle suivant :

Ce rectangle permet clairement de paver le plan, car il est juxtaposable à lui-même dans les quatre directions nord, sud, est et ouest.

Question 34 • La manière naturelle de procéder consiste à poser une dalle en bas et à gauche du rectangle, puis à essayer d'en placer une à sa droite, puis une autre à la droite de celle-ci et ainsi de suite jusqu'à la fin de la rangée. On recommence alors avec la rangée immédiatement supérieure. Si aucune dalle ne convient, on recule d'un pas, et on remplace la dernière dalle placée par la prochaine dalle convenant à cette place, dans le catalogue ; si l'on a épuisé les possibilités, on recule encore...

```
let pavage_rectangle p n catalogue =
 let pavage = make_matrix n p (hd catalogue) in
 let convient t i j = (* vérifie que la dalle t convient *)
 (j=0 or t.g = pavage.(i).(j-1).d) &&
 (i=0 or t.h = pavage.(i-1).(j).b) in
 let rec pave i j dispo pile = (* tente de poursuivre *)
 match dispo with
 | [] -> recule pile (i,j)
```

```
    | t::q -> if convient t i j then avance i j t q pile
                                else pave   i j   q pile
  and avance i j t q pile = (* poursuit le pavage *)
    begin
      pavage.(i).(j) <- t;
      if j<p-1 then pave i (j+1) catalogue (q::pile) else
      if i<n-1 then pave (i+1) 0 catalogue (q::pile) else ()
    end
  and recule pile = function   (* on ne peut continuer *)
  | (0,_) -> failwith "pavage impossible"
  | (i,0) -> pave (i-1) (p-1) (hd pile) (tl pile)
  | (i,j) -> pave i (j-1) (hd pile) (tl pile)
in pave 0 0 catalogue []; pavage;;
```

Il est clair que l'on effectue un parcours en profondeur d'un arbre...

Question 35 • À chaque nœud, on associe le sous-arbre obtenu en le «décrochant» de l'arbre $\mathcal{T}$; nous dirons qu'un tel sous-arbre est *infini* s'il comporte une infinité de nœuds. Notons $r_0 = r$; l'un de ses fils r_1 est la racine d'un sous-arbre infini $\mathcal{T}_1$; l'un des fils de r_1, soit r_2, est à son tour la racine d'un sous-arbre infini $\mathcal{T}_2$. On peut poursuivre indéfiniment le processus, mettant ainsi en évidence un chemin infini partant de r. On vient d'établir le *lemme de König*.

Question 36 • On pense à BOLZANO et WEIERSTRASS, bien évidemment.

Question 37 • Appelons *motif* toute portion carrée de côté pair du pavage du quart de plan. Un motif m est un sous-motif d'un autre motif m' s'il apparaît au centre de m'. On définit ainsi une relation d'ordre, à laquelle est associé naturellement un arbre dont la racine est le motif vide. Il existe une infinité de motifs ; et un nœud situé à distance n de la racine (autrement dit, un motif de côté $2n$) possède au plus c^{4n+4} fils, où c est le nombre de dalles différentes ; le lemme de KÖNIG s'applique alors, si bien qu'il existe dans l'arbre un chemin infini issu de la racine ; on obtient un pavage du plan en plaçant une copie, centrée à l'origine, de chaque motif lu sur ce chemin.

Question 38 • Raisonnons par récurrence sur n. Le résultat est clair pour $n = 1$, un triomino suffit. Supposons l'assertion acquise au rang n, et considérons un carré de côté 2^{n+1} amputé d'une case. Ce carré peut être découpé en quatre carrés de côté 2^n, dont l'un contient la case manquante ; par hypothèse de récurrence, celui-ci est pavable par des triominos. Quant aux trois autres, ils forment l'image d'un triomino par une homothétie de rapport 2^n ; on place alors un triomino à cheval sur les trois carrés, amputant chacun d'une case ; ce qui reste peut être pavé, toujours grâce à l'hypothèse de récurrence.

Question 39 • On peut utiliser le résultat précédent, et le lemme de KÖNIG... Mais il est bien plus simple de noter que deux triominos placés tête-bêche forment un rectangle 2×3, lequel permet clairement de paver le plan.

Question 40 • Il suffit d'observer les deux assemblages de dalles de la figure 3 pour répondre positivement à la question posée. Le premier équivaut fonctionnellement à la dalle ⊟ et le deuxième à la dalle ⊡, après homothétie de rapport 5. On remplace alors chaque dalle de chaque assemblage par l'assemblage qui

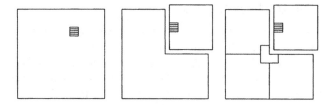

Figure 2: la case manquante est hachurée

lui correspond (modulo une rotation au besoin) et on recommence. Le lemme de KÖNIG achève la preuve.

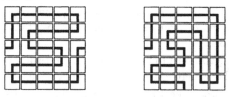

Figure 3: deux assemblages de dalles

La figure 4 présente deux solutions proposées par des étudiants. Celle de gauche[1] exploite le fait que l'énoncé n'interdit pas que le fil d'Ariane dessiné sur le pavage possède un bout ; elle consiste à enrouler ce fil en spirale, en laissant pendre le bout. On peut aussi avoir un fil enroulé en double spirale, comme dans la solution de droite[2] : cette fois, le fil n'a pas d'extrémité libre.

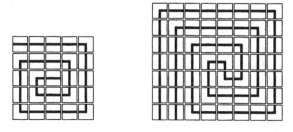

Figure 4: deux solutions proposées par des étudiants

—— FIN DU CORRIGÉ ——

---

[1]due à Jérôme P.
[2]due à Georges DA COSTA

Références bibliographiques, notes diverses

▶ Ce sujet a été soumis à la sagacité des étudiants en février 1998.

▶ Une bonne partie du problème (questions 1, 3, 5, 6, 9, 10, 11, 24, 25, 27, 28, 30, 31) est inspirée par l'épreuve d'algorithmique et mathématiques appliquées du concours d'entrée 1994 à l'École Normale Supérieure de Lyon ; épreuve dont une des sources est le rapport 92-46 de Luc BOUGÉ et Michel COSNARD, intitulé *Recouvrement d'une pièce trapézoïdale par des dominos*.

▶ La partie 3 trouve sa source dans l'article *On Synchronized Lindenmayer Picture Languages*, de Jürgen DASSOW et Juraj HROMKOVIC ; article publié dans le collectif *Lindemayer Systems*, sous la direction de Grzegorz ROZENBERG et Arto SALOMAA (éd. Springer).

▶ Les catalogues de dalles des questions 32 et 33 proviennent du tome 1 du *Art of Computer Programming*, lequel signale aussi les résultats de KÖNIG (Q35) et de WANG (question 37).

▶ Les fourchettes de GOMORY (question 29) ont été trouvées dans un article de Ian STEWART dans le numéro 175 (mai 1992) de la revue *Pour la Science*.

▶ Robert BERGER a prouvé en 1966 qu'il n'existait pas d'algorithme permettant de décider si un catalogue (fini) de dalles permettait de paver le plan entier. Il a exhibé un catalogue de 20426 dalles, réalisant un pavage du plan *apériodique* : aucune translation selon un vecteur à coordonnées entières ne conserve ce pavage.

▶ Un article de Karel ČULIK II intitulé *An aperiodic set of 13 Wang tiles*, disponible sur le Web à l'URL suivant :

```
ftp://ftp.cs.sc.edu/pub/culik/tiles.ps.gz
```

décrit la construction d'un catalogue de 13 dalles permettant de réaliser un pavage apériodique.

▶ Si vous avez accès à une bibliothèque d'informatique bien approvisionnée, lisez l'article *Tilings and quasiperiodicity* de Bruno DURAND (École Normale Supérieure de Lyon), paru dans le volume 1256 des *Lecture Notes in Computer Science*. Sinon, récupérez le rapport technique de même titre à l'URL :

```
ftp://ftp.ens-lyon.fr/pub/LIP/Rapports/RR/RR1995/RR1995-28.ps.Z
```

▶ Si vous avez aimé le sujet de l'épreuve écrite d'informatique commune aux deux E.N.S. de Paris et de Lyon, session 1999, profitez de votre visite du site Web de Lyon pour rapatrier la thèse de Bruno DURAND intitulée *Automates cellulaires : réversibilité et complexité*, à l'URL (coupé en deux pour des raisons typographiques évidentes) :

```
ftp://ftp.ens-lyon.fr/pub/LIP/Rapports/PhD/ ...
... PhD1994/PhD1994-04.ps.Z
```

▶ Au LIFL (université de Lille), Michel LATTEUX et David SIMPLOT s'intéressent aux descriptions de figures par des *mots* décrivant le parcours de tous les pixels. Au LaBRI (université de Bordeaux), on étudie les *polyominos* (généralisant les dominos et triominos) qui interviennent par exemple pour modéliser les phénomènes de percolation.

▶ Pour conclure : un grand merci à Luc ALBERT et Jean-Jacques TECOURT, qui ont relu ce chapitre et y ont apporté de multiples amendements et améliorations.

Problème 13

L'automate des tas de sable

Présentation

Per BAK, Chao TANG et Kurt WIESENFELD ont introduit en 1987 un automate cellulaire particulier appelé *automate des tas de sable*, pour modéliser certains phénomènes physiques, relevant de ce qu'il est convenu d'appeler l'*auto-organisation critique*.

Deepak DHAR a ensuite étudié cet automate, et mis en évidence des propriétés algébriques intéressantes ; en particulier, l'ensemble de ses configurations récursives peut être muni d'une structure de groupe abélien.

La présentation adoptée ici est celle proposée par Olivier MARGUIN dans sa thèse de doctorat, soutenue en novembre 1997.

Prérequis

Calcul matriciel (question 15 uniquement). Structure de groupe, notions élémentaires sur les groupes finis. Contrairement à ce que pourrait laisser croire le titre du problème, une étude préalable des automates finis n'est pas nécessaire ; il est toutefois intéressant d'observer les ressemblances et les différences entre les automates finis, et les automates de tas de sable.

Liens

Autres sujets étudiant des systèmes de réécriture : problème 5 ; problème 15 (partie 2).

Problème 13 : l'énoncé

Notations et définitions

*The sand pile theory —self-organized criticality—
is irresistible as a metaphor.*

Al Gore — Earth in the Balance

▶ On note $\delta_{i,j}$ le symbole de Kronecker : il vaut 1 si $i = j$, 0 sinon.

▶ Un *automate des tas de sable* est constitué d'un ensemble fini de N *sites* (numérotés de 0 à $N - 1$), d'un réel h appelé *hauteur critique* et d'une matrice Δ carrée d'ordre N à coefficients réels appelée *matrice de déversement* de l'automate.

▶ Un *état* de cet automate est une application z de $[\![0, N - 1]\!]$ dans $\mathbb{R}$; $z(i)$ est la *hauteur* du site i. Un site i est *critique* si sa hauteur $z(i)$ est strictement supérieure à h, *stable* dans le cas contraire. Un état est *stable* lorsque tous ses sites le sont.

▶ L'état de l'automate va évoluer au cours du temps, considéré comme une variable *discrète*, à valeurs dans $\mathbb{N}$. Notons z^t l'état de l'automate et $\mathcal{C}(z^t)$ l'ensemble des sites critiques à l'instant t. L'état initial de l'automate est z^0 ; l'évolution de l'automate est régie par l'équation suivante :

$$z^{t+1}(j) = z^t(j) - \sum_{i \in \mathcal{C}(z^t)} \Delta_{i,j}$$

Clairement, si l'automate est dans un état stable, il reste indéfiniment dans cet état. Sinon, chaque site peut voir sa hauteur varier ; il sera donc susceptible de passer de l'état stable à l'état critique, ou inversement.

1 L'automate des tas de sable sur une grille rectangulaire

▶ On suppose ici que les sites forment une grille rectangulaire à p lignes et q colonnes (donc $N = pq$) ; ils sont numérotés par lignes successives de 0 (pour le site en haut et à gauche) à $N - 1$ (pour le site en bas et à droite). Chaque site possède deux à quatre *voisins* : ce sont les sites qui sont immédiatement au nord, au sud, à l'est et à l'ouest ; par exemple, avec $p = 3$ et $q = 4$, le site 9 se trouve dans la troisième ligne ; il possède trois voisins, le site 8 (à l'ouest), le site 5 (au nord) et le site 10 (à l'est). On notera $\mathcal{V}(i)$ l'ensemble des sites voisins du site i.

0	1	2	3
4	5	6	7
8	9	10	11

▶ Dans toute la suite, on fixe $h = 3$, et la matrice de déversement est définie par $\Delta_{i,i} = 4$ pour tout site i, $\Delta_{i,j} = -1$ lorsque i et j sont deux sites voisins, $\Delta_{i,j} = 0$ lorsque i et j sont deux sites distincts mais non voisins. On suppose de plus que, dans la configuration initiale de l'automate (à l'instant 0), les hauteurs des sites sont toutes dans $\mathbb{N}$. On notera Δ_i la i-ième ligne de Δ : c'est donc un vecteur, élément de $\mathbb{R}^N$.

Question 1 • Dessinez la matrice de déversement pour le cas $p = 2$, $q = 3$.

▶ Pour visualiser le comportement de cet automate, on considèrera qu'en chaque site de la grille est disposée une pile de jetons. Si cette pile dépasse la hauteur critique, elle voit sa hauteur diminuer de 4 jetons, tandis que les cases voisines voient chacune leur hauteur augmenter d'un jeton ; nous dirons que le site a subi un *déversement*.

Question 2 • On suppose $p = 2$, $q = 3$. Décrivez l'évolution de l'automate placé initialement dans l'état décrit ci-dessous :

5	2	3
2	2	4

Question 3 • Montrez que les règles de fonctionnement de l'automate et les hypothèses particulières prises ici font que la hauteur de chaque site restera dans $\mathbb{N}$, au cours de l'évolution de l'automate.

▶ Soit i un site critique de l'état z ; on note τ_i l'opérateur de déversement de ce site : l'état $\tau_i(z)$ est défini par $\bigl(\tau_i(z)\bigr)(j) = z(j) - \Delta_{i,j}$ pour tout site j.

Question 4 • Montrez que si j est un site critique de z autre que i, alors j est encore un site critique de $\tau_i(z)$.

Question 5 • Soient i et k deux sites critiques distincts de z. Montrez que $\tau_i\bigl(\tau_k(z)\bigr) = \tau_k\bigl(\tau_i(z)\bigr)$.

▶ Une *avalanche* est une suite d'états obtenus par des déversements successifs ; plus précisément, une avalanche de longueur n commençant dans l'état z est une suite $(z_s)_{0 \leqslant s \leqslant n}$ d'états, telle que $z_0 = z$ et pour laquelle il existe une suite $(i_s)_{1 \leqslant s \leqslant n}$ de sites vérifiant $\tau_{i_s}(z_{s-1}) = z_s$ pour tout $s \in [\![1, n]\!]$.

▶ Soit i un site ; on note $d(i) = \text{lig}(i) + \text{col}(i)$ où $\text{lig}(i) \in [\![0, p-1]\!]$ est le numéro de la ligne et $\text{col}(i) \in [\![0, q-1]\!]$ le numéro de la colonne à l'intersection desquelles se trouve le site i ; $d(i)$ est donc la distance qui sépare le site i du site 0, au sens de la *taxi-distance* $\|\cdot\|_1$. Le dessin ci-dessous donne la valeur de $d(i)$ pour chaque site i, lorsque $p = 3$ et $q = 5$.

0	1	2	3	4
1	2	3	4	5
2	3	4	5	6

▶ Soit z un état ; on note $H(z) = \displaystyle\sum_{0 \leqslant i < N} z(i)$ et $\mathcal{W}(z) = \displaystyle\sum_{0 \leqslant i < N} d^2(i) z(i)$. Un site i est dit *périphérique* s'il est sur l'un des *bords* de la grille, soit : $\text{lig}(i) = 0$ ou $\text{lig}(i) = p - 1$ ou $\text{col}(i) = 0$ ou $\text{col}(i) = q - 1$.

Question 6 • Soient z un état, i un site critique de z, et $z' = \tau_i(z)$. On suppose que i n'est pas un site périphérique. Calculez $\mathcal{W}(z') - \mathcal{W}(z)$.

Question 7 • En déduire que la longueur d'une avalanche n'affectant aucun site périphérique est bornée. Vous donnerez un majorant de la longueur d'une telle avalanche commençant dans un état z donné, en fonction de $D = \max(p, q)$ et de $M = \max\limits_{0 \leqslant i < N} z(i)$.

Question 8 $\star\star\star$ • Montrez alors que la longueur d'une avalanche commençant dans un état z donné est bornée.

▶ Soient z et z' deux états ; on note $z \to z'$ si $z = z'$ ou si z' se déduit de z par une avalanche.

Question 9 • Montrez que $\to$ est une relation d'ordre. Quels sont les éléments minimaux ?

▶ On note μ l'opérateur de *mise à jour* de l'automate : à un état z, il associe l'état $\mu(z)$ défini par :

$$\mu(z) = \left(\prod_{i \in \mathcal{C}(z)} \tau_i \right)(z)$$

Question 10 • Montrez que cette définition a bien un sens. Quels sont les états invariants par μ ?

Question 11 • Que pouvez-vous dire de la suite de terme général $\mu^n(z)$?

Question 12 • Soient z et z' deux états tels que $z \to z'$. Montrez que l'on a $\mu(z) \to \mu(z')$.

▶ On note $\mathcal{R}$ l'opérateur de *relaxation* de l'automate : à l'état z, il associe l'état stable $\mathcal{R}(z) = \lim\limits_{n \to \infty} \mu^n(z)$ dans lequel l'automate finira inéluctablement par se trouver.

Question 13 • Soit i un site critique d'un état z. Montrez que $\mathcal{R}(z) = \mathcal{R}\big(\tau_i(z)\big)$

Question 14 • Soient z et z' deux états. Montrez que $z' = \mathcal{R}(z)$ ssi z' est stable et $z \to z'$.

Question 15 $\star\star\star$ • Montrez que la matrice de déversement Δ est inversible ; on ne demande pas d'expliciter son inverse !

Question 16 $\star\star\star$ • Soient z et z' deux états tels que $z \to z'$. Montrez que deux avalanches quelconques menant de z à z' sont composées des mêmes éboulements, à une permutation de ceux-ci près.

2   Programmation de l'opérateur de relaxation

▶ On se propose de programmer l'opérateur de relaxation, en écrivant une fonction :

```
relaxe : int vect vect -> unit
```

spécifiée comme suit : `relaxe z` réalise la relaxation *in situ* de l'état décrit par la matrice z. On rappelle quelques éléments de Caml :

1. la fonction `vect_length : 'a vect -> int`, calcule le nombre d'éléments d'un vecteur

2. l'indexation des éléments d'un vecteur commence à 0

3. l'élément d'indice i d'un vecteur v est désigné par `v.(i)` ; pour affecter à cet élément la valeur x on dispose de la syntaxe `v.(i) <- x`

4. une matrice est un vecteur de vecteurs ; si m est une matrice, sa ligne d'indice ℓ est désignée par `m.(l)` et le coefficient situé ligne ℓ, colonne k est désigné par `m.(l).(k)`

5. les fonctions `fst : 'a*'b -> 'a` et `snd : 'a*'b -> 'b` rendent respectivement la première et la deuxième composante d'un couple.

▶ On a effectué la définition `let h = 3;;` une fois pour toutes ; les fonctions que vous écrirez pourront donc utiliser h.

▶ Si les arguments transmis à une fonction sont incorrects, celle-ci devra lever l'exception

```
Invalid_argument : string -> exn
```

en lui transmettant le nom de la fonction.

Question 17 • Comment obtient-on le nombre de colonnes d'une matrice m?

Question 18 • Rédigez en Caml une fonction :

```
num_of_coords : int -> int -> int -> int -> int
```

spécifiée comme suit : `num_of_coords p q l k` calcule le numéro du site qui se trouve en ligne ℓ et en colonne k dans une grille de p lignes et q colonnes ; les lignes sont numérotées de haut en bas, et les colonnes de gauche à droite, à partir de 0 dans les deux cas.

Question 19 • Rédigez en Caml une fonction :

```
coords_of_num : int -> int -> int -> int*int
```

spécifiée comme suit : `coords_of_num p q i` calcule les coordonnées (ℓ, k) du site de numéro i dans une grille de p lignes et q colonnes.

Question 20 • p et q étant deux identificateurs de type `int`, on effectue les définitions :

```
let nc = num_of_coords p q and cn = coords_of_num p q;;
```

Qules sont les types respectifs de nc et cn? Justifiez l'affirmation suivante : *les fonctions* nc *et* cn *ne sont pas inverses l'une de l'autre*. Quelles relations peut-on toutefois écrire entre ces deux fonctions?

Question 21 • Rédigez en Caml une fonction :

```
voisins : int -> int -> int -> int list
```

spécifiée comme suit : `voisins p q i` dresse la liste des numéros des sites voisins du site i dans une grille de p lignes et q colonnes.

Question 22 • Rédigez en Caml une fonction :

```
tau : int -> int vect vect -> unit
```

spécifiée comme suit : `tau i` applique l'opérateur τ_i *in situ*.

Question 23 • Rédigez en Caml une fonction :

```
lsc : int vect vect -> int list
```

spécifiée comme suit : `lsc z` dresse une liste des sites critiques de l'état z. Cette liste pourra être dressée dans un ordre quelconque, mais ne devra pas comporter de doublons.

Question 24 • Rédigez en Caml une fonction :

```
mu : int vect vect -> unit
```

telle que mu applique μ *in situ*.

Question 25 • Rédigez alors en Caml la fonction `relaxe`.

3 États récursifs : définition, propriétés

▶ Soient x et y deux états ; on note $x + y$ leur somme, laquelle est définie par $(x + y)(i) = x(i) + y(i)$ pour tout site i.

Question 26 • Soient x, y et z trois états. On suppose $x \to y$. Montrez que $x + z \to y + z$.

▶ On note alors $x \oplus y' = \mathcal{R}(x + y)$: $x \oplus y$ est donc obtenu en superposant les deux états x et y, et en relaxant l'état obtenu.

Question 27 • Montrez que $\oplus$ est une loi commutative et associative, sur l'ensemble des états stables.

▶ On note $x \rightsquigarrow y$ s'il existe un état z tel que $y = x \oplus z$. On note h^* l'état stable maximal, défini par $h^*(i) = h$ pour tout site i. Un état z est *récursif* si $h^* \rightsquigarrow z$. Il est clair que tout état récursif est stable, et que h^* est un état récursif.

▶ Soit z un état stable. On notera $\overline{z}$ l'état (stable) défini par $(\overline{z})(i) = h - z(i)$ pour tout site i. Il est clair que $z \oplus \overline{z} = h^*$.

Question 28 • Justifiez : si z et z' sont deux états récursifs, alors $z \rightsquigarrow z'$.

Question 29 • Montrez que si l'automate possède au moins deux sites, il existe des états stables non récursifs.

▶ Soit z un état récursif ; pour $n \in \mathbb{N}^*$, on définit l'état récursif $n \otimes z$ par récurrence : $1 \otimes z = z$, et $(n + 1) \otimes z = (n \otimes z) \oplus z$ pour $n \geqslant 1$.

▶ Soit i un site ; on note δ_i l'état défini par $\delta_i(j) = \delta_{i,j}$. Dans cet état, tous les sites ont une hauteur nulle, à l'exception du site i dont la hauteur est 1.

Question 30 ⋆⋆⋆ • Montrez qu'il existe n tel que $n \otimes \delta_i$ soit récursif.

4 Le groupe abélien des états récursifs

Question 31 • Soient a et b deux états récursifs. Montrez qu'il existe un état récursif x tel que $a \oplus x = b$.

Question 32 • Montrez alors que l'ensemble des états récursifs est un groupe abélien pour la loi $\oplus$.

▶ On note **I** l'état récursif élément neutre de $\oplus$.

Question 33 • En faisant appel à des considérations très simples, déterminez **I** lorsque $p = q = 2$.

Question 34 • Justifiez l'affirmation suivante : notant ρ le nombre d'états récursifs, on a $\mathbf{I} = \rho \otimes z$ quel que soit l'état récursif z.

Question 35 • Justifiez l'égalité $\mathbf{I} = h^* \oplus \overline{h^* \oplus h^*}$.

Question 36 • Proposez un algorithme de détermination de **I**, et appliquez cet algorithme au cas $p = 2$, $q = 3$. Donnez un majorant du coût de l'exécution de cet algorithme (en nombre de déversements).

Question 37 • Rédigez en Caml une fonction :

```
état_identité : int -> int -> int vect
```

spécifiée comme suit : `état_identité` p q calcule l'état identité, pour l'automate sur la grille rectangulaire à p lignes et q colonnes.

──────── FIN DE L'ÉNONCÉ ────────

Ainsi donc, pendant les cours de physique, au lieu de suivre ce qui se disait sur les lois de Pascal, ou tout autre chose, je lisais au fond de la classe le manuel de calcul différentiel et intégral de Woods. [...] Il y avait là-dedans un tas de trucs merveilleux : les séries de Fourier, les fonctions de Bessel, les déterminants, les fonctions elliptiques...

Richard Feynman — Vous voulez rire, Monsieur Feynman !

Problème 13 : le corrigé

1 L'automate des tas de sable sur une grille rectangulaire

Question 1 • Il s'agit d'une matrice carrée d'ordre $pq = 6$:

$$\begin{pmatrix} 4 & -1 & 0 & -1 & 0 & 0 \\ -1 & 4 & -1 & 0 & -1 & 0 \\ 0 & -1 & 4 & 0 & 0 & -1 \\ -1 & 0 & 0 & 4 & -1 & 0 \\ 0 & -1 & 0 & -1 & 4 & -1 \\ 0 & 0 & -1 & 0 & -1 & 4 \end{pmatrix}$$

Question 2 • Pour faciliter la compréhension, les sites critiques sont indiqués en **gras**.

$$\begin{pmatrix} \mathbf{5} & 2 & 3 \\ 2 & 2 & \mathbf{4} \end{pmatrix} \rightarrow \begin{pmatrix} 1 & 3 & \mathbf{4} \\ 3 & 3 & 0 \end{pmatrix} \rightarrow \begin{pmatrix} 1 & \mathbf{4} & 0 \\ 3 & 3 & 1 \end{pmatrix} \rightarrow \begin{pmatrix} \mathbf{2} & 0 & 1 \\ 3 & \mathbf{4} & 1 \end{pmatrix}$$

$$\rightarrow \begin{pmatrix} 2 & 1 & 1 \\ \mathbf{4} & 0 & 2 \end{pmatrix} \rightarrow \begin{pmatrix} 3 & 1 & 1 \\ 0 & 1 & 2 \end{pmatrix}$$

Question 3 • Lors du déversement du site instable i, la hauteur de celui-ci diminue de 4 (mais reste positive ou nulle), la hauteur de chacun des voisins de i augmente de 1, et la hauteur des autres sites est inchangée. Donc, si la hauteur de chaque site était dans $\mathbb{N}$ avant le déversement, elle l'est encore après. Comme les hauteurs des sites sont dans $\mathbb{N}$ à l'instant 0, elle y restent au cours de l'évolution de l'automate.

Question 4 • On a $z(j) > h$; or $\big(\tau_i(z)\big)(j)$ est égal à $z(j) + 1$ si j est voisin de i, à $z(j)$ dans le cas contraire. Dans les deux cas, le site j reste critique.

Question 5 • D'après la question précédente, i est un site critique de $\tau_k(z)$, ce qui donne un sens à $\tau_i\big(\tau_k(z)\big)$. Même remarque pour $\tau_k\big(\tau_i(z)\big)$. On conclut en notant que l'action de τ_i ou de τ_k est une translation dans le $\mathbb{R}$-e.v. $\mathbb{R}^N$: or les translations commutent.

Question 6 • On a :

$$\mathcal{W}(z') - \mathcal{W}(z) = \sum_{0 \leqslant j < N} d^2(j)\big(z'(j) - z(j)\big)$$

Les sites autres que i et ses voisins n'interviennent pas dans la variation de $\mathcal{W}$. D'autre part, seule compte la *variation* de la hauteur de chaque site ; on peut donc supposer $z(i) = 4$, et $z(j) = 0$ pour tout $j \in \mathcal{V}(i)$. Notons $\ell = \mathrm{lig}(i)$ et $k = \mathrm{col}(i)$; le tableau ci-dessous présente les calculs intermédiaires.

j	$z(j)$	$z'(j)$	$d(j)$
i	4	0	$\ell + k$
$i - q$	0	1	$\ell - 1 + k$
$i - 1$	0	1	$\ell + k - 1$
$i + 1$	0	1	$\ell + k + 1$
$j + q$	0	1	$\ell + 1 + k$

On en déduit :

$$\mathcal{W}(z') - \mathcal{W}(z) = -4(\ell + k)^2 + 2(\ell + k - 1)^2 + 2(\ell + k + 1)^2 = 4$$

Question 7 • Soit $(z_s)_{0 \leqslant s \leqslant n}$ une avalanche de longueur n, ne mettant en jeu aucun site périphérique. Au cours de cette avalanche, la valeur de $H(z)$ ne change pas ; on a donc

$$
\begin{aligned}
\mathcal{W}(z_n) &= \sum_{0 \leqslant j < N} d^2(j) z_n(j) \\
&\leqslant \sum_{0 \leqslant j < N} (p + q - 2)^2 z_n(j) = (p + q - 2)^2 H(z_n) = (p + q - 2)^2 H(z_0)
\end{aligned}
$$

Par ailleurs, avec une récurrence immédiate, on déduit de la question précédente $\mathcal{W}(z_n) = \mathcal{W}(z_0) + 4n$. Ainsi $n \leqslant \dfrac{1}{4}\big((p+q-2)^2 H(z_0) - \mathcal{W}(z_0)\big)$. Mais $\mathcal{W}(z_0) \geqslant 0$, $p + q - 2 < 2D$ et $H(z_0) \leqslant pqM \leqslant D^2 M$. Finalement, $n < D^4 M$.

Question 8 • D'après la question précédente, toute suite de $D^4 M$ déversements provoque le déversement d'au moins un site périphérique, et par suite la diminution de $H(z)$ d'une unité. Comme $H(z) \leqslant D^2 M$, on peut affirmer que la longueur d'une avalanche est majorée par $D^4 M^2$.

Question 9 • La relation $\to$ est clairement réflexive et transitive. Soient z et z' deux états tels que $z \to z'$ et $z' \to z$; si ces deux états étaient distincts, il existerait une avalanche menant de z à z, ce qui contredirait le résultat de la question 8.

• Les éléments minimaux sont les états stables.

Question 10 • Notons $\{i_1, i_2, \ldots, i_r\} = \mathcal{C}(z)$; par définition, chacun des opérateurs $\tau_{i_1}, \ldots, \tau_{i_r}$ peut être appliqué à z. Il résulte de la question 4 que chacun des opérateurs $\tau_{i_2}, \ldots, \tau_{i_r}$ peut être appliqué à $\tau_{i_1}(z)$. Une récurrence immédiate montre que l'on peut appliquer $\tau_{i_r} \circ \tau_{i_{r-1}} \ldots \circ \tau_{i_1}$ à z ; de plus, d'après la question 5, ces opérateurs commutent, si bien que la notation $\displaystyle\prod_{1 \leqslant s \leqslant r} \tau_{i_s}$ a un sens.

• Les états invariants par μ sont les états stables ; en effet, l'existence d'une suite non vide $(i_s)_{1 \leqslant s \leqslant r}$ de sites telle que $z = \left(\displaystyle\prod_{1 \leqslant s \leqslant r} \tau_{i_s}\right)(z)$ contredirait le résultat de la question 8, en permettant de construire une avalanche arbitrairement longue.

Question 11 • Comme $z \to \mu(z)$, la suite de terme général $\mu^n(z)$ est nécessairement stationnaire d'après la question 8. Elle converge donc vers un état stable.

Question 12 • La question ne se pose que si $z' \neq z$. Il suffit d'établir l'égalité pour une avalanche réduite à un seul déversement τ_i, soit lorsque $z' = \tau_i(z)$. Mais alors:

$$\mu(z) = \left(\prod_{k \in \mathcal{C}(z)} \tau_k\right)(z) = \left(\prod_{k \in \mathcal{C}(z) \setminus \{i\}} \tau_k\right)(\tau_i(z))$$

Or, d'après la question 4, tous les sites critiques de z autres que i sont aussi des sites critiques de $\tau_i(z)$; donc $\mathcal{C}(z) \setminus \{i\} \subset \mathcal{C}(\tau_i(z))$. Du coup:

$$\mu(z) \to \left(\prod_{k \in \mathcal{C}(\tau_i(z))} \tau_k\right)(\tau_i(z)) = \mu(\tau_i(z)) = \mu(z')$$

Question 13 • On a $z \to \tau_i(z)$. Alors $\mu(z) \to \mu(\tau_i(z))$, d'après la question 12. Une récurrence immédiate donne $\mu^n(z) \to \mu^n(\tau_i(z))$ pour tout exposant $n \in \mathbb{N}$. Ceci vaut en particulier pour un rang n_0 à partir duquel les suites de termes généraux respectifs $\mu^n(z)$ et $\mu^n(\tau_i(z))$ stationnent toutes deux. Alors:

$$\mathcal{R}(z) = \mu^{n_0}(z) \to \mu^{n_0}(\tau_i(z)) = \mathcal{R}(\tau_i(z))$$

Comme ces deux états sont stables, ils sont égaux.

Question 14 • Le sens direct résulte de la définition de $\mathcal{R}$. Examinons la réciproque: si z est stable, alors $z' = z = \mathcal{R}(z)$; sinon, notant $\mathcal{C}(z) = \{i_1, i_2, \ldots, i_r\}$ on a $z' = (\tau_{i_r} \circ \tau_{i_{r-1}} \ldots \circ \tau_1)(z)$. Appliquons $\mathcal{R}$ des deux côtés de l'égalité: la question précédente permet de faire «absorber» par $\mathcal{R}$ tous les opérateurs de déversement qui apparaissent dans le membre de droite, et on obtient finalement $\mathcal{R}(z) = \mathcal{R}(z') = z'$ puisque z' est stable.

Question 15 • La démarche est classique: c'est celle des *matrices à diagonale dominante*. Les coefficients diagonaux de Δ sont tous égaux à 4. Les autres coefficients de la ligne i sont nuls, à l'exception de deux à quatre d'entre eux, qui correspondent aux sites voisins de i, et sont égaux à -1. Supposons Δ non inversible, et considérons un vecteur $v = (v_j)_{0 \leqslant j < N}$ non nul appartenant au noyau de Δ. Notons $\mu = \max_{0 \leqslant j < N} |v_j|$. On peut supposer $\mu = 1$, quitte à remplacer v par v/μ: v n'est jamais qu'un état de l'automate des tas de sables associé à la matrice Δ. Soit i le plus petit indice tel que $|v_i| = \mu$; on aura $\sum_{0 \leqslant j < N} \Delta_{i,j} v_j = 0$ donc:

$$4|v_i| = \left|\sum_{j \in \mathcal{V}(i)} v_j\right| \leqslant \sum_{j \in \mathcal{V}(i)} |v_j| \leqslant \sum_{j \in \mathcal{V}(i)} |v_i|$$

De deux choses l'une:

- ou bien i a moins de quatre voisins, et alors le membre de droite est au plus égal à $3|v_i|$; à plus forte raison, il est majoré strictement par $4|v_i|$;
- ou bien i a quatre voisins, mais alors (de par le choix de i) son voisin ouest $i-1$ vérifie $v_{i-1} < v_i$, si bien que le membre de droite est strictement majoré par $4|v_i|$.

On met en évidence une contradiction : c'est donc que le noyau de Δ se réduit au vecteur nul, et par suite cette matrice est inversible.

Question 16 • On a $\tau_i(z) = z - \Delta_i$, or on vient de montrer que la famille $(\Delta_i)_{0\leqslant i<N}$ est libre, dans $\mathbb{R}^N$. Soient alors z et z' deux états ; il existe une *et une seule* famille $(\lambda_i)_{0\leqslant i<N}$ de réels telle que $z' - z = \sum_{0\leqslant i<N} \lambda_i\Delta_i$. Si $z \to z'$, on

a donc unicité de la suite $(e_i)_{0\leqslant i<N}$ de naturels tels que $z' = \left(\prod_{0\leqslant i<N} \tau_i^{e_i}\right)(z)$.

2 Programmation de l'opérateur de relaxation

Question 17 • Le nombre de colonnes d'une matrice m est la longueur commune des lignes de cette matrice, que l'on obtient avec m.(0).

Question 18 • Dans une (pq)-matrice, le site qui se trouve ligne ℓ, colonne k a pour numéro $q\ell + k$.

```
let num_of_coords p q l k =
  if (p<=0) or (q<=0) or (l<0) or (l>=p) or (k<0) or (k>=q)
    then raise (Invalid_argument "num_of_coords")
    else q * l + k;;
```

Question 19 • Le site numéro $i \in [\![0, pq-1]\!]$ d'une (pq)-matrice se trouve donc ligne $\ell = \lfloor i/q \rfloor$ et colonne $k = i - q\ell$.

```
let coords_of_num p q i =
  if (p<=0) or (q<=0) or (i<0) or (i>=p*q)
    then raise (Invalid_argument "coords_of_num")
    else (i / q,i mod q);;
```

Question 20 • nc est de type int -> int -> int tandis que cn est de type int -> int*int. On constate que nc est une fonction de deux arguments, et ne peut donc être l'inverse de cn. En revanche, on a les relations évidentes cn(nc l k)=(l,k) et nc (fst(cn(i))) (snd(cn(i)))=i. Si l'on tient à exhiber deux fonctions inverses l'une de l'autre, on prendra cn et uncurry nc.

Question 21 • Les numéros des voisins du site i sont $i-1$, $i+1$, $i-q$ et $i+q$ sauf bien entendu si i est un site périphérique. La fonction proposée est écrite sans beaucoup de soin ; il est clair qu'une optimisation serait souhaitable, car elle est invoquée répétitivement lors d'une relaxation.

```
let voisins p q i =
  if (p<=0) or (q<=0) or (i<0) or (i>=p*q)
    then raise (Invalid_argument "voisins") else
  let (l,k) = coords_of_num p q i in
    let v_ouest = if k=0   then [] else [i-1]
    and v_est   = if k=q-1 then [] else [i+1]
    and v_nord  = if l=0   then [] else [i-q]
    and v_sud   = if l=p-1 then [] else [i+q]
  in v_ouest @ v_est @ v_nord @ v_sud;;
```

Question 22 • Le site i voit sa hauteur diminuer de 4, cependant que chacun de ses voisins voit la sienne augmenter de 1. On calcule les dimensions (nombre de lignes, nombre de colonnes) de la matrice z avec `dimensions z`; `varie_site p q j z d` ajoute la quantité d à la hauteur du site numéro j de l'état z.

```
let dimensions z = (vect_length z,vect_length z.(0));;

let varie_site p q j z d =
  let (l,k) = coords_of_num p q j
  in z.(l).(k) <- z.(l).(k) + d;;

let tau i z =
 let (p,q) = dimensions z in
  if (i<0) or (i>=p*q)
  then raise (Invalid_argument "tau")
  else varie_site p q i z (-h-1);
  do_list (fun j -> varie_site p q j z 1) (voisins p q i);;
```

Question 23 • On utilise les inoxydables fonctions `intervalle` et `filtre`; la version de `filtre` que nous donnons ici n'est pas récursive terminale. Le lecteur consciencieux aura à cœur de pallier ce défaut!

```
let intervalle d f =
 let rec aux i j accu =
  if i > j then accu else aux i (j-1) (j::accu)
 in aux d f [];;

let rec filtre p = function
 | [] -> []
 | t::q when p t -> t::(filtre p q)
 | _::q -> filtre p q;;

let lsc h z = let (p,q) = dimensions z in
  let f i = let (l,k) = coords_of_num p q i in z.(l).(k) > h in
  filtre f (intervalle 0 (p*q-1));;
```

Question 24 • L'écriture suivante répond strictement à l'énoncé, et avec une grande concision.

```
let mu z = do_list (fun i -> tau i z) (lsc h z);;
```

Question 25 • Il suffit d'appliquer le résultat de la question 11. Si la liste des sites critiques est vide, c'est que l'état atteint est stable ; sinon, on applique l'opérateur μ et on recommence. Le résultat de la question 8 garantit la terminaison. Clairement, il est stupide de dresser *deux fois* la liste des sites critiques...

```
let rec relaxe z = match lsc h z with
 | [] -> ()
 | _ -> mu z; relaxe z;;
```

3 États récursifs : définition, propriétés

Question 26 • C'est encore une histoire de translations qui commutent...
Il suffit d'établir la preuve pour une avalanche de longueur 1 : $y = \tau_i(x)$, où
$i \in \mathcal{C}(x)$; à plus forte raison, $i \in \mathcal{C}(x + z)$. Pour tout site j, on a

$$
\begin{aligned}
\big(\tau_i(x+z)\big)(j) &= (x+z)(j) - \Delta_{i,j} = x(j) - \Delta_{i,j} + z(j) \\
&= \big(\tau_i(x)\big)(j) + z(j) = y(j) + z(j) = (y+z)(j)
\end{aligned}
$$

Donc $\tau_i(x+z) = y + z$, ce qui établit $x + z \to y + z$.

Question 27 • La commutativité de $\oplus$ résulte de la symétrie des rôles de x et
y dans la définition de $\oplus$. Pour l'associativité, soient x, y et z trois états ; avec
le résultat précédent, on aura :

$$
x + y + z = (x+y) + z \to \mathcal{R}(x+y) + z = (x \oplus y) + z \to (x \oplus y) \oplus z
$$

Mais, de la même façon : $x + y + z \to x \oplus (y \oplus z)$. Le résultat de la question 14
permet alors d'affirmer que $(x \oplus y) \oplus z$ et $x \oplus (y \oplus z)$ sont égaux.

Question 28 • Comme z' est récursif, il existe un état u tel que $z' = h^* \oplus u$.
Mais $h^* = z \oplus \overline{z}$; avec l'associativité de $\oplus$ on en déduit $z' = z \oplus \big(\overline{z} \oplus u\big)$, ce qui
montre que $z \rightsquigarrow z'$.

Question 29 • Soient i et j deux sites voisins l'un de l'autre. Considérons un
état stable z tel que $z_i = z_j = 0$; un tel état ne peut être déduit de h^*. En effet,
dans h^*, chacun de ces deux sites subira au moins une fois l'opérateur τ qui lui
est associé ; supposons que i soit le dernier, alors z_j ne pourra être nul.

Question 30 • On remarque que $4 \otimes \delta_i$ équivaut à $\displaystyle\bigoplus_{j \in \mathcal{V}(i)} \delta_j$. En clair : après
l'ajout de quatre jetons sur le site i, chaque voisin de j a reçu un jeton ; après 16
ajouts, chaque voisin des voisins de j aura à son tour reçu un jeton. La distance
maximale entre deux sites est au plus $p + q - 2$; au bout de $n = 4^{p+q}$ ajouts sur
le site i, chaque site aura reçu quatre jetons et aura donc subi un déversement.
Ceci montre que l'état atteint est récursif.

4 Le groupe abélien des états récursifs

Question 31 • Soit y un état stable tel que $h^* \oplus y = b$. On a $h^* = a \oplus h^* \oplus \overline{a \oplus h^*}$,
donc $b = a \oplus h^* \oplus \overline{a \oplus h^*} \oplus y$. Alors $x = h^* \oplus \overline{a \oplus h^*} \oplus y$ est un état récursif, et
répond à la question.

Question 32 • Sur l'ensemble des états récursifs, la loi $\oplus$ est associative et
commutative, et on peut résoudre les équations $a \oplus x = b$. Comme l'ensemble
des états récursifs est fini (de cardinal inférieur à 4^{pq}) un résultat classique de
théorie des groupes nous permet d'affirmer que $\oplus$ est une loi de groupe abélien
sur cet ensemble.

Question 33 • Par symétrie, les quatre sites de $\mathbf{I}$ doivent avoir même hauteur η, avec $\eta > 0$ d'après la question 29. On note que, au cours de la relaxation de $\mathbf{I} \oplus \mathbf{I}$, chaque site subira le même nombre q de déversements, contribuant chacun à une perte de 2 unités ; donc la somme des hauteurs de $\mathbf{I}$ doit être égale à $8q$, ce qui impose $\eta = 2$.

Question 34 • Ceci traduit simplement le fait que, dans un groupe, l'ordre d'un élément est un diviseur de l'ordre du groupe...

Question 35 • L'état nul $\mathbf{0}$ est un état stable (mais non récursif) qui vérifie $h^* \oplus \mathbf{0} = h^*$. Appliquons alors le résultat de la question 31 avec $a = b = h^*$: $h^* \oplus \mathbf{I} = h^*$, donc, comme $\mathbf{I}$ est récursif :

$$\mathbf{I} = h^* \oplus \overline{h^* \oplus h^*} \oplus \mathbf{0} = h^* \oplus \overline{h^* \oplus h^*}$$

Question 36 • Méthode 1 : on calcule en parallèle $u_n = n \otimes z$ et $v_n = (2n) \otimes z$. L'ensemble des indices $n \geqslant 1$ tels que $u_n = v_n$ n'est pas vide (il contient ρ). Notons n_0 le plus petit élément de cet ensemble ; on a $n_0 \otimes z = (2n_0) \otimes z$, donc $n_0 \otimes z = \mathbf{I}$. Ceci risque d'être fort coûteux...

• Méthode 2 : on applique la formule établie à la question 35. Le coût est celui des deux relaxations, donc un $\mathcal{O}\big(\max(p,q)^7\big)$ d'après la question 8, car les additions et la complémentation ont un coût $\mathcal{O}(pq)$. Expérimentalement, l'exposant semble compris entre 3 et 4...

Calcul de $\mathbf{I}$ dans le cas $p = 2$, $q = 3$:

$$h^* + h^* = \begin{pmatrix} 6 & 6 & 6 \\ 6 & 6 & 6 \end{pmatrix} \rightarrow \begin{pmatrix} 4 & 5 & 4 \\ 4 & 5 & 4 \end{pmatrix} \rightarrow \begin{pmatrix} 2 & 4 & 2 \\ 2 & 4 & 2 \end{pmatrix} \rightarrow \begin{pmatrix} 3 & 1 & 3 \\ 3 & 1 & 3 \end{pmatrix}$$

$$h^* + \overline{h^* \oplus h^*} = \begin{pmatrix} 3 & 3 & 3 \\ 3 & 3 & 3 \end{pmatrix} + \begin{pmatrix} 0 & 2 & 0 \\ 0 & 2 & 0 \end{pmatrix} = \begin{pmatrix} 3 & 5 & 3 \\ 3 & 5 & 3 \end{pmatrix} \rightarrow \begin{pmatrix} 4 & 2 & 4 \\ 4 & 2 & 4 \end{pmatrix}$$

$$\rightarrow \begin{pmatrix} 1 & 4 & 1 \\ 1 & 4 & 1 \end{pmatrix} \rightarrow \begin{pmatrix} 2 & 1 & 2 \\ 2 & 1 & 2 \end{pmatrix} = \mathbf{I}$$

Question 37 • $u = h^* \oplus h^*$ est le relaxé de l'état dont tous les sites ont pour hauteur $2h$. $\mathbf{I} = h^* \oplus \overline{u}$ est le relaxé de l'état v défini par $v_j = h + (h - u_j) = 2h - u_j$.

```
let état_identité p q = let hh = 2 * h in
 let m = make_matrix p q hh in
  relaxe m;
  for i = 0 to p-1 do
   for j = 0 to q-1 do
    m.(i).(j) <- 2 * h - m .(i).(j)
   done
 done; relaxe m; m;;
```

———— FIN DU CORRIGÉ ————

Références bibliographiques, notes diverses

▶ L'illustration ci-dessous a été récupérée sur le site Web d'Olivier MARGUIN. Elle représente l'état récursif opposé de h^*, pour $p = q = 200$.

▶ L'article original de Per BAK, Chao TANG et Kurt WIESENFELD *Self-organized criticality* a été publié dans la *Physical Review* A 38 (1988), p. 364-374.

▶ L'article original de Deepak DHAR *Self-organized critical state of sandpile automaton models* a été publié dans les *Physical Review Letters*, 64 (1990), p. 1613-1616.

▶ Le livre de Per BAK *How nature works : the science of self-organized criticality* a été publié en 1997 chez Copernicus.

▶ La thèse d'Olivier MARGUIN *Application de méthodes algébriques à l'étude algorithmique d'automates cellulaires et à l'analyse par ondelettes* a été soutenue en 1997 devant l'Université Claude BERNARD–Lyon 1.

▶ Robert CORI a étudié le *groupe du tas de sable* d'un graphe ; son article est disponible à l'URL :

```
http://www.labri.u-bordeaux.fr/~cori/Articles/sable.dvi
```

▶ Δ est la matrice du *laplacien discret*. La méthode employée à la question 15 pour établir l'inversibilité de Δ est classique. L'exercice d'oral bien connu l'applique aux matrices à diagonale dominante, mais ici la situation est un peu plus compliquée.

▶ On peut établir que le déterminant de la matrice Δ est exactement le nombre d'états récursifs, et que c'est aussi le nombre d'arbres recouvrants minimaux du graphe qui est naturellement associé à la relation de voisinage entre sites ; on trouve la valeur :

$$N(p,q) = 4^{pq} \prod_{\substack{1 \leqslant k \leqslant p \\ 1 \leqslant \ell \leqslant q}} \left(1 - \frac{\cos \frac{k\pi}{p+1} \cos \frac{\ell\pi}{q+1}}{2} \right)$$

On peut en déduire une estimation asymptotique de $N(p,q)$. Le lecteur intéressé est renvoyé à la thèse d'Olivier MARGUIN.

▶ Merci à Robert CORI dont l'exposé sur le tas de sable, au séminaire d'informatique générale de l'*Institut Gaspard-Monge* m'a donné l'idée de ce texte ; à Jean VANNIMENUS qui m'a transmis un exemplaire de la thèse d'Olivier MARGUIN ; et à Olivier lui-même, bien entendu !

▶ Ce sujet a été soumis à la sagacité des étudiants le mardi 1er décembre 1998.

Que je suis heureux de faire briller mon génie, dans un siècle si fameux pour la félicité que se procurent mutuellement les auteurs et les libraires, qui sont, à l'heure qu'il est, les seules personnes dans la Grande-Bretagne qui soient contentes de leur sort. Demandez à un auteur, comment à réussi son dernier ouvrage ; il dira, que «grâce à son étoile, le public l'a traité assez favorablement, et qu'il n'a pas la moindre raison de regretter ses peines ; et, cependant, c'est un ouvrage, qu'il a expédié dans une seule semaine, à bâtons rompus, dans certain quart d'heure qu'il a pu dérober à ses préoccupations pressantes.»

Swift — Le conte du tonneau

Problème 14

Additionneurs, systèmes de numération, parties reconnaissables de $\mathbb{N}^*$

Présentation

On construit un circuit additionneur pour des nombres écrits en base 2, et on montre que sa performance ne peut être améliorée, sauf peut-être en ayant recours à une autre façon de représenter les nombres.

On étudie alors une méthode redondante de représentation des nombres, proposée par Algirdas AVIZIENIS, et permettant de réaliser un circuit additionneur fonctionnant en temps constant.

On s'intéresse ensuite aux langages associés aux parties de $\mathbb{N}^*$, lorsqu'un système de numération a été fixé : après avoir défini la *reconnaissabilité* d'une partie de $\mathbb{N}^*$, on donne quelques exemples de parties reconnaissables et de parties qui ne le sont pas.

Enfin, on étudie une autre méthode de représentation des nombres, due à Édouard ZECKENDORF, utilisant la suite de FIBONACCI.

Prérequis

Logique combinatoire : portes logiques ET, OU, NON ; synthèse des circuits logiques. Complexité : résolution des récurrences. Langages rationnels, automates finis ; lemme de l'étoile.

Problème 14 : l'énoncé

Notations, définitions et conventions

▶ Soit B un naturel au moins égal à 2. L'*écriture en numération de position en base B* (ou plus simplement *écriture en base B*) du naturel non nul n est l'unique mot $d_p d_{p-1} \ldots d_0$ sur l'alphabet $\{0, 1, \ldots, B-1\}$ vérifiant $d_p \neq 0$ et $\sum_{0 \leqslant i \leqslant p} d_i B^i = n$.

▶ On note $\mathcal{B} = \{0, 1\}$ l'algèbre de BOOLE ; on note $\overline{x} = 1 - x$ pour $x \in \mathcal{B}$.

▶ lg désigne le logarithme en base 2, et $\lceil x \rceil$ le plus petit relatif au moins égal au réel x.

▶ La suite de FIBONACCI est définie par les relations $F_0 = 1$, $F_1 = 2$ et $F_{n+2} = F_{n+1} + F_n$ pour tout $n \in \mathbb{N}$.

▶ Les portes logiques *élémentaires* sont la porte ET à deux entrées, la porte OU à deux entrées, et la porte NON (à une entrée) ; elles sont décrites dans la figure 1.

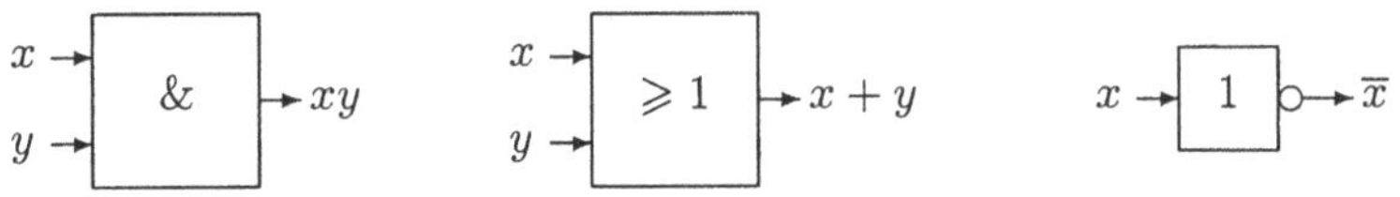

Figure 1: les trois portes logiques élémentaires

1 L'additionneur *diviser pour régner*

> *Terms! names!*
> *— Amaimon sounds well; Lucifer, well; Barbason, well;*
> *yet they are devils' additions, the names of fiends:*
> *but cuckold! wittol!*
> *— Cuckold! the devil himself hath not such a name.*
>
> Shakespeare — Merry Wives of Windsor

▶ On étudie dans cette partie deux modèles de circuits logiques *additionneurs n-bits*; un tel circuit comporte $2n+1$ entrées: $a = (a_0, \ldots, a_{n-1})$ est le premier opérande, $b = (b_0, \ldots, b_{n-1})$ est le deuxième opérande et r est la retenue *entrante*. Il comporte $n+1$ sorties $s_0, \ldots, s_n$ et est entièrement décrit par l'équation

$$\sum_{0 \leqslant k < n} 2^k a_k + \sum_{0 \leqslant k < n} 2^k b_k + r = \sum_{0 \leqslant k \leqslant n} 2^k s_k$$

On note que s_n est la retenue *sortante*.

Question 1 • En utilisant des portes logiques élémentaires, construisez un circuit additionneur 1-bit. Vous commencerez par écrire les équations logiques exprimant s_0 et s_1 en fonction de a_0, b_0 et r.

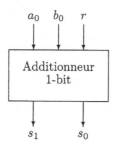

Question 2 • Expliquez comment assembler n additionneurs 1-bit pour obtenir un additionneur n-bits.

Question 3 • Déterminez le nombre $s(n)$ de portes logiques élémentaires nécessaires pour la réalisation de cet additionneur n-bits.

Question 4 • On suppose que le temps de propagation d'un signal logique à travers une porte logique élémentaire est une constante τ indépendante de la porte. Exprimez, en fonction de n et τ, le délai $t(n)$ qui s'écoule entre la présentation des données $a_0, \ldots, a_{n-1}, b_0, \ldots, b_{n-1}, r$ aux entrées du circuit additionneur n-bits que l'on vient de construire, et l'obtention des résultats $s_0, \ldots, s_n$ sur ses sorties.

▶ On se propose de construire un additionneur n-bits, fondé sur le principe *diviser pour régner*, pour diminuer le délai d'obtention du résultat. Bien entendu, comme on ne peut prétendre avoir à la fois le beurre et l'argent du beurre, la complexité du circuit (le nombre de portes logiques requises pour le réaliser) augmentera.

▶ L'étudiant Jean-Marcel MALHABILE propose le schéma suivant, pour réaliser un additionneur $2n$-bits à partir de deux additionneurs n-bits.

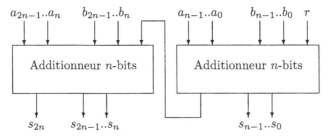

Question 5 • D'après vous, quel gain notre ami Jean-Marcel va-t-il retirer de cette savante construction ?

▶ On part alors de l'idée suivante : chaque additionneur n-bits va calculer en fonction de ses entrées $a = (a_{n-1}, \ldots, a_0)$ et $b = (b_{n-1}, \ldots, b_0)$ *deux* résultats : $s = (s_{n-1}, \ldots, s_0)$ qui correspond au cas où la retenue entrante est égale à 0, et $t = (t_{n-1}, \ldots, t_0)$ qui correspond au cas où la retenue entrante est égale à 1. Le circuit va calculer également deux indicateurs :

1. le bit de *génération* de retenue noté g, qui sera égal à 1 si et seulement si le calcul de la somme $a + b$ génère[1] une retenue ;

2. le bit de *propagation* de retenue noté p, qui sera égal à 1 si et seulement si le calcul de la somme $a + b + 1$ génère une retenue, ce qui revient à dire que le calcul de la somme $a + b$ *propage* une éventuelle retenue entrante.

Nous dirons qu'un additionneur construit selon ce principe est un *additionneur à génération et propagation de retenue*, ou, en abrégé, *additionneur G & P*.

Question 6 • En utilisant des portes logiques élémentaires, construisez un circuit additionneur 1-bit avec génération et propagation de retenue. Vous commencerez par écrire les équations logiques exprimant s_0, t_0, g et p en fonction de a_0 et b_0.

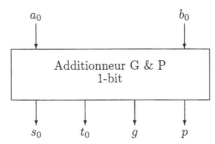

▶ Le schéma d'ensemble qui suit décrit la réalisation de principe d'un additionneur $2n$-bits avec génération et propagation de retenue, à partir de deux additionneurs n-bits du même type et d'un *sélecteur* qui reste à décrire. Pour faciliter la lecture, les sorties des deux additionneurs n-bits sont marquées respectivement G (pour *gauche*) et D (pour *droite*).

---

[1]Le verbe *générer* a été préféré à *produire* pour trois raisons : il est proche du terme anglo-saxon *generate* ; son initiale n'est pas la même que celle de *produire*, ce qui permet d'adopter des notations cohérentes avec la terminologie ; enfin, il est présent dans le *Petit Robert* auquel j'ai recours.

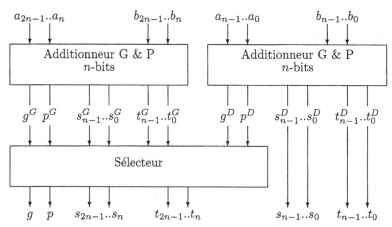

Question 7 • Donnez des formules logiques exprimant g et p en fonction de g^G, p^G, g^D et p^D.

Question 8 • Donnez de même des formules logiques exprimant s_i et t_i en fonction de t_i^G, s_i^G, g^D et p^D, et ce pour $i \in [\![n, 2n-1]\!]$.

▶ On note $T(n)$ le délai d'obtention du résultat avec un additionneur n-bits *diviser pour régner* construit à partir de portes logiques élémentaires, et $S(n)$ le nombre de ces portes utilisées pour réaliser un tel additionneur.

Question 9 • Exprimez $T(2n)$ en fonction de $T(n)$; en déduire une expression simple de $T(2^n)$.

Question 10 • Présentez dans un tableau les valeurs de $t(2^n)$ et $T(2^n)$ pour $n \in [\![0, 6]\!]$ (on prendra $\tau = 1$ pour simplifier).

Question 11 • De la même façon, exprimez $S(2n)$ en fonction de $S(n)$, puis en déduire une expression simple de $S(2^n)$.

Question 12 • Présentez dans un tableau les valeurs de $s(2^n)$ et $S(2^n)$ pour $n \in [\![0, 6]\!]$.

▶ Une fonction f de $\mathcal{B}^n$ dans $\mathcal{B}$ est *complètement dépendante* si, pour tout indice $i \in [\![1, n]\!]$, il existe au moins un n-uplet $x = (x_1, \ldots, x_n)$ tel que

$$f(x_1, \ldots, x_{i-1}, x_i, x_{i+1}, \ldots, x_n) \neq f(x_1, \ldots, x_{i-1}, \overline{x_i}, x_{i+1}, \ldots, x_n)$$

On considère un circuit combinatoire construit à partir de portes logiques élémentaires, évaluant une telle fonction f complètement dépendante.

Question 13 • Montrez que le délai qui s'écoule entre la présentation des données aux entrées de ce circuit, et l'obtention du résultat à la sortie, est au moins égal à $\lceil \lg n \rceil \tau$.

Question 14 • Montrez que la fonction qui associe au $2n$-uplet

$$(a_0, \ldots, a_{n-1}, b_0, \ldots, b_{n-1})$$

le bit de poids 2^n de la représentation en base 2 de $\displaystyle\sum_{0 \leqslant i < n} 2^i(a_i + b_i)$ est complètement dépendante.

Question 15 • En déduire qu'un circuit additionneur n-bits, construit à partir de portes logiques élémentaires, et fondé sur la représentation des opérandes en numération de position en base 2, a un temps de calcul qui ne peut être négligeable devant $\ln n$.

2   Numération d'Avizienis

> *Now the number is even.*
>
> Shakespeare — Love's Labour's lost

▶ En 1961, Algirdas AVIZIENIS a proposé une représentation des nombres employant des *chiffres négatifs*. Par exemple, en base 3, il suggère d'utiliser les chiffres $\overline{2}$ (de valeur -2), $\overline{1}$ (de valeur -1), 0, 1 et 2. Ainsi, $2\overline{1}0\overline{2}$ représente $2 \cdot 3^3 - 1 \cdot 3^2 + 0 \cdot 3^1 - 2 \cdot 3^0 = 2 \cdot 27 - 9 - 2 = 43$.

▶ On fixe donc des naturels $B \geqslant 2$ (la *base* de numération) et $q > 0$. L'alphabet utilisé pour écrire les nombres comporte $2q + 1$ chiffres : zéro, les entiers positifs de 1 à q, les entiers négatifs de $\overline{1}$ à $\overline{q}$.

Question 16 • Quel est le plus grand nombre M représentable avec n chiffres ?

Question 17 $\star\star\star$ • Quelle relation doit-il exister entre B et q pour que l'on puisse, toujours avec n chiffres, représenter tout élément de $[\![-M, M]\!]$?

Question 18 • Une écriture d'un nombre non nul est *normalisée* lorsque le chiffre le plus à gauche n'est pas nul. Donner une CNS simple liant B et q pour que l'on puisse décider du signe d'un nombre (non nul) en examinant uniquement le chiffre de gauche d'une écriture normalisée de ce nombre.

▶ On suppose la condition précédente satisfaite, ainsi que la relation $2q > B$. On va montrer que l'on peut additionner deux nombres de n chiffres $a = a_{n-1} \ldots a_0$ et $b = b_{n-1} \ldots b_0$ en temps constant (indépendant de n). Pour $i \in [\![0, n-1]\!]$, on définit deux quantités t_{i+1} et w_i : $t_{i+1} = \overline{1}$ si $a_i + b_i \leqslant -q$, $t_{i+1} = 1$ si $a_i + b_i \geqslant q$, $t_{i+1} = 0$ si $|a_i + b_i| < q$; et $w_i = a_i + b_i - Bt_{i+1}$. On note également $w_n = t_0 = 0$. On définit ensuite $s_i = w_i + t_i$ pour tout $i \in [\![0, n]\!]$.

Question 19 • Montrez que s_i est compris entre $-q$ et q inclus.

Question 20 • Montrez que $\displaystyle\sum_{0 \leqslant i \leqslant n} s_i B^i = a + b$.

Question 21 • Montrez que le calcul de $s = (s_i)_{0 \leqslant i \leqslant n}$ en fonction des entrées $a = (a_i)_{0 \leqslant i < n}$ et $b = (b_i)_{0 \leqslant i < n}$ peut être réalisé en un temps qui ne dépend que de B et q (et ne dépend donc pas de n).

Question 22 • Peut-on employér la représentation d'AVIZIENIS en base 2 ?

▶ Pour les deux questions suivantes, on décide de prendre comme base $B = 4$.

Question 23 • Quelle est nécessairement la valeur de q ?

Question 24 • Réalisez l'addition de $a = \overline{3}102\overline{1}$ et $b = 20\overline{1}1\overline{2}$ (sans effectuer la conversion vers la base dix usuelle).

Question 25 • L'obtention de l'écriture décimale d'un nombre est certainement plus laborieuse à partir de sa représentation d'AVIZIENIS, qu'à partir de sa représentation en base 2. Ceci est-il réellement gênant ?

3 Parties reconnaissables de $\mathbb{N}^*$

▶ Un système de numération étant fixé, on peut associer à chaque partie X de $\mathbb{N}^*$ le langage L_X formé des écritures des éléments de X dans ce système de numération. X est dite *reconnaissable* si L_X est lui-même reconnaissable (par un automate fini). On dit que X est p-reconnaissable lorsqu'elle est reconnaissable dans le système de numération de position à base p. Par exemple, $\mathbb{N}^*$ est 2-reconnaissable puisque $L_{\mathbb{N}^*} = 1(0+1)^*$.

Question 26 • Montrez que $\{2^n \mid n \in \mathbb{N}\}$ est 2-reconnaissable ; vous donnerez une expression rationnelle décrivant le langage associé, et un automate fini le reconnaissant.

Question 27 • Montrez que $\{2^n \mid n \in \mathbb{N}\}$ est 4-reconnaissable ; ici encore, vous donnerez une expression rationnelle décrivant le langage considéré, et un automate fini le reconnaissant.

Question 28 • Montrez qu'une partie X de $\mathbb{N}^*$ est k-reconnaissable si et seulement si elle est k^2-reconnaissable.

Question 29 • Soient a et b deux naturels, $a \neq 0$. On note $E_{a,b}$ l'ensemble des naturels non nuls dont le reste dans la division par a est égal à b : $E_{a,b} = a\mathbb{Z} + b$. Montrez que $E_{a,b}$ est k-reconnaissable, et ce quel que soit $k \geqslant 2$.

▶ Une partie X de $\mathbb{N}^*$ est *ultimement périodique* s'il existe des naturels n_0 et $p > 0$ tels que, si $n \geqslant n_0$ appartient à X, alors $n + p$ appartient aussi à X.

Question 30 • Montrez que toute partie X de $\mathbb{N}^*$ ultimement périodique est k-reconnaissable, et ce quel que soit $k \geqslant 2$.

Question 31 ⋆⋆⋆ • L'ensemble des carrés parfaits est-il 2-reconnaissable ?

▶ L'ensemble de THUE-MORSE est la partie T de $\mathbb{N}^*$ définie par les règles suivantes : $1 \in T$; si $n \in T$ alors $2n \in T$ et $2n + 1 \notin T$; si $n \notin T$ alors $2n \notin T$ et $2n + 1 \in T$.

Question 32 • Déterminez les éléments de $[\![1, 10]\!]$ qui sont dans T.

Question 33 • Prouvez que les règles précédentes permettent effectivement de décider si un naturel n non nul appartient à T.

Question 34 • Rédigez en Caml une fonction de type `int -> bool`, qui détermine si un naturel non nul donné appartient à T.

Question 35 • T est-il 2-reconnaissable ?

4 Numération en base de Fibonacci

Here are only numbers ratified.

Shakespeare — Love's Labour's lost

Question 36 • Montrez que tout naturel non nul peut se décomposer en somme de termes deux à deux distincts de la suite de FIBONACCI. Cette décomposition est-elle unique ?

▶ Soit $u = u_1 u_2 \ldots u_p$ un mot sur l'alphabet $\{0,1\}$. On lui associe le naturel $\varphi(u) = \sum_{1 \leqslant k \leqslant p} u_k F_{p-k}$; u est une *écriture en base de Fibonacci* de ce naturel.

▶ Une telle écriture u est dite *normalisée* si $u_1 = 1$ et $u_i u_{i+1} = 0$ pour tout $i \in [\![1, p-1]\!]$; cette deuxième condition revient à dire que la décomposition de n définie par cette écriture ne fait pas intervenir deux termes *consécutifs* de la suite de FIBONACCI. Par exemple, 100010101 est une écriture normalisée en base de FIBONACCI du naturel 67.

Question 37 • Montrez que tout naturel n non nul possède une et une seule écriture normalisée en base de FIBONACCI, que l'on notera $w(n)$.

Question 38 • Déterminez $w(137)$.

Question 39 • Décrivez un algorithme calculant l'écriture normalisée en base de FIBONACCI d'un naturel n non nul donné.

Question 40 • Traduisez cet algorithme par une fonction en Caml de type `int -> string`.

Question 41 • Quels sont les naturels n non nuls dont les écritures normalisées en base 2 et en base de FIBONACCI ont même longueur ?

Question 42 • Montrez que $\mathbb{N}^*$ est reconnaissable en base de FIBONACCI.

Question 43 ⋆⋆⋆ • On note L l'ensemble des mots u sur l'alphabet $\{0, 1, \overline{1}\}$ vérifiant $\sum_{1 \leqslant k \leqslant |u|} u_k F_k = 0$. Montrez que L est reconnu par l'automate $\mathcal{A}$ représenté figure 2.

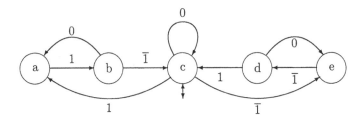

Figure 2: l'automate $\mathcal{A}$

——— **FIN DE L'ÉNONCÉ** ———

[...] les nouveaux supports [discographiques] ont tourné au fiasco :
−198% pour le DCC (digital compact cassette lancé par Philips)...

Le Monde — 24 janvier 1996

Problème 14 : le corrigé

1 L'additionneur *diviser pour régner*

Question 1 • Dans $\mathbb{N}$, on a $a_0 + b_0 + r = s_0 + 2s_1$. Mais $0 \leqslant s_0 < 2$, donc s_1 et s_0 sont le quotient et le reste dans la division euclidienne de $a_0 + b_0 + r$ par 2. On en déduit le tableau ci-dessous :

a_0	b_0	r	$a_0 + b_0 + r$	s_0	s_1
0	0	0	0	0	0
0	0	1	1	1	0
0	1	0	1	1	0
0	1	1	2	0	1
1	0	0	1	1	0
1	0	1	2	0	1
1	1	0	2	0	1
1	1	1	3	1	1

Dans l'algèbre $\mathcal{B}$, ceci nous donne les relations :

$$s_0 = \overline{a_0}\,\overline{b_0}r + \overline{a_0}b_0\overline{r} + a_0\overline{b_0}\,\overline{r} + a_0b_0r$$
$$s_1 = \overline{a_0}b_0r + a_0\overline{b_0}r + a_0b_0\overline{r} + a_0b_0r$$

Commençons par construire les sept produits. Il nous faut trois portes NON pour calculer $\overline{a_0}$, $\overline{b_0}$ et $\overline{r}$; puis quatre portes ET pour calculer a_0b_0, $a_0\overline{b_0}$, $\overline{a_0}\,\overline{b_0}$ et $\overline{a_0}b_0$. Sept autres portes ET sont alors nécessaires pour calculer les sept produits. La figure 1 décrit une implantation possible de cette construction.

Chacune des deux sommes requiert trois portes OU, pour un total de 6 ; cette partie du circuit est banale, nous ne la représenterons pas. Nous utilisons ainsi 20 portes en tout ; c'est cette valeur qui sera utilisée dans les questions 3 et 10.

Question 2 • Il suffit de relier la sortie s_1 du i-ième additionneur à l'entrée r du $(i+1)$-ième, et ce pour tout $i \in [\![0, n-1]\!]$. L'entrée r de l'additionneur 0 sera forcée à 0 ; la sortie s_1 de l'additionneur $n-1$ sera la retenue issue de la somme des deux nombres.

Question 3 • $s(n) = 20n$ évidemment : les connexions ne coûtent rien. Ceci dit, on lira avec profit la citation en bas de page 180.

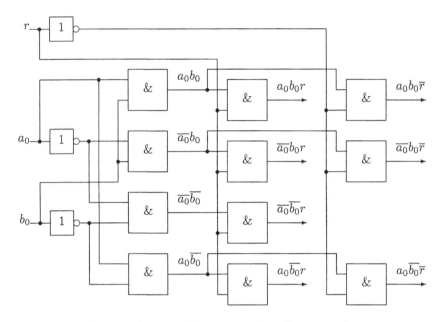

Figure 1: le calcul des sept produits (question 1)

Question 4 • Le plus long chemin (dans l'additionneur 1-bit) requiert la traversée d'une porte NON, de deux portes ET en cascade et de deux portes OU en cascade ; donc :

$$\boxed{t(n) = 5n\tau}$$

Question 5 • Le gain sera nul, car le temps de propagation t' du circuit proposé par Jean-Marcel vérifie $t'(2n) = 2t'(n)$ et donc $t'(2^n) = 2^n t'(1)$. Notre ami n'a pas volé son nom...

Question 6 • Les définitions de l'énoncé se traduisent par les deux formules $a_0 + b_0 = s_0 + 2g$ et $a_0 + b_0 + 1 = t_0 + 2p$, avec $0 \leqslant s_0 < 2$ et $0 \leqslant t_0 < 2$. Donc g et s_0 (resp. p et t_0) sont le quotient et le reste dans la division euclidienne de $a_0 + b_0$ (resp. $a_0 + b_0 + 1$) par 2. Ceci permet de construire la table ci-dessous :

a_0	b_0	$a_0 + b_0 + 0$	s_0	g	$a_0 + b_0 + 1$	t_0	p
0	0	0	0	0	1	1	0
0	1	1	1	0	2	0	1
1	0	1	1	0	2	0	1
1	1	2	0	1	3	1	1

Dans l'algèbre $\mathcal{B}$, ceci se traduit par $s_0 = a_0\overline{b_0} + \overline{a_0}b_0$, $t_0 = a_0 b_0 + \overline{a_0}\,\overline{b_0}$, $g = a_0 b_0$ et $p = a_0 + b_0$. Le dessin du circuit correspondant est immédiat : le lecteur voudra bien nous en faire grâce.

Question 7 • Notons :

$$a^D = \sum_{0 \leqslant k < n} 2^k a_k \qquad a^G = \sum_{0 \leqslant k < n} 2^k a_{n+k}$$

Définissons de façon analogue b^D et b^G, et notons :

$$a = a^D + 2^n a_G = \sum_{0 \leqslant k < 2n} 2^k a_k \qquad b = b^D + 2^n b_G = \sum_{0 \leqslant k < 2n} 2^k b_k$$

• $g = 1$ ssi le calcul de $a + b$ génère une retenue, ce qui peut se produire dans deux cas de figure :

1. le calcul de $a^D + b^D$ génère une retenue ($g^D = 1$), qui est propagée par l'étage de gauche, ce qui revient à dire que le calcul de $a^G + b^G + 1$ génère une retenue ($p^G = 1$) ;

2. le calcul de $a^G + b^G$ génère une retenue ($g^G = 1$) car, alors, le calcul de $a^G + b^G + 1$ en génèrera une lui aussi.

Nous résumons ceci par la formule :

$$\boxed{g = g^G + p^G g^D}$$

• $p = 1$ ssi le calcul de $a + b + 1$ génère une retenue, ce qui peut se produire dans deux cas de figure :

1. le calcul de $a^D + b^D + 1$ génère une retenue ($p^D = 1$), qui est propagée par l'étage de gauche, ce qui revient à dire que le calcul de $a^G + b^G + 1$ génère une retenue ($p^G = 1$) ;

2. le calcul de $a^G + b^G$ génère une retenue ($g^G = 1$) car, alors, le calcul de $a^G + b^G + 1$ en génèrera une lui aussi.

Nous résumons ceci par la formule :

$$\boxed{p = g^G + p^G p^D}$$

Question 8 • Étudions d'abord le calcul de $a + b$: l'étage de droite va calculer $a^D + b^D$. S'il ne génère pas de retenue ($g^D = 0$), l'étage de gauche va calculer $a^G + b^G$, si bien que $s_i = s_i^G$; sinon, $s_i = t_i^G$. On résume ceci par la formule :

$$\boxed{s_i = \overline{g^D} s_i^G + g^D t_i^G}$$

• Voyons maintenant le calcul de $a + b + 1$: l'étage de droite va calculer $a^D + b^D + 1$. S'il ne propage pas la retenue ($p^D = 0$), l'étage de gauche va calculer $a^G + b^G$, si bien que l'on aura $t_i = s_i^G$; sinon, $t_i = t_i^G$. On résume ceci par la formule :

$$\boxed{t_i = \overline{p^D} s_i^G + p^D t_i^G}$$

Question 9 • Les deux additionneurs n-bits fonctionnent en parallèle, et le sélecteur a un temps de propagation de 3τ ; on en déduit $T(2n) = T(n) + 3\tau$. L'additionneur 1-bit a lui aussi un temps de propagation $T(1) = 3\tau$, donc avec un télescopage :

$$\boxed{T(2^n) = 3(n+1)\tau}$$

Question 10 • Le tableau ci-dessous montre que, pour une architecture 64 bits ($n = 6$) l'additionneur *diviser pour régner* est quinze fois plus rapide que l'additionneur à propagation de retenue.

n	0	1	2	3	4	5	6
2^n	1	2	4	8	16	32	64
$t(2^n)$	5	10	20	40	80	160	320
$T(2^n)$	3	6	9	12	15	18	21

Question 11 • La question 6 montre que $S(1) = 9$ (on ne calcule qu'une seule fois $a_0 b_0$). Les questions 7 et 8 montrent que $S(2n) = 2S(n) + 6n + 6$. En effet, le calcul de p et g requiert quatre portes ; celui de $\overline{p^D}$ et $\overline{g^D}$ requiert deux portes (on le fait une seule fois) ; celui de s_i et p_i requiert alors six portes pour chaque i.

• On a donc $S(2^{n+1}) = 2S(2^n) + 6 \cdot 2^n + 6$ que l'on écrit :

$$\frac{S(2^{n+1})}{2^{n+1}} = \frac{S(2^n)}{2^n} + 3 + 3 \cdot 2^{-n}$$

Avec un télescopage, il vient :

$$\begin{aligned}
\frac{S(2^n)}{2^n} &= S(1) + \sum_{0 \leqslant k < n} \left(\frac{S(2^{k+1})}{2^{k+1}} - \frac{S(2^k)}{2^k} \right) \\
&= 9 + \sum_{0 \leqslant k < n} \left(3 + 3 \cdot 2^{-k} \right) = 9 + 3n + 3(2 - 2^{-n+1}) \\
&= 3n + 15 - 6 \cdot 2^{-n}
\end{aligned}$$

On en déduit :

$$\boxed{S(2^n) = (3n + 15)2^n - 6}$$

Question 12 • Le tableau ci-dessous montre que, pour une architecture 64 bits ($n = 6$) l'additionneur *diviser pour régner* requiert environ 50% de portes élémentaires de plus que l'additionneur à propagation de retenue.

n	0	1	2	3	4	5	6
2^n	1	2	4	8	16	32	64
$s(2^n)$	20	40	80	160	320	640	1280
$S(2^n)$	9	30	78	186	426	954	2106

Question 13 • Le signal obtenu en sortie à l'instant 0 dépend de deux signaux au plus (qui doivent donc être établis à l'instant $-\tau$), qui dépendent à leur tour de quatre signaux au plus (qui doivent donc être établis à l'instant -2τ), et ainsi de suite... Les n entrées du circuit doivent donc être établies à l'instant $-k\tau$, avec $2^k \geqslant n$ soit $k \geqslant \lg n$ ou $k \geqslant \lceil \lg n \rceil$.

Question 14 • Notons $(x_1, \ldots, x_{2n}) = (a_0, \ldots, a_{n-1}, b_0, b_{n-1})$. Examinons le cas $1 \leqslant i \leqslant n$, le cas $n < i \leqslant 2n$ se traitant de façon symétrique. Il suffit de prendre $x_j = 0$ pour $1 \leqslant j \leqslant n$ et $x_j = 1$ pour $n < j \leqslant 2n$. Alors :

$$f(x_1, \ldots, x_{i-1}, x_i, x_{i+1}, \ldots, x_{2n}) = 2^n - 1$$
$$f(x_1, \ldots, x_{i-1}, \overline{x_i}, x_{i+1}, \ldots, x_{2n}) = 2^n$$

Le bit de poids 2^n est nul dans le premier cas, égal à 1 dans le deuxième cas.

Question 15 • Un tel circuit compte $n+1$ sorties. On vient de voir que l'une de ces sorties est totalement dépendante des $2n$ entrées, et ne peut donc être établie qu'avec un délai au moins égal à $\lceil \lg n \rceil \tau$.

2 Numération d'Avizienis

Question 16 • L'écriture de M est constituée de n chiffres q, donc :

$$M = \sum_{0 \leqslant k < n} qB^k = q\frac{B^n - 1}{B - 1}$$

Question 17 • L'intervalle $[\![-M, M]\!]$ comporte $2M + 1$ éléments. Avec n chiffres pris parmi $2q + 1$, on peut représenter au plus $(2q + 1)^n$ nombres distincts. Il est donc nécessaire que $(2q + 1)^n \geqslant 2q\frac{B^n - 1}{B - 1} + 1$. On note que la fonction :

$$f : x \geqslant 0 \mapsto (x + 1)^n - x\frac{B^n - 1}{B - 1} - 1$$

est convexe, puisque $f''(x) = n(n-1)(x+1)^{n-2} \geqslant 0$. Comme $f(0) = f(B-1) = 0$ on en déduit $f(x) \leqslant 0$ pour $x \in [\![0, B-1]\!]$. La condition $2q + 1 > B - 1$ est donc nécessaire.

• Montrons que cette condition est suffisante. Soit $N \in [\![-M, M]\!]$; notons alors $N' = N + M$, ainsi $0 \leqslant N' \leqslant \sum_{0 \leqslant k < n} 2qB^k$. Soit d_{n-1} le plus grand naturel p tel que $pB^{n-1} \leqslant N'$. Alors $0 \leqslant N' - d_{n-1}B^{n-1} < B^{n-1}$ soit :

$$0 \leqslant N' - d_{n-1}B^{n-1} \leqslant B^{n-1} - 1 \leqslant \sum_{0 \leqslant k < n-1} qB^k$$

Ceci permet de considérer d_{n-2}, le plus grand naturel p tel que :

$$pB^{n-2} \leqslant N' - d_{n-1}B^{n-1}$$

De proche en proche, on construit une représentation $d_{n-1}d_{n-2}\ldots d_0$ de N' en base B, utilisant les chiffres de 0 à $2q$. Notant alors $d'_i = d_i - q$, N sera représenté en base B avec les chiffres de $-q$ à q par $d'_{n-1}d'_{n-2}\ldots d'_0$.

Question 18 • Seul importe le cas où le nombre considéré comporte $n \geqslant 2$ chiffres. Pour fixer les idées, supposons le chiffre de gauche positif; il contribue au moins pour B^{n-1}. Dans le pire des cas, les autres chiffres sont tous égaux à $\overline{q}$ et contribuent donc pour $q\dfrac{B^{n-1}-1}{B-1}$. La condition s'écrit $B^{n-1} > q\dfrac{B^{n-1}-1}{B-1}$ soit $B^n - B^{n-1} > q(B^{n-1}-1)$ ou encore $(B-q-1)B^{n-1} > -q$. Ceci est certainement vérifié si $B > q$; en revanche, si $B \leqslant q$ l'écriture $1\overline{q}$ désigne $B-q$ qui est négatif ou nul.

Question 19 • $s_i = w_i + t_i = a_i + b_i - Bt_{i+1} + t_i$; si $|a_i + b_i| < q$, alors $t_{i+1} = 0$; comme $t_i \in \{0, 1, \overline{1}\}$, on a $|s_i| \leqslant q$. Si $a_i + b_i \geqslant q$ (par exemple), alors $t_{i+1} = 1$ donc $s_i = a_i + b_i - B + t_i \leqslant 2q - B + 1 \leqslant q$ et $s_i \geqslant q - B > -q$.

Question 20 • Le choix de w_n et t_0 fait que le télescopage réussit :

$$
\begin{aligned}
\sum_{0 \leqslant i \leqslant n} s_i B^i &= \sum_{0 \leqslant i \leqslant n} (w_i + t_i)B^i = \sum_{0 \leqslant i < n} (a_i + b_i - Bt_{i+1} + t_i)B^i + t_n B^n \\
&= \sum_{0 \leqslant i < n} a_i B^i + \sum_{0 \leqslant i < n} b_i B^i - \sum_{0 \leqslant i < n} t_{i+1}B^i + \sum_{0 \leqslant i < n} t_i B^i + t_n B^n \\
&= a + b
\end{aligned}
$$

Question 21 • On calcule en parallèle les quantités t_i pour tout $i \in [\![0, n]\!]$; ceci peut se faire en temps constant puisque B et q sont fixés. On calcule ensuite les w_i et enfin les s_i, toujours en temps constant.

Question 22 • Les conditions $B > q$ et $2q > B$ ne peuvent être simultanément satisfaites lorsque $B = 2$ puisqu'il faudrait avoir à la fois $q < 2$ et $q > 1$. On trouvera dans le livre de Jean-Michel MULLER un exposé de la technique proposée par CHOW et ROBERTSON pour additionner en temps constant, avec une représentation des nombres en base 2 utilisant les chiffres 0, 1 et $\overline{1}$.

Question 23 • On doit avoir $q < 4$ et $2q > 4$ ce qui impose $q = 3$.

Question 24 • Le tableau ci-dessous résume les calculs effectués. Le résultat obtenu est $\overline{1}10\overline{2}1$. Les lecteurs incrédules pourront vérifier que $a = -697$, $b = 498$ et $a + b = -199$.

i		4	3	2	1	0
a_i		$\overline{3}$	1	0	2	$\overline{1}$
b_i		2	0	$\overline{1}$	1	$\overline{2}$
$a_i + b_i$		-1	1	-1	3	-3
t_i	0	0	0	1	$\overline{1}$	0
w_i	0	$\overline{1}$	1	$\overline{1}$	$\overline{1}$	1
s_i	0	$\overline{1}$	1	0	$\overline{2}$	1

Question 25 • Cette conversion ne se produit que lorsque l'on veut afficher ou imprimer le résultat; or le temps de conversion est négligeable devant le temps d'affichage ou d'impression...

3 Parties reconnaissables de $\mathbb{N}^*$

Question 26 • L'écriture en base 2 du naturel 2^n est 10^n ; le langage associé est donc décrit par l'expression rationnelle 10*. L'automate ci-dessous reconnaît ce langage ; il possède deux états i (initial) et f (final), et ses transitions sont $(i,1,f)$ et $(f,0,f)$.

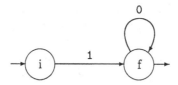

Question 27 • L'écriture en base 4 du naturel 2^{2n} est 10^n, tandis que celle du naturel 2^{2n+1} est 20^n. Le langage associé est donc décrit par l'expression rationnelle (1+2)0*. L'automate ci-dessous reconnaît ce langage ; il se déduit de l'automate de la question précédente par ajout de la transition $(i,2,f)$.

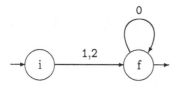

Question 28 • Notons $\sigma = \{0,1,\ldots,k-1\}$ et $\Sigma = \{0,1,\ldots,k^2-1\}$. Nous utiliserons les expressions « k-reconnaître » et « k-reconnaissable » pour alléger le discours. Si X est une partie de $\mathbb{N}^*$, nous noterons $\widetilde{X}$ l'ensemble des écritures en base k des éléments de X.

• Soit X une partie k-reconnaissable de $\mathbb{N}^*$. Notons X_p (resp. X_i) l'ensemble des éléments de X dont l'écriture en base k a une longueur paire (resp. impaire) ; $\widetilde{X_p} = \widetilde{X} \cap (\sigma^2)^*$ est rationnel ; de même $\widetilde{X_i} = \widetilde{X} \cap \sigma(\sigma^2)^*$ est rationnel, donc $0\widetilde{X_i}$ l'est aussi. Soit $\mathcal{A} = (Q,i,F,\delta)$ un automate fini déterministe complet qui k-reconnaît le langage $\widetilde{X_p}\cup 0\widetilde{X_i}$; notons Q' l'ensemble des états de $\mathcal{A}$ qui peuvent être atteints depuis i en suivant un chemin de longueur paire ; $F' = Q' \cap F$; $\delta'(q,z) = \delta\big(\delta(q,\lfloor z/k\rfloor),z \bmod k\big)$. Alors $\mathcal{A}' = (Q',i,F',\delta')$ k^2-reconnaît X.

• Inversement, soit $\mathcal{A} = (Q,i,F,\delta)$ un automate fini déterministe complet qui k^2-reconnaît X ; remplaçons chaque transition $t = (q,z,q')$ de cet automate par les transitions $(q,\lfloor z/k\rfloor,q_t)$ et $(q_t,z \bmod k,q')$ où q_t est un nouvel état. Le nouvel automate k-reconnaît le langage $L = \widetilde{X_p} \cup 0\widetilde{X_i}$ donc $L_i = 0\widetilde{X_i} = L \cap 0\sigma^*$ est rationnel, donc $\widetilde{X_p} = L \setminus L_i$ et $\widetilde{X_i} = 0^{-1}L_i$ le sont, donc $\widetilde{X}$ aussi et X est k-reconnaissable.

Question 29 • Soient u un mot et x une lettre, sur l'alphabet $\{0,\ldots,k-1\}$. Notant ρ l'application qui, à un mot sur cet alphabet, associe le reste modulo a du nombre représenté par ce mot, on a $\rho(ux) \equiv k\rho(u) + x \pmod{a}$. Comme $\rho(\varepsilon) = 0$, on va reconnaître $E_{a,b}$ avec un automate à a états $\{0,1,\ldots,a-1\}$; l'état initial sera 0 ; l'état final sera b si $0 \leqslant b < a$ (sinon, $E_{a,b}$ est vide, et aucun état ne sera final) ; enfin, l'état $q \cdot x$ est le reste modulo a de $kq + x$.

Question 30 • Notons $X \cap [\![n_0, n_0 + p - 1]\!] = \{c_1, \ldots, c_k\}$ et b_k le reste dans la division de c_k par $p > 0$. Alors $n \geqslant n_0$ est dans $E_{a,b}$ ssi son reste dans la divison par p est dans l'ensemble fini $\{b_1, \ldots, b_k\}$. Ainsi, X est la réunion d'une partie finie (donc reconnaissable) de $\mathbb{N}$, formée des éléments inférieurs à n_0, et d'une famille finie de parties $X_k = E_{a,b_k} \setminus [\![1, n_0 - 1]\!]$; X_k est reconnaissable car déduite de E_{a,b_k} en enlevant un nombre fini d'éléments.

Question 31 • La réponse est négative. Considérons un automate à n états $\mathcal{A} = (Q, i, F, \delta)$. $a = (2^{n+2} + 1)^2 = 2^{2n+4} + 2^{n+3} + 1$ est un carré parfait dont l'écriture en base 2 est $u = 10^n 10^{n+2} 1$. Si $\mathcal{A}$ reconnaît u, alors, au cours de la lecture du facteur 0^n il passe deux fois par le même état; notons j et k des exposants tels que $0 \leqslant j < k \leqslant n$ et $\delta(i, 10^j) = \delta(i, 10^k)$. Le mot

$$v = 10^{n+2k-2j} 10^{n+2} 1 = 10^{2(k-j)} 0^n 10^{n+2} 1$$

est lui aussi reconnu par $\mathcal{A}$. En base 2, le mot v représente le nombre

$$N = 2^{2n+2k-2j+4} + 2^{n+3} + 1$$

Mais N ne peut être un carré parfait puisqu'il est compris (strictement) entre deux carrés parfaits :

$$\begin{aligned} N_- &= 2^{2n+2k-2j+2} = (2^{n+k-j+1})^2 \\ N^+ &= 2^{2n+2k-2j+2} + 2^{n+k-j+2} + 1 = (2^{n+k-j+1} + 1)^2 \end{aligned}$$

Question 32 • On trouve $\mathcal{T} \cap [\![1, 10]\!] = \{1, 2, 4, 7, 8\}$.

Question 33 • Notons E l'ensemble des $n \geqslant 1$ pour lesquels on peut décider si $n \in \mathcal{T}$. Il est clair que $1 \in E$. Si $[\![1, n]\!]$ est contenu dans E, alors $n + 1 \in E$ car $q = \lfloor \frac{n+1}{2} \rfloor \in [\![1, n]\!]$ si bien que l'on peut décider si $q \in \mathcal{T}$ puis en déduire lequel des deux naturels $2q$ et $2q + 1$ est dans $\mathcal{T}$. Or n est l'un de ces deux naturels.

Question 34 • Écriture immédiate (qui connaît bien Caml peut être concis) :

```
let rec est_dans_T = function
 | 1 -> true
 | n -> let q = n/2 in if n mod 2 = 0
     then est_dans_T q else not (est_dans_T q);;
```

Le lecteur pointilleux notera que cette récursivité n'est pas terminale; voici une deuxième rédaction qui lui rendra le sourire. On utilise une fonction auxiliaire, de type `bool * int -> bool`.

```
let est_dans_T n =
 let rec aux = function
 | (b,1) -> b
 | (b,n) -> let q = n/2 in
     if n mod 2 = 0 then aux (b,q) else aux(not b,q)
 in aux (true,n);;
```

Question 35 • On constate assez facilement que $\mathcal{T}$ est l'ensemble des naturels non nuls dont l'écriture en base 2 comporte un nombre impair de chiffres 1. Cet ensemble est décrit par l'expression rationnelle 0*1(0*10*10*)* ; et il est clairement 2-reconnaissable par l'automate ci-dessous, qui comporte deux états 0 (initial) et 1 (final), et les transitions $(q, 0, q)$ et $(q, 1, 1-q)$ pour chaque $q \in \{0, 1\}$.

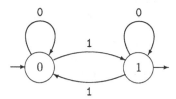

4 Numération en base de Fibonacci

Question 36 • Procédons par récurrence sur $n \geqslant 1$: on a déjà $1 = F_0$. Supposons le résultat acquis jusqu'au rang n inclus ; comme la suite de FIBONACCI est strictement croissante, on peut considérer $p \in \mathbb{N}$ tel que $F_p \leqslant n + 1 < F_{p+1}$. Notons $n' = n + 1 - F_p$. Si $n' = 0$ c'est fini, sinon $1 \leqslant n' \leqslant n$ donc n' se décompose en somme de termes deux à deux distincts de la suite de FIBONACCI. De plus $n + 1 < F_{p+1}$ implique $n' < F_{p+1} - F_p = F_{p-1}$ donc la décomposition de n que l'on en déduit ne fait pas intervenir deux termes identiques de la suite de FIBONACCI.

• On n'a pas l'unicité : par exemple, $3 = F_0 + F_1 = F_2$.

Question 37 • L'existence se prouve par récurrence sur $n \geqslant 1$: pour $n = 1$, on a $n = F_0$. Supposons le résultat acquis jusqu'au rang n inclus. Soient p et n' définis comme à la question 36. Alors, ou bien $n' = 0$ (et c'est fini), ou bien n' admet une écriture normalisée unique, qui ne fait pas intervenir F_{p-1} puisque $n' < F_{p-1}$. Ainsi l'écriture de $n + 1$ obtenue est normalisée.

• Pour ce qui est de l'unicité, on commence par vérifier (par récurrence sur p) la majoration $\sum_{0 \leqslant p-2k < p} F_{p-2k} < F_p$. On raisonne ensuite par récurrence sur n : l'unicité est claire pour $n = 1$. Si elle est acquise jusqu'au rang $n \geqslant 1$ inclus, alors l'écriture normalisée de $n + 1$ fait nécessairement intervenir F_p, plus grand terme de la suite de FIBONACCI au plus égal à $n + 1$, et l'écriture normalisée de $n + 1 - F_p$, unique par hypothèse de récurrence.

Question 38 • $F_2 = 3$, $F_3 = 5$, $F_4 = 8$, $F_5 = 13$, $F_6 = 21$, $F_7 = 34$, $F_8 = 55$, $F_9 = 89 \leqslant 137$ et $F_{10} = 144 > 137$. Ensuite :

$$137 = 89 + 48 = F_9 + 34 + 14 = F_9 + F_7 + 13 + 1 = F_9 + F_7 + F_5 + F_0$$

Ainsi, l'écriture normalisée de 137 en base de FIBONACCI est 1010100001.

Question 39 • On va mettre en œuvre un algorithme *glouton* inspiré par la preuve fournie pour la question 37. On retranche de n le plus grand terme possible de la suite de FIBONACCI, et on recommence (tant qu'on peut) avec le reste. On procède en deux temps : on construit d'abord la liste $(F_p, F_{p-1}, \ldots, F_1, F_0)$ où p est tel que $F_p \leqslant n < F_{p+1}$. On en déduit la représentation $u_p u_{p-1} \ldots u_1 u_0$ de n.

Question 40 • La traduction en Caml est presque immédiate :

```
let rec fib_liste_aux n s =
 let a = hd s + hd(tl s) in
 if n <= a then s else fib_liste_aux n (a::s);;

let fib_liste = function (* construit la liste *)
 | 1 -> [1]
 | n -> fib_liste_aux n [2;1];;

let rec fib_repr n = function (* construit la représentation *)
 | [] -> ""
 | t::q -> if n<t then "0"^(fib_repr n q)
                 else "1"^(fib_repr (n-t) q);;

let zeckendorf n = fib_repr n (fib_liste n);;
```

Question 41 • On note que $2^4 = 16 > F_5 = 13$; or $2^n > F_{n+1}$ implique $2^{n+1} > 2F_{n+1} > F_{n+1} + F_n = F_{n+2}$. Donc $2^n > F_{n+1}$ pour tout $n \geqslant 4$; par suite, si $n \geqslant 16$, n a une écriture binaire strictement plus courte que son écriture en base de FIBONACCI. Il reste à regarder les nombres de 1 à 15 ; on constate que seuls conviennent 1, 2, 3, 4, 5 et 8 en utilisant le bref programme qui suit :

```
let rec base2 = function (* décompose en base 2 *)
 | 0 -> "0"
 | 1 -> "1"
 | n -> (base2 (n/2)) ^ (base2 (n mod 2));;

let rec filtre p = function (* filtre avec le prédicat p *)
 | [] -> []
 | t::q -> if p t then t::(filtre p q) else filtre p q;;

let rec intervalle p q = (* construit [p..q] *)
 if p>q then [] else p::(intervalle (p+1) q);;

let compose p q x = p(q x);;

let s = intervalle 1 15;;
let f1 = compose string_length zeckendorf and
    f2 = compose string_length base2 in
    filtre (fun n -> f1 n = f2 n) s;;
```

Question 42 • Le langage associé est composé des mots qui commencent par un 1 et ne comportent pas deux 1 consécutifs. Il est donc décrit par l'expression rationnelle 1(00*1)*+10(0+10)*.

Question 43 • Soit u un mot reconnu par l'automate $\mathcal{A}$. Le cas $u = \varepsilon$ est clair. Sinon, on peut décomposer u en produit de facteurs dont chacun est l'étiquette d'un calcul commençant et finissant dans l'état initial. Nous allons montrer que la contribution de chacun de ces facteurs à la somme $\displaystyle\sum_{1 \leqslant k \leqslant |u|} u_k F_k$ est nulle, ce qui prouvera que cette somme est elle-même nulle, et donc que u appartient à L. Soit v un tel facteur, et p la longueur du préfixe de u lu avant v. Le cas $v = 0$ est clair. Par raison de symétrie, il suffit d'examiner le cas $v_1 = 1$; v est de longueur impaire, $|v| = 2k + 3$ où k est le nombre d'occurrences de 0 dans v, mais aussi le nombre de passages dans la «petite boucle» de gauche. Plus précisément : $v = 11(01)^k \overline{1}$. Définissons une fonction g par :

$$g(q) = F_{p+1} + \sum_{1 \leqslant i \leqslant q+1} F_{p+2i} - F_{p+2q+3}$$

On a alors :

$$
\begin{aligned}
g(0) &= F_{p+1} + F_{p+2} - F_{p+3} = 0 \\
g(q+1) &= g(q) + F_{p+2q+3} + F_{p+2q+4} - F_{p+2q+5} = g(q)
\end{aligned}
$$

Par récurrence, on en déduit $g(q) = 0$ pour tout $q \in \mathbb{N}$. En particulier, la contribution de v est

$$\sum_{1 \leqslant i \leqslant |v|} v_k F_{p+i} = F_{p+1} + \sum_{1 \leqslant i \leqslant k+1} F_{p+2i} - F_{p+2k+3} = g(k) = 0$$

ce qui termine la preuve.

• Réciproquement, montrons que tout mot $u \in L$ est reconnu par notre automate, en raisonnant par récurrence sur la longueur de u. Si $|u| = 0$, alors $u = \varepsilon$, qui est dans L et est reconnu par $\mathcal{A}$. Supposons le résultat acquis pour tout mot de L de longueur au plus n, et soit $u \in L$ de longueur $n+1$. Si la dernière lettre de u est 0, le préfixe v de longueur n de u est dans L, donc est reconnu par $\mathcal{A}$; alors $u = v0$ est clairement reconnu par $\mathcal{A}$. Sinon, on peut supposer par raison de symétrie que la dernière lettre de u est $\overline{1}$. L'avant-dernière lettre de u est nécessairement 1 ; en effet, une récurrence immédiate montre que $\displaystyle\sum_{1 \leqslant k \leqslant p} F_k = F_{p+2} - 3$, donc

$$\psi(u) = \sum_{1 \leqslant k \leqslant n+1} u_k F_k \leqslant \sum_{1 \leqslant k \leqslant n-1} F_k + u_n F_n - F_{n+1} \leqslant u_n F_n - 3$$

Mais $\psi(u) = 0$, si bien que l'on ne peut avoir ni $u_n = 0$ ni $u_n = \overline{1}$. À ce stade, il est clair que $n \geqslant 2$, sinon on aurait $u = 1\overline{1}$ qui n'est manifestement pas dans L. Notons v le préfixe de longueur $n-2$ de u, et $x = u_{n-1}$ l'antépénultième lettre de u de sorte que $u = vx1\overline{1}$. Trois cas de figure sont à envisager :

• $x = \overline{1}$ est impossible : on aurait

$$
\begin{aligned}
\psi(u) &= \psi(v) - F_{n-1} + F_n - F_{n+1} \\
&\leqslant \sum_{1 \leqslant k \leqslant n-2} F_k - 2F_{n-1} = F_n - 3 - 2F_{n-1} = -F_{n-1} - F_{n-2} - 3 < 0
\end{aligned}
$$

- $x = 1$, alors $\psi(v) = \psi(v11\bar{1}) = \psi(u)$; par hypothèse de récurrence, v est reconnu, donc u l'est aussi (en utilisant le fait que l'unique état initial de $\mathcal{A}$ est aussi son unique état final)
- $x = 0$, alors

$$\psi(u) = \psi(v01\bar{1}) = \psi(v) + F_n - F_{n+1} = \psi(v) - F_{n-1} = \psi(v\bar{1})$$

Compte tenu de l'hypothèse de récurrence, $v\bar{1}$ est reconnu par L ; lors du calcul reconnaissant ce mot, après lecture du préfixe v, on est donc dans l'état b ; par suite, le mot $u = v01\bar{1}$ est la trace d'un calcul valide de $\mathcal{A}$ menant de l'état initial à l'état final : u est reconnu par $\mathcal{A}$. Et c'est ainsi que se termine la preuve.

———— FIN DU CORRIGÉ ————

Formerly, a wire had magical properties of transmitting data 'instantly' from one place to another (or better, to many other places). A wire did not take room, did not dissipate heat, and did not cost anything - at least, not enough to worry about. This was the situation when the number of wires was low, somewhere in the hundreds. Current designs use many millions of wires (on chip), or possibly billions of wires (on wafers). In a computation of parallel nature, most of the time seems to be spent on communication – transporting signal over wires. Thus, thinking that the von Neumann bottleneck has been conquered by nonsequential computation, we are unaware that the Non-von Neumann bottleneck is still waiting.

Paul M. B. Vitányi — Non-Sequential Computation and Laws of Nature

Références bibliographiques, notes diverses

▶ La figure 2 donne une idée de la complexité de l'implantation *effective* d'un circuit logique. Les entrées A1, B1 et CIN2 correspondent aux entrées a_0, b_0 et r de la question 1 ; les sorties SUM et CO correspondent aux sorties s_0 et s_1.

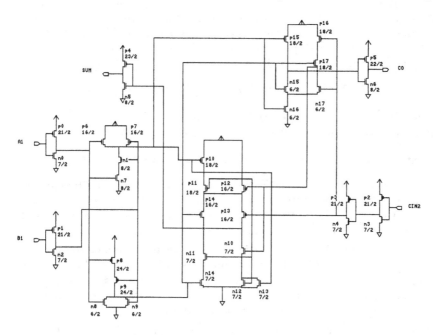

Figure 2: implantation physique d'un additionneur

Cette figure provient du site Web du *Microsystems Prototyping Laboratory* de la *Mississippi State University* ; je remercie Robert REESE qui m'a autorisé à l'utiliser ici.

▶ L'additionneur *diviser pour régner* est décrit dans la plupart des grands classiques, par exemple : *Foundation of Computer Science* de Alfred AHO et Jeffrey ULLMAN (éd. Computer Science Press), ou (la modestie des auteurs dût-elle en souffrir) *Cours et exercices d'informatique, Classes préparatoires, 1er et 2nd cycles universitaires* coordonné par Luc ALBERT (éd. Vuibert).

▶ L'article original d'Algirdas AVIZIENIS *Signed-digit number representations for fast parallel arithmetic* a été publié dans les *IRE Transactions on electronic computers*, 10 (1961), p. 389-400.

▶ Le livre de Jean-Michel MULLER *Arithmétique des ordinateurs* (éd. Masson) décrit la méthode d'AVIZIENIS, ainsi que son extension en 1978 par C. Y. CHOW et J. E. ROBERTSON au cas de la base 2.

▶ Voici quelques informations glanées sur le site Web de Clark KIMBERLING : Édouard ZECKENDORF a vécu de 1901 à 1983 ; de nationalité belge, il était médecin, colonel dans le corps médical de l'armée belge ; c'était aussi un artiste et un mathématicien. La numération de ZECKENDORF est exposée dans le tome I du *Art of Computer Programming*[1] (exercice 1.2.8.34), ainsi que dans *Concrete Mathematics* (section 6.6). On pourra également consulter avec profit le livre de Raymond SÉROUL *math-info : Informatique pour mathématiciens* (éd. InterEditions).

▶ On trouvera des compléments sur les bases de numération exotiques (et une bibliographie conséquente sur ce sujet) dans le chapitre 7 (rédigé par Christiane FROUGNY) du livre *Algebraic Combinatorics on Words* de M. LOTHAIRE (en préparation ; voir page 19 pour plus de renseignements sur cet ouvrage) ; on peut se procurer une préversion de ce chapitre sur le Web, à l'URL :

        http://www.liafa.jussieu.fr/~cf/publications/Chapter7.ps

L'automate de la question 43 provient de ce texte.

▶ Toujours sur le Web, à l'URL :

        http://www.liafa.jussieu.fr/~cf/publications/fibgold.ps

signalons un article de Christiane FROUGNY et Jacques SAKAROVITCH (à paraître dans un numéro du *International Journal of Algebra and Computation* dédié à notre maître à tous Marcel-Paul SCHÜTZENBERGER), montrant le lien entre la numération de ZECKENDORF et la numération en base ϕ (le nombre d'or).

▶ Enfin, la reconnaissabilité de parties de $\mathbb{N}$ a suscité un intérêt considérable, dont l'origine remonte (au moins) aux premiers articles d'Axel THUE. Citons le résultat suivant, dû à Alan COBHAM : si une partie de $\mathbb{N}$ est à la fois p-reconnaissable et q-reconnaissable, alors ou bien elle est ultimement périodique, ou bien p et q sont multiplicativement indépendants.

▶ Ce sujet a été soumis à la sagacité des étudiants le mardi 17 avril 1998.

▶ Un très grand merci à Véronique BRUYÈRE, Christiane FROUGNY et Nathalie LORAUD ; ainsi qu'à Denis CAZOR et Nicolas PUECH, pour leur relecture attentive de ce sujet.

> *Tu sais comme, en opérant par le jeton, le calculateur (surtout lorsqu'il manque d'habitude) est souvent obligé, de peur de tomber en erreur, de faire une longue suite et extension de jetons, et comme la nécessité le contraint après d'abréger et de relever ceux qui se trouvent inutilement étendus ; en quoi tu vois deux peines inutiles, avec la perte de deux temps. Cette machine facilite et retranche en ses opérations tout ce superflu ; le plus ignorant y trouve autant d'avantage que le plus expérimenté ; l'instrument supplée au défaut de l'ignorance ou du peu d'habitude, et, par des mouvements nécessaires, il fait lui seul, sans même l'intention de celui qui s'en sert, tous les abrégés possibles à la nature, et à toutes les fois que les nombres s'y trouvent disposés.*
>
> Pascal — Avis nécessaire à ceux qui auront la curiosité
> de voir la machine d'arithmétique, et de s'en servir

---

[1]Question non résolue à ce jour : que ne trouve-t-on pas dans *TAOCP* ?

Problème 15

Réécriture, régularités
Autour des idées d'Axel Thue

Présentation

Au début du vingtième siècle, le mathématicien Axel THUE écrivit plusieurs articles fondant deux secteurs de l'informatique théorique : les *systèmes de réécriture*, qui interviennent par exemple dans les grammaires formelles, les méthodes de démonstration automatique, les logiciels de calcul formel ; et l'étude des *régularités* dans les mots infinis, laquelle trouve actuellement des applications en génétique moléculaire.

Les deux premières parties du problème, après quelques généralités, étudient la terminaison de plusieurs systèmes de réécriture très simples. On donne ensuite quelques notions sur les mots infinis, en particulier ceux qui sont obtenus par itération d'un morphisme.

La cinquième partie présente la notion de propriété inévitable, et caractérise les alphabets sur lesquels la propriété *être sans facteur carré* est évitable.

Enfin, la sixième partie montre que la suite des mouvements, dans la solution optimale du problème des tours de Hanoï, peut être décrite par l'itération d'un morphisme, et que cette suite ne contient aucun facteur carré ; ce dernier résultat a été établi en 1991 par Dan ASTOORIAN et Jim RANDALL, alors étudiants en licence à l'université de Waterlooo au Canada.

Prérequis

Alphabets, mots, langages. Relations d'ordre. Raisonnement par récurrence. Langages rationnels.

Liens

Systèmes de réécriture : problèmes 5 et 13 ; morphismes, itération : problème 12.

Problème 15 : l'énoncé

Notations et définitions

▶ Dans tout l'énoncé, A est un alphabet fini. Le mot vide est noté ε. La longueur d'un mot u est notée $|u|$; $|u|_a$ désigne le nombre d'occurrences de la lettre a dans le mot u.

▶ u est *préfixe* de v s'il existe un mot w tel que $v = uw$; si $w \neq \varepsilon$, u est *préfixe propre* de v.

▶ La suite de FIBONACCI est définie par ses deux premiers termes $F_0 = 0$, $F_1 = 1$ et la relation $F_{n+2} = F_{n+1} + F_n$ pour tout $n \in \mathbb{N}$.

1 Quelques propriétés des relations

▶ On fixe un ensemble E. Une *relation* sur E est une partie $\mathcal{R}$ de $E \times E$; lorsque $(x, y) \in \mathcal{R}$, on note $x \to y$. On associe naturellement un graphe orienté à une relation $\mathcal{R}$: les sommets sont les éléments de E, les arcs sont les éléments de $\mathcal{R}$.

▶ Toutes les relations considérées dans la suite sont *acycliques* : si une suite $z_0, z_1, \ldots, z_n$ d'éléments de E vérifie $z_{i-1} \to z_i$ pour tout $i \in [\![1, n]\!]$ et $z_n \to z_0$, alors $z_0 = z_1 = \cdots = z_n$.

▶ On note $x \overset{*}{\to} y$ s'il existe une suite $z_0, z_1, \ldots, z_n$ d'éléments de E telle que $z_0 = x$, $z_n = y$ et $z_{i-1} \to z_i$ pour tout $i \in [\![1, n]\!]$. Clairement, la relation $\overset{*}{\to}$ est réflexive (prendre $n = 0$ dans la définition) et transitive.

▶ Une relation est *confluente* si $x \overset{*}{\to} y$ et $x \overset{*}{\to} z$ impliquent l'existence d'un t tel que $y \overset{*}{\to} t$ et $z \overset{*}{\to} t$. Une relation est *nœthérienne* s'il n'existe pas de suite infinie $(z_n)_{n \in \mathbb{N}}$ telle que $z_i \to z_{i+1}$ pour tout $i \in \mathbb{N}$.

▶ Un élément y de E est *irréductible* s'il n'existe aucun élément z distinct de y et tel que $y \to z$; y est un *réduit* de x si $x \overset{*}{\to} y$ et si y est irréductible.

Question 1 • Montrez que si $\mathcal{R}$ est nœthérienne, chaque élément de E possède au moins un réduit.

Question 2 • Exhibez une relation nœthérienne vérifiant la propriété suivante : pour tout $n \geqslant 1$, il existe un élément de E possédant au moins n réduits distincts.

Question 3 • Montrez que si $\mathcal{R}$ est confluente, chaque élément de E possède au plus un réduit.

Question 4 • Exhibez une relation $\mathcal{R}$ confluente mais non nœthérienne.

Question 5 • Soit $\mathcal{R}$ une relation nœthérienne. Montrez que $\mathcal{R}$ est confluente si et seulement si tout élément possède un et un seul réduit.

2   Systèmes de réécriture

▶ Dans cette partie, l'alphabet A contient au moins deux lettres a et b. Une *règle de réécriture* est un couple (u, v) de mots sur l'alphabet A ; la règle est notée $u \to v$.

▶ Un *système de réécriture* est un ensemble fini S de règles de réécriture. À un tel ensemble, on associe la relation sur A^* définie par $x \to y$ s'il existe une règle $u \to v$ appartenant à S et des mots s et t tels que $x = sut$ et $y = svt$; l'application de la règle consiste donc à remplacer une occurrence de u par v. On note que le choix $s = t = \varepsilon$ assure la cohérence des notations choisies.

Question 6 • Montrez que la relation $\overset{*}{\to}$ associée à un système de réécriture vérifie la propriété suivante : si $x \overset{*}{\to} y$, alors $sxt \overset{*}{\to} syt$ quels que soient les mots s et t.

Question 7 • Montrez que si l'on a $|y| < |x|$ pour chaque règle $x \to y$ d'un système de réécriture, alors la relation associée est nœthérienne.

▶ On considère dans les deux questions suivantes l'alphabet $A = \{a, b\}$ et la relation $\mathcal{R}$ associée à l'unique règle $ab \to bba$.

▶ Soit $u \in A^*$; on peut l'écrire $u = b^{n_0} a b^{n_1} a \dots b^{n_{p-1}} a b^{n_p}$, où $n_0, n_1, \dots, n_p$ sont des naturels, avec $p = |u|_a$. On note $\varphi(u) = \sum_{0 \leqslant k \leqslant p} 3^k n_k$.

Question 8 • Soit v tel que $u \to v$. Montrez que $\varphi(v) < \varphi(u)$, en déduire que la relation $\mathcal{R}$ est nœthérienne.

Question 9 • En observant l'application ψ définie par $\psi(u) = \sum_{0 \leqslant k \leqslant p} 2^k n_k$, montrez que tout $u \in A^*$ possède un et un seul réduit, que l'on explicitera.

Question 10 • Dans cette question, A est un alphabet quelconque. Un système de réécriture S vérifie la propriété suivante : il existe des mots x, s et t tels que $x \overset{*}{\to} sxt$, avec $st \neq \varepsilon$. Montrez que la relation $\mathcal{R}$ associée à ce système n'est pas nœthérienne.

Question 11 • Que pensez-vous de la relation définie par la règle $ab \to bbaa$?

▶ On considère maintenant le système de réécriture sur l'alphabet $A = \{a, b, c\}$ constitué des règles $ac \to cb$, $bc \to ca$, $cc \to \varepsilon$ et $ab \to ba$.

Question 12 • Les mots $bacacbbcbc$ et $acbaccaba$ admettent-ils un réduit commun ?

Question 13 • La relation $\to$ est-elle nœthérienne ?

Question 14 • La relation $\to$ est-elle confluente ?

Question 15 • Rédigez en Caml une fonction de type `string -> string` qui calcule le réduit d'un mot pour la relation $\to$.

3   Mots infinis

▶ Un *mot infini* sur un alphabet A est une application $v : \mathbb{N}^* \mapsto A$. On note v_i au lieu de $v(i)$, et $v = v_1 v_2 \ldots v_n \ldots$ L'ensemble des mots infinis sur A est noté A^ω.

▶ Pour $1 \leqslant i \leqslant j$, on note $v[i..j] = v_i v_{i+1} \ldots v_{j-1} v_j$. Un mot u est un *facteur* de v s'il existe des indices i et j tels que $u = v[i..j]$; si $i = 1$, on dit que u est un *préfixe* de v.

▶ Si $u \in A^*$, on note uv le mot infini défini par $(uv)_i = u_i$ si $1 \leqslant i \leqslant |u|$ et $(uv)_i = v_{i-|u|}$ si $i > |u|$. On a donc, de manière naturelle, $uv = u_1 \ldots u_n v_1 v_2 \ldots$

▶ Si $u \in A^*$ et $v \in A^+$, on note uv^ω le mot infini $uvvv \ldots$ obtenu en concaténant une infinité d'exemplaires de v derrière le mot u. Par exemple, le mot $x = a(ba)^\omega$ est défini par $x_n = a$ si n est impair et $x_n = b$ si n est pair.

Question 16 • Soit L une partie infinie de A^+. Construisez un mot infini u sur A tel que chaque préfixe de u soit préfixe d'une infinité de mots de L.

Question 17 • À quel théorème la technique utilisée dans la question précédente vous fait-elle penser ?

Question 18 • Soit L une partie infinie de A^+. Prouvez l'existence d'un mot infini u sur A tel que tout facteur de u soit facteur d'une infinité de mots de L.

▶ Soit v un mot infini ; on note $\mathcal{L}_n(u)$ l'ensemble des facteurs de longueur n de u. La *complexité* de u est la suite de terme général $C_n(u)$, égal au cardinal de $\mathcal{L}_n(u)$.

Question 19 • Existe-t-il des mots infinis u vérifiant $C_n(u) = 1$ pour tout $n \in \mathbb{N}$?

Question 20 • Quelle est la complexité du mot $u = a(ba)^\omega$?

Question 21 • Exhibez un mot infini sur l'alphabet $A = \{a, b\}$, de complexité $C_n(u) = 2^n$.

Question 22 • Montrez que la complexité d'un mot infini est une suite croissante.

Question 23 • Justifiez la relation $C_{n_1+n_2}(u) \leqslant C_{n_1}(u) C_{n_2}(u)$.

▶ Un mot infini u est *ultimement périodique* s'il est de la forme xy^ω ; ceci revient à dire qu'il existe un indice n_1 et une période $p > 0$ tels que $u_{n+p} = u_n$ pour tout $n \geqslant n_1$ (prendre $n_1 = |x| + 1$ et $p = |y|$).

Question 24 • Montrez que la complexité d'un mot infini ultimement périodique est une suite stationnaire : il existe un indice n_0 tel que $C_{n+1}(u) = C_n(u)$ pour tout $n \geqslant n_0$.

Question 25 • Soit u un mot infini. On suppose qu'il existe un rang n tel que $C_{n+1}(u) = C_n(u)$. Montrez que ce mot infini est ultimement périodique.

Question 26 • Le professeur Jean-Benoît MALENCONTREUX affirme avoir découvert un mot infini u dont la complexité $C_n(u)$ est équivalente à $\ln n$ lorsque n tend vers l'infini. Qu'en pensez-vous ?

4 Mot infini défini par itération d'un morphisme

▶ Soit $(x_n)_{n \geqslant 1}$ une suite de mots (finis) sur A ; on suppose que x_n est préfixe propre de x_{n+1}. Clairement, il existe un et un seul mot infini y dont chaque x_n est préfixe ; nous dirons que la suite $(x_n)_{n \geqslant 1}$ *converge* vers y. **Attention** : ici, x_n ne désigne pas la n-ième lettre d'un mot x, mais le terme d'indice n de la suite $(x_n)_{n \geqslant 1}$.

Question 27 • Que peut-on dire de deux suites qui ont la même limite ?

▶ Soit $\varphi : A \mapsto A^+$; φ se prolonge en un *morphisme* de A^* dans lui-même défini comme suit : $\varphi(\varepsilon) = \varepsilon$; et, si $u = u_1 u_2 \ldots u_n$, alors $\varphi(u) = \varphi(u_1)\varphi(u_2)\ldots\varphi(u_n)$. Clairement, $\varphi(uv) = \varphi(u)\varphi(v)$ quels que soient les mots (finis) u et v.

▶ Dans les deux questions suivantes, on suppose que a est une préfixe propre de $\varphi(a)$.

Question 28 • Montrez que la suite de terme général $x_n = \varphi^n(a)$ converge. On notera désormais $\varphi^\omega(a)$ le mot infini limite de cette suite.

▶ On définit une application Φ de A^ω dans lui-même comme suit : si u est le mot infini $u_1 u_2 \ldots u_n \ldots$, alors $\Phi(u)$ est le mot infini $\varphi(u_1)\varphi(u_2)\ldots\varphi(u_n)\ldots$

Question 29 • Montrez que $\varphi^\omega(a)$ est un point fixe de Φ.

▶ Dans la suite de cette partie, on fixe $A = \{a, b\}$ et on définit le morphisme φ par $\varphi(a) = ab$ et $\varphi(b) = abb$. On note $v_n = \varphi^n(a)$ et $v = \varphi^\omega(a)$.

Question 30 • Calculez v_2, v_3 et v_4.

Question 31 • Donnez des expressions *simples* de $x_n = |v_n|_a$ et $y_n = |v_n|_b$.

Question 32 • Montrez que ni aa, ni bbb ne sont facteurs de v

Question 33 • Énumérez les facteurs de v de longueur 3, puis ceux de longueur 4.

Question 34 • Rédigez en Caml une fonction :

```
facteurs : string -> int -> string list
```

qui dresse la liste de tous les facteurs de longueur donnée d'un mot donné. Par exemple, `facteurs "acbbcbacba" 3` rendra (à l'ordre près) la liste suivante : `["acb";"cbb";"bbc";"bcb";"cba";"bac"]`.
On pourra utiliser la fonction
```
sub_string : string -> int -> int -> string
```
`sub_string s début lgr` rend la chaîne de caractères de longueur `lgr`, contenant les caractères d'indice `début` à `début + lgr - 1` de la chaîne s. L'exception `Invalid_argument "sub_string"` est déclenchée si `début` et `lgr` ne désignent pas une sous-chaîne de s. Rappel : les chaînes de caractères sont indexées comme les vecteurs, donc de 0 à `string_length s - 1` pour la chaîne s.

Question 35 • En observant le mot v_2, montrez que tout facteur de v possède une infinité d'occurrences dans v.

5 Propriétés inévitables

▶ Soient A un alphabet, et $\mathcal{P}$ une assertion relative aux mots sur A : $\mathcal{P}$ est une application de A^* dans l'ensemble {**vrai**, **faux**}. On dit que $u \in A^*$ *vérifie* $\mathcal{P}$ lorsque $\mathcal{P}(u) = $ **vrai**.

▶ $\mathcal{P}$ est *inévitable* si l'ensemble $\{u \mid \mathcal{P}(u) = $ **faux**$\}$ des mots qui ne vérifient pas $\mathcal{P}$ est fini ; dans le cas contraire, $\mathcal{P}$ est *évitable*. $\mathcal{P}$ est *idéale* si xuy vérifie $\mathcal{P}$ dès que u vérifie $\mathcal{P}$.

Question 36 • Soit $\mathcal{P}$ une propriété idéale. Montrez que $\mathcal{P}$ est évitable ssi il existe un mot infini u dont aucun facteur ne vérifie $\mathcal{P}$.

▶ On s'intéresse à la propriété $\mathcal{P}$ définie comme suit : $\mathcal{P}(u) = $ **vrai** ssi u possède un facteur carré, *id est* il existe des mots r, s et t tels que $u = rs^2t$, avec $s \neq \varepsilon$.

Question 37 • Montrez que $\mathcal{P}$ est idéale, et qu'elle est inévitable si l'alphabet A ne contient pas plus de deux lettres.

▶ Dans la suite de cette partie, on fixe $A = \{a, b, c\}$ et on considère le morphisme φ défini par $\varphi(a) = abc$, $\varphi(b) = ac$ et $\varphi(c) = b$. On note $v = \varphi^\omega(a)$.

Question 38 • Montrez que φ est injectif.

Question 39 • Énumérez les facteurs de longueur 3 de v.

Question 40 • Montrez qu'aucun facteur de v ne vérifie la propriété $\mathcal{P}$.

▶ On a ainsi établi que la propriété $\mathcal{P}$ est inévitable si l'alphabet A contient au plus deux lettres, évitable dans le cas contraire.

Question 41 • La propriété $\mathcal{P}$ est-elle conservée par φ, *id est* : si le mot u vérifie $\mathcal{P}$, en est-il de même pour le mot $\varphi(u)$?

Question 42 • Rédigez en Caml une fonction de type `string -> bool` qui indique si un mot possède un facteur carré.

6 Les tours de Hanoï

▶ La solution optimale du problème des tours de Hanoï est bien connue : pour transférer une pile de n disques de l'aiguille α vers l'aiguille γ, on transfère les $n - 1$ disques du dessus de la pile de l'aiguille α vers l'aiguille β, puis le plus grand disque de l'aiguille α vers l'aiguille γ, et enfin on transfère la pile de $n - 1$ disques de l'aiguille β vers l'aiguille γ. Le coût de cette solution est $C_n = 2^n - 1$.

▶ On utilise un alphabet $\Sigma = \{\mathbf{a}, \mathbf{b}, \mathbf{c}, \overline{\mathbf{a}}, \overline{\mathbf{b}}, \overline{\mathbf{c}}\}$ pour coder les mouvements élémentaires (déplacements d'un disque), selon le tableau suivant :

1 vers 2	**a**	2 vers 1	$\overline{\mathbf{a}}$
2 vers 3	**b**	3 vers 2	$\overline{\mathbf{b}}$
3 vers 1	**c**	1 vers 3	$\overline{\mathbf{c}}$

On note H_{2n} le mot codant la solution optimale pour le transfert de $2n$ disques de l'aiguille 1 vers l'aiguille 3 ; et H_{2n+1} le mot codant la solution optimale pour le transfert de $2n+1$ disques de l'aiguille 1 vers l'aiguille 2. Ainsi $H_0 = \varepsilon$, $H_1 = \mathbf{a}$ et $H_2 = \mathbf{a}\overline{\mathbf{c}}\mathbf{b}$.

Question 43 • Explicitez H_3.

▶ On note σ le morphisme défini par $\sigma(\mathbf{a}) = \mathbf{b}$, $\sigma(\mathbf{b}) = \mathbf{c}$, $\sigma(\mathbf{c}) = \mathbf{a}$, $\sigma(\overline{\mathbf{a}}) = \overline{\mathbf{b}}$, $\sigma(\overline{\mathbf{b}}) = \overline{\mathbf{c}}$ et $\sigma(\overline{\mathbf{c}}) = \overline{\mathbf{a}}$.

Question 44 • Montrez que si le mot x code le transfert d'une pile de disques de l'aiguille 1 vers l'aiguille 2, alors $\sigma(x)$ code le transfert de la même pile de l'aiguille 2 vers l'aiguille 3.

Question 45 • Établissez la relation $H_{2n+1} = H_{2n}\mathbf{a}\sigma^{-1}(H_{2n})$, ainsi qu'une relation analogue exprimant H_{2n+2} en fonction de H_{2n+1}.

Question 46 • Montrez que la suite de mots $(H_n)_{n \in \mathbb{N}}$ converge vers un mot infini $\mathcal{H}$, vérifiant les propriétés suivantes :

- $\mathcal{H}_{6k+1} = \mathbf{a}$ et $\mathcal{H}_{6k+2} \in \{\mathbf{c}, \overline{\mathbf{c}}\}$

- $\mathcal{H}_{6k+3} = \mathbf{b}$ et $\mathcal{H}_{6k+4} \in \{\mathbf{a}, \overline{\mathbf{a}}\}$

- $\mathcal{H}_{6k+5} = \mathbf{c}$ et $\mathcal{H}_{6k+6} \in \{\mathbf{b}, \overline{\mathbf{b}}\}$

▶ On définit un morphisme φ par les relations suivantes :

$\varphi(\mathbf{a}) = \mathbf{a}\overline{\mathbf{c}}$	$\varphi(\overline{\mathbf{a}}) = \mathbf{a}\mathbf{c}$
$\varphi(\mathbf{b}) = \mathbf{c}\overline{\mathbf{b}}$	$\varphi(\overline{\mathbf{b}}) = \mathbf{c}\mathbf{b}$
$\varphi(\mathbf{c}) = \mathbf{b}\overline{\mathbf{a}}$	$\varphi(\overline{\mathbf{c}}) = \mathbf{b}\mathbf{a}$

Question 47 • Justifiez les relations $\varphi \circ \sigma = \sigma^{-1} \circ \varphi$ et $\varphi \circ \sigma^{-1} = \sigma \circ \varphi$.

Question 48 • Établissez les deux relations :

$$\varphi(H_{2n})\mathbf{a} = H_{2n+1} \qquad \text{et} \qquad \varphi(H_{2n+1})\mathbf{b} = H_{2n+2}$$

Question 49 • Prouvez alors que $\mathcal{H}$ est le point fixe du morphisme φ.

Question 50 • Montrez que $\mathcal{H}$ ne contient pas quatre lettres consécutives non surlignées.

Question 51 • En déduire que $\mathcal{H}$ n'a pas de facteur carré.

Question 52 • Le langage $\{H_n : n \in \mathbb{N}\}$ est-il rationnel ?

——— FIN DE L'ÉNONCÉ ———

Le dernier agent intelligent de Microsoft résidait en mémoire morte.

Maurice G. Dantec — Babylone Babies

Problème 15 : le corrigé

1 Quelques propriétés des relations

Question 1 • Raisonnons par contraposition. Soit x_0 ne possédant pas de réduit ; en particulier, x_0 n'est pas irréductible, donc il existe x_1 tel que $x_0 \to x_1$; x_1 ne possède certainement pas de réduit (sinon ce dernier serait un réduit de x_0) si bien qu'il existe x_2 tel que $x_1 \to x_2$. On peut poursuivre la construction indéfiniment : supposons obtenue la suite $x_0 \to x_1 \to \cdots \to x_n$, avec x_n ne possédant pas de réduit ; x_n n'étant pas irréductible, il existe x_{n+1} tel que $x_n \to x_{n+1}$, et x_{n+1} ne possède certainement pas de réduit. On prouve ainsi que la relation n'est pas nœthérienne.

Question 2 • Prenons la relation *est multiple de*, sur l'ensemble $\mathbb{N} \setminus \{0, 1\}$; elle est clairement nœthérienne. Notant p_n le n-ième nombre premier, le nombre $p_1 p_2 \ldots p_n$ possède les n réduits $p_1, p_2, \ldots, p_n$.

Question 3 • Soient y et z deux réduits de x : $x \overset{*}{\to} y$ et $x \overset{*}{\to} z$. Il existe un t tel que $y \overset{*}{\to} t$ et $z \overset{*}{\to} t$. Mais y et z sont irréductibles : nécessairement, $y = z = t$.

Question 4 • Prenons la relation *divise* sur $\mathbb{N}^*$: elle n'est pas nœthérienne, car n divise $2n$; mais, comme elle est transitive, $u \overset{*}{\to} v$ équivaut à $u \to v$. Supposons $x \overset{*}{\to} y$ et $x \overset{*}{\to} z$; notant t le PPCM de y et z, on aura $y \overset{*}{\to} t$ et $z \overset{*}{\to} t$.

Question 5 • Sens direct : l'existence découle de la question 1, l'unicité de la question 3. Réciproque : soient x, y et z tels que $x \overset{*}{\to} y$ et $x \overset{*}{\to} z$. La relation étant nœthérienne, y (resp. z) possède (au moins) un réduit y' (resp. z'). Mais alors y' et z', étant tous deux des réduits de x, sont égaux, ce qui prouve la confluence de la relation.

2 Systèmes de réécriture

Question 6 Il suffit de remarquer que $u \to v$ implique $sut \to svt$, puis de reporter ceci au long des étapes qui mènent de x à y.

Question 7 • La longueur d'une suite $z_0 = x \to z_1 \to z_2 \to \cdots$ ne peut dépasser $|x|$, puisque $|z_{i+1}| < |z_i|$.

Question 8 • Soient x et y tels que $u = xaby$ et $v = xbbay$. Soit q le rang de la lettre a mise en jeu : $q = |x|_a + 1$. Alors :

$$\varphi(v) = \varphi(u) - 3^q + 2 \cdot 3^{q-1} = \varphi(u) - 3^{q-1} < \varphi(u)$$

Comme φ est à valeurs dans $\mathbb{N}$, on peut à nouveau appliquer le raisonnement de la question précédente.

Question 9 • L'existence d'un réduit découle des questions 1 et 8. On note que $\psi(v) = \psi(u) - 2^q + 2 \cdot 2^{q-1} = \psi(u)$. Du coup, si w est un réduit de u, $\psi(w) = \psi(u)$. Par ailleurs, ba ne peut être facteur de w; donc $w = b^s a^t$. $|w|_a = |u|_a$ est clair; par ailleurs, $\psi(w) = s = \psi(u)$ ce qui établit l'unicité : $w = b^{\psi(u)} a^{|u|_a}$.

Question 10 • Notons $z_n = s^n x t^n$; on a $z_{n+1} = s^n (sxt) t^n$; mais $x \xrightarrow{*} sxt$, donc $z_n \xrightarrow{*} z_{n+1}$ d'après la question 6; on montre ainsi que la relation n'est pas nœthérienne, car $z_n \neq z_{n+1}$.

Question 11 • On note que $aab \to abbaa \to bbaabaa$. Prenons $x = aab$, $s = bb$ et $t = aa$: la question précédente permet d'affirmer que cette relation n'est pas nœthérienne.

Question 12 • La réponse est négative : chaque règle conserve la parité du nombre d'occurrences de la lettre c, or $|bacacbbcbc|_c = 4$ et $|acbaccaba|_c = 3$.

Question 13 • Soit u, de longueur n. Les règles $ac \to cb$ et $bc \to ca$ ne peuvent être appliquées plus de $n-1$ fois à une occurrence donnée de c; le nombre total d'applications de ces règles ne peut donc dépasser n^2. La règle $cc \to \varepsilon$ ne peut être appliquée plus de $\lfloor |u|_c/2 \rfloor \leqslant n$ fois. Enfin, la règle $ab \to ba$ ne peut être appliquée plus de $n-1$ fois à chaque occurrence de a, donc le nombre total d'applications de cette règle est majoré par n^2. Finalement, on montre qu'une suite $z_0 = u \to z_1 \to \cdots \to z_p$ voit sa longueur p majorée par $2n^2 + n$, ce qui prouve que la relation $\to$ est nœthérienne.

Question 14 • Un réduit d'un mot u est nécessairement de l'une des deux formes $b^p a^q$ ou $cb^p a^q$. La parité du nombre de lettres c étant conservée par les règles, la forme précise ne dépend que de u, et pas de l'ordre d'application des règles. Avec un peu d'intuition, on remarque que la somme du nombre de b suivis d'un nombre *pair* de c, et du nombre de a suivis d'un nombre *impair* de c, est conservée par chaque règle; la valeur de p est donc la somme calculée pour u. De même, la valeur de q est la somme obtenue en échangeant les rôles de a et de b. Ceci prouve l'unicité du réduit de u; comme la relation est nœthérienne, le résultat de la question 5 assure la confluence.

Question 15 • On explore la chaîne de droite à gauche; nc vaut 0 ou 1 selon que le nombre de c rencontrés est pair ou impair; na et nb évoluent en conséquence.

```
let réduit s = let ms = make_string in
 let rec réd i nb na nc =
 if i<0 then (ms nc 'c')^(ms nb 'b')^(ms na 'a') else
  match s.[i] with
   | 'a' -> réd (i-1) (nb+nc) (na+1-nc) nc
   | 'b' -> réd (i-1) (nb+1-nc) (na+nc) nc
   | 'c' -> réd (i-1) nb na (1-nc)
 in réd (string_length s - 1) 0 0 0 ;;
```

3 Mots infinis

Question 16 • Comme A est fini, il existe une lettre u_1 initiale d'une infinité de mots de L. Supposons obtenues des lettres $u_1, u_2, \ldots, u_n$ telles que le mot $u_1 u_2 \ldots u_n$ soit préfixe d'une infinité de mots de L; la finitude de A entraîne l'existence d'une lettre u_{n+1} telle que le mot $u_1 u_2 \ldots u_{n+1}$ soit préfixe d'une infinité de mots de L. Le mot infini $u_1 u_2 \ldots u_n \ldots$ répond clairement à la question posée.

Question 17 • On pense au théorème de BOLZANO et WEIERSTRASS, bien entendu.

Question 18 • La construction de la question 16 convient : soit $v = u[i..j]$ un facteur de u ; v est facteur de $u[1..j]$ qui, en tant que préfixe de u, est préfixe, donc facteur, d'une infinité de mots de L ; ceci vaut aussi pour v.

Question 19 • La réponse est positive : tout mot de la forme $u = a^\omega$ (avec $a \in A$) convient, car $\mathcal{L}_n(u) = \{a^n\}$. Il n'y en a pas d'autres, car un mot infini v contenant au moins deux lettres distinctes a et b vérifie $\mathcal{L}_1(v) = \{a, b\}$.

Question 20 • On a $C_0(u) = 1$; et $C_n(u) = 2$ pour tout $n \geqslant 1$, puisque $\mathcal{L}_{2p}(u) = \{(ab)^p, (ba)^p\}$ et $\mathcal{L}_{2p+1}(u) = \{a(ba)^p, b(ab)^p\}$.

Question 21 • Numérotons les éléments de A^+ en les rangeant par longueur croissante et, à longueur égale, dans l'ordre lexicographique : $u_1 = a$, $u_2 = b$; $u_3 = aa$, $u_4 = ab$, $u_5 = ba$, $u_6 = bb$; et ainsi de suite, les mots de longueur p commençant avec $u_{2^p-1} = a^p$ et finissant avec $u_{2^{p+1}-2} = b^p$. Le mot infini $v = u_1 u_2 \ldots u_n \ldots$ répond à la question.

Question 22 • Tout facteur v de longueur n se prolonge d'au moins une façon en un facteur de longueur $n+1$, donc $C_{n+1}(u) \geqslant C_n(u)$.

Question 23 • Tout facteur x de u de longueur $n_1 + n_2$ s'écrit yz où y (resp. z) est un facteur de u de longueur n_1 (resp. n_2) ; l'application $x \mapsto (y, z)$ ainsi définie est une injection (mais pas nécessairement une surjection) de $\mathcal{L}_{n_1+n_2}(u)$ dans $\mathcal{L}_{n_1}(u) \times \mathcal{L}_{n_2}(u)$. D'où la majoration $C_{n_1+n_2}(u) \leqslant C_{n_1}(u) C_{n_2}(u)$.

Question 24 • Nous allons montrer que la suite de terme général $C_n(u)$ est bornée ; comme elle est croissante et à valeurs dans $\mathbb{N}$, elle sera certainement stationnaire. Notons $v = u[1..n_1 - 1]$ et $w = u_{n_1} u_{n_1+1} \ldots$, ainsi $u = vw$ et le mot infini w est périodique, de période p. Soit x un facteur de u ; en observant sa première occurrence dans u, on peut toujours considérer x comme la concaténation d'un facteur y (éventuellement vide) de v, et d'un facteur z (éventuellement vide) de w ; or v possède moins de 2^{n_1} facteurs. D'autre part, ou bien z est de longueur inférieure à p, ou bien, compte tenu de la périodicité de w, z est parfaitement défini par la donnée de son préfixe de longueur p ; z peut donc prendre moins de 2^{p+1} valeurs différentes. Finalement, u possède moins de 2^{n_1+p+1} facteurs (toutes longueurs confondues) ce qui montre que la suite de terme général $C_n(u)$ est bornée.

• Notons que si l'alphabet possédait plus de deux lettres, il faudrait remplacer dans nos raisonnements la constante 2 par le cardinal $|A|$ de l'alphabet utilisé.

Question 25 • $\mathcal{L}_{n_0}(u)$ et $\mathcal{L}_{n_0+1}(u)$ ont même cardinal, donc l'application f qui, à un facteur de u de longueur $n_0 + 1$, associe son préfixe de longueur n_0, est bijective ; même conclusion pour l'application g qui associe à u son suffixe de longueur n_0. Du coup, $g \circ f^{-1}$ est une permutation de $\mathcal{L}_{n_0}(u)$. Son ordre α est fini, au plus égal à $C_{n_0}(u)$.

• On constate que $u[i+1..i+n_0]$ est l'image de $u[i..i+n_0-1]$ par $g \circ f^{-1}$; donc $u[i+\alpha..i+\alpha+n_0-1]$ est l'image de $u[i..i+n_0-1]$ par $\left(g \circ f^{-1}\right)^\alpha$, qui n'est autre que l'identité de $\mathcal{L}_{n_0}(u)$. On en déduit $u_{i+\alpha+n_0-1} = u_{i+n_0-1}$ pour tout i, ce qui montre que u est ultimement périodique, et que sa période est au plus égale à α. À plus forte raison, elle est au plus égale à $C_{n_0}(u)$.

Question 26 • Le professeur J.-B. MALENCONTREUX a certainement rêvé. En effet, de deux choses l'une : ou bien la complexité est strictement croissante, auquel cas $C_n(u) \geqslant n+1$ puisque $C_0(u) = 1$; ou bien il existe un rang n_0 tel que $C_{n_0}(u) = C_{n_0+1}(u)$, auquel cas elle est stationnaire. Dans un cas comme dans l'autre, $C_n(u)$ n'est pas équivalent à $\ln n$ lorsque n tend vers l'infini.

4 Mot infini défini par itération d'un morphisme

Question 27 • Soient $(u_n)_{n\in\mathbb{N}}$ et $(v_n)_{n\in\mathbb{N}}$ deux suites qui convergent vers le même mot infini w. Soit $p \in \mathbb{N}$; comme $|v_{n+1}| > |v_n|$, il existe un indice q tel que $|v_q| \geqslant |u_p|$. Comme u_p et v_q sont tous deux préfixes de w, ceci implique que u_p est préfixe de v_q, et donc de tous les termes qui suivent dans la suite $(v_n)_{n\in\mathbb{N}}$. On a bien entendu un énoncé symétrique ; ainsi chaque terme d'une suite est préfixe de tous les termes de l'autre suite, sauf peut-être un nombre fini d'entre eux.

Question 28 • Il suffit de prouver que u_n est préfixe propre de u_{n+1}. Procédons par récurrence sur n ; pour $n = 0$, c'est l'hypothèse de l'énoncé. Supposons acquis le fait que que u_n est préfixe propre de u_{n+1} : il existe $v_n \neq \varepsilon$ tel que $u_{n+1} = u_n v_n$. Alors $u_{n+2} = \varphi(u_{n+1}) = \varphi(u_n v_n) = \varphi(u_n)\varphi(v_n) = u_{n+1}\varphi(v_n)$. Mais $v_n \in A^+$, donc $\varphi(v_n) \in A^+$ si bien que u_{n+1} est préfixe propre de u_{n+2}.

Question 29 • Notons $v = \varphi^\omega(a) = v_1 v_2 \ldots v_n \ldots$ et prouvons que le mot $\Phi(v) = \varphi(v_1)\varphi(v_2)\ldots\varphi(v_n)\ldots$ est égal à v. Pour ce faire, fixons $n \geqslant 1$ et montrons que la n-ième lettre de $\Phi(v)$ est v_n ; il suffit de prouver que $v_1 v_2 \ldots v_n$ est préfixe de $\Phi(v)$. Une récurrence immédiate montrerait que $|\varphi^n(a)| > n$, donc $v_1 v_2 \ldots v_n$ est préfixe de $\varphi^n(a)$; soit w tel que $\varphi^n(a) = v_1 v_2 \ldots v_n w$. On aura $\varphi^{n+1}(a) = \varphi(v_1 v_2 \ldots v_n w) = \varphi(v_1)\varphi(v_2)\ldots\varphi(v_n)\varphi(w)$; $v_1 v_2 \ldots v_n$ est préfixe de $\varphi^n(a)$, donc de $\varphi^{n+1}(a)$, puis de $\varphi(v_1)\varphi(v_2)\ldots\varphi(v_n)$ —puisque ce mot a une longueur au moins égale à n— et *a fortiori* de $\Phi(v)$.

Question 30 • $v_0 = a$; $v_1 = \varphi(a) = ab$; $v_2 = \varphi(ab) = \varphi(a)\varphi(b) = ababb$; de même, $v_3 = ababbabababb$ et $v_4 = ababbababbabababbabababbabababb$.

Question 31 • $v_0 = a$, donc $x_0 = 1$ et $y_0 = 0$. Comme chaque a est remplacé par ab, et chaque b par abb, on a $x_{n+1} = x_n + y_n$ et $y_{n+1} = x_n + 2y_n$. Calculons à la main quelques valeurs :

n	0	1	2	3	4	5
x_n	1	1	2	5	13	34
y_n	0	1	3	8	21	55

On peut donc penser que $x_n = F_{2n-1}$ (sauf pour $n = 0$) et $y_n = F_{2n}$. Vérifions par récurrence : $x_{n+1} = x_n + y_n = F_{2n-1} + F_{2n} = F_{2n+1} = F_{2(n+1)-1}$ et $y_{n+1} = x_n + 2y_n = x_{n+1} + y_n = F_{2n+1} + F_{2n} = F_{2n+2} = F_{2(n+1)}$ ce qui achève la preuve.

Question 32 • Si aa était facteur de v, il serait facteur d'un préfixe v_n (suffi-samment long) de v ; or, dans v_n, chaque a est suivi d'un b. De même, chaque b est suivi d'un a, ou d'un b suivi lui-même d'un a, si bien que bbb ne peut être facteur de v_n, ni *a fortiori* de v.

Question 33 • Aucun des mots aaa, aab, baa et bbb ne peut être facteur de v d'après la question précédente. On constate que les mots aba, abb, bab et bba sont facteurs de v_3, donc de v : ce sont donc les seuls.

• De même, aucun des mots $aaaa$, $aaab$, $aaba$, $aabb$, $abaa$, $abbb$, $baaa$, $baab$, $bbaa$, $bbba$, $bbbb$ ne peut être facteur de v. Il ne reste que cinq candidats : $abab$, $abba$, $baba$, $babb$ et $bbab$; chacun apparaît dans v_3, donc dans v, si bien que la liste est complète !

Question 34 • On utilise une fonction `fac` qui accumule dans une liste les facteurs trouvés ; p est la position du facteur à examiner, l est la liste en cours de construction. On notera que la formulation de `fac` est récursive terminale. La fonction `mem`, de type `'a -> 'a list -> bool` est prédéfinie en Caml ; elle permet de savoir si un objet est présent dans une liste.

```
let facteurs s n =
  let rec fac s n l p =
    if string_length s < p + n then l else
      let g = sub_string s p n in
        fac s n (if mem g l then l else g::l) (p+1)
  in fac s n [] 0 ;;
```

Question 35 • $v_2 = ababb = (ab)^2 b$; supposons établie l'existence de w_n et w'_n tels que $v_n = (w_n)^2 w'_n$, au rang $n \geqslant 2$; alors

$$v_{n+1} = \varphi(v_n) = \varphi\big((w_n)^2 w'_n\big) = \big(\varphi(w_n)\big)^2 \varphi(w'_n) = (w_{n+1})^2 w'_{n+1}$$

avec $w_{n+1} = \varphi(w_n)$ et $w'_{n+1} = \varphi(w'_n)$. Clairement, $|w_n| = 2^{n-1}$, donc v est la limite de la suite $(w_n)_{n \in \mathbb{N}}$. Soit u un facteur de v ; il existe un indice n_0 suffisamment grand pour que u soit facteur de w_{n_0}. Alors u est facteur de w_n, et donc de $v[2^{n-1} + 1..2^n]$ pour tout $n \geqslant n_0$, ce qui montre que u a une infinité d'occurrences dans v.

▶ On peut en fait établir que le mot v est *sturmien*, c'est-à-dire que $C_n(u) = n+1$ pour tout $n \in \mathbb{N}$.

5 Propriétés inévitables

Question 36 • Notons L l'ensemble des mots qui ne vérifient pas $\mathcal{P}$. Comme $\mathcal{P}$ est idéale, L contient tous les facteurs de u dès qu'il contient u. Si $\mathcal{P}$ est évitable, L est infini ; alors le mot u dont l'existence est prouvée par la question 18 convient : chacun des facteurs de u est facteur d'au moins un mot de L, donc ne vérifie pas $\mathcal{P}$. Inversement, soit $u \in A^\omega$ un mot infini dont aucun facteur ne vérifie $\mathcal{P}$; les préfixes de u forment un ensemble infini de mots donc aucun ne vérifie $\mathcal{P}$, si bien que cette propriété est évitable..

Question 37 • Soit u possédant un facteur carré : il est clair que xuy possède le même facteur carré. Ainsi, $\mathcal{P}$ est idéale. Sur l'alphabet $A = \{a\}$, les seuls mots sans facteur carré sont ε et a. Si $A = \{a, b\}$, tout mot de longueur 4 contient un facteur carré : en effet, si un tel mot ne contient ni le facteur aa, ni le facteur bb, il est nécessairement égal à $abab$ ou à $baba$; par suite, les seuls mots sans facteur carré sont ε, a, b, ab, ba, aba et bab. Dans chaque cas, il n'y a qu'un nombre fini de mots sans facteur carré, et $\mathcal{P}$ est inévitable.

Question 38 • Soient u et v distincts, ayant même image par φ. On peut supposer que la longueur commune de $\varphi(u)$ et $\varphi(v)$ est minimale. L'initiale commune de ces deux mots ne peut être b ; ce ne peut non plus être $c = \varphi(b)$ sans contredire cette hypothèse, car on pourrait écrire $u = bu_1$, $v = bv_1$ et alors $\varphi(u_1) = \varphi(v_1)$. Cette initiale est donc a ; la lettre suivante est b ou c. Si c'est un c, comme $ac = \varphi(b)$ on peut écrire $u = bu_1$, $v = bv_1$ et à nouveau contredire l'hypothèse de minimalité. Enfin, si la lettre suivant a est un b, celui-ci doit être suivi d'un c ; on écrit dans ce cas $u = au_1$, $v = av_1$ d'où la contradiction.

Question 39 • Il est clair que ni aa, ni cc ne peuvent être facteurs de v ; ceci permet déjà d'exclure les facteurs aaa, aab, aac, acc, baa, bcc, caa et ccc. Les facteurs bba, bbb, bbc et cbb ne peuvent non plus être obtenus, car la présence du facteur bb requiert (en amont) celle du facteur cc. Il ne nous reste plus que dix candidats : abc, aca, acb, bab, bac, bca, bcb, cab, cac et cba. Or $\varphi(a) = abc$, $\varphi^2(a) = \varphi(abc) = abcacb$, $\varphi^3(a) = \varphi(abcacb) = abcacbabcbac$ et :

$$\varphi^4(a) = \varphi(abcacbabcbac) = abcacbabcbacabcacbacabcb$$

Les dix candidats ont chacun une occurrence dans ce dernier mot, donc la liste est complète.

Question 40 • Supposons que v possède un facteur carré : $v = xy^2z$, avec $x \in A^*$, $y \in A^+$, $z \in A^\omega$. On peut supposer $|x|$ minimale ; dans ces conditions, y ne peut se terminer par a (sinon il doit commencer par c ou bc, et donc être précédé de ce mot, ce qui contredit la minimalité de $|x|$), non plus que par ab. Il existe donc des mots x' et y' tels que $x = \varphi(x')$ et $y = \varphi(y')$; comme x' commence par a, $|x'| < |x|$; mais y'^2 est un facteur carré de v, contredisant la minimalité de $|x|$.

Question 41 • La réponse est négative : aba est sans facteur carré, mais $\varphi(aba) = abcacabc = ab(ca)^2bc$ ne l'est pas.

Question 42 • La fonction ci-dessous procède brutalement, en examinant toutes les possibilités. Il est clair que l'on pourrait diminuer la complexité, qui est de l'ordre de n^3.

```
exception carré;;
let est_sans_carré s =
 let sl = string_length s in
  try
    for pos = 0 to sl - 2 do
      for lgr = 1 to (sl-pos)/2 do
        if (sub_string s pos lgr) = (sub_string s (pos+lgr) lgr)
        then raise carré
```

```
            done
          done; true
        with carré -> false ;;
```

6 Les tours de Hanoï

Question 43 • $H_3 = \mathrm{a\overline{c}bac\overline{b}a}$.

Question 44 • L'action de σ revient à renuméroter les aiguilles selon la permutation circulaire $1 \to 2 \to 3\ldots$

Question 45 • Pour déplacer la pile de $2n + 1$ disques de 1 vers 2, on déplace la pile formée des $2n$ disques du dessus de 1 vers 3, ce qui est codé par H_{2n} ; on déplace le plus grand disque de 1 vers 2, ce qui est codé par a ; et on déplace la pile de $2n$ disques de 3 vers 2, ce qui est codé par $\sigma^{-1}(H_{2n})$ d'après la question précédente ; ceci établit la relation $H_{2n+1} = H_{2n}\mathrm{a}\sigma^{-1}(H_{2n})$.

• Pour déplacer la pile de $2n + 2$ disques de 1 vers 3, on déplace la pile formée des $2n + 1$ disques du dessus de 1 vers 3, ce qui est codé par H_{2n+1} ; on déplace le plus grand disque de 1 vers 3, ce qui est codé par $\overline{\mathrm{c}}$; et on déplace la pile de $2n + 2$ disques de 3 vers 1, ce qui est codé par $\sigma(H_{2n+1})$. On obtient ainsi $H_{2n+2} = H_{2n+1}\overline{\mathrm{c}}\sigma(H_{2n+1})$.

Question 46 • La suite $(H_n)_{n\in\mathbb{N}}$ converge parce que H_n est préfixe propre de H_{n+1} pour tout $n \in \mathbb{N}$. Utilisons le symbole α pour désigner une lettre égale à a ou $\overline{\mathrm{a}}$, et de même β et γ. Notons $\lambda_n = \lfloor |H_n|/6 \rfloor$. L'énoncé nous invite à prouver que les deux relations suivantes sont valables pour tout $n \geqslant 1$:

$$H_{2n-1} = (\mathrm{a}\gamma\mathrm{b}\alpha\mathrm{c}\beta)^{\lambda_{2n-1}}\mathrm{a} \tag{1}$$
$$H_{2n} = (\mathrm{a}\gamma\mathrm{b}\alpha\mathrm{c}\beta)^{\lambda_{2n}}\mathrm{a}\gamma\mathrm{b} \tag{2}$$

• Notons μ_n le reste modulo 6 de $|H_n|$; on a $H_1 = 1$, donc $\mu_1 = 1$. De la relation $|H_{n+1}| = 2|H_n| + 1$, on déduit $\mu_{n+1} \equiv 2\mu_n + 1 \pmod 6$. En particulier :

$$\mu_2 \equiv 3 \pmod 6 \quad \text{donc} \quad \mu_2 = 3$$
$$\mu_3 \equiv 7 \pmod 6 \quad \text{donc} \quad \mu_3 = 1$$

La suite de terme général μ_n est périodique, de période 2. On en déduit les égalités $|H_{2n-1}| = 6\lambda_{2n-1} + 1$ et $|H_{2n}| = 6\lambda_{2n} + 3$, d'où :

$$\lambda_{2n-1} = \frac{2^{2n-1} - 2}{6} \quad \text{et} \quad \lambda_{2n} = \frac{2^{2n} - 4}{6}$$

• Prouvons les relations (1) et (2). Nous procédons par récurrence sur $n \geqslant 1$. Le cas $n = 1$ est réglé en observant que $\lambda_1 = 0$, et $H_1 = \mathrm{a} = (\mathrm{a}\gamma\mathrm{b}\alpha\mathrm{c}\beta)^{\lambda_1}\mathrm{a}$; puis que $\lambda_2 = 0$ et $H_2 = \mathrm{a\overline{c}b} = (\mathrm{a}\gamma\mathrm{b}\alpha\mathrm{c}\beta)^{\lambda_2}\mathrm{a\overline{c}b}$. Supposons acquises les relations (1) et (2) ; alors :

$$
\begin{aligned}
H_{2n+1} &= H_{2n}\mathbf{a}\sigma^{-1}(H_{2n}) = (\mathbf{a}\gamma\mathbf{b}\alpha\mathbf{c}\beta)^{\lambda_{2n}}\mathbf{a}\gamma\mathbf{b}\alpha\sigma^{-1}\big((\mathbf{a}\gamma\mathbf{b}\alpha\mathbf{c}\beta)^{\lambda_{2n}}\mathbf{a}\gamma\mathbf{b}\big) \\
&= (\mathbf{a}\gamma\mathbf{b}\alpha\mathbf{c}\beta)^{\lambda_{2n}}\mathbf{a}\gamma\mathbf{b}\alpha(\mathbf{c}\beta\mathbf{a}\gamma\mathbf{b}\alpha)^{\lambda_{2n}}\mathbf{c}\beta\mathbf{a} \\
&= (\mathbf{a}\gamma\mathbf{b}\alpha\mathbf{c}\beta)^{\lambda_{2n}}\mathbf{a}\gamma\mathbf{b}\alpha\mathbf{c}\beta(\mathbf{a}\gamma\mathbf{b}\alpha\mathbf{c}\beta)^{\lambda_{2n}-1}\mathbf{a}\gamma\mathbf{b}\alpha\mathbf{c}\beta\mathbf{a} \\
&= (\mathbf{a}\gamma\mathbf{b}\alpha\mathbf{c}\beta)^{2\lambda_{2n}+1}\mathbf{a}
\end{aligned}
$$

Comme $2\lambda_{2n} + 1 = \lambda_{2n+1}$, ceci établit la relation concernant H_{2n+1} ; on peut maintenant établir celle qui concerne H_{2n+2}, ce qui achèvera la démonstration :

$$
\begin{aligned}
H_{2n+2} &= H_{2n+1}\overline{\mathbf{c}}\sigma(H_{2n+1}) = (\mathbf{a}\gamma\mathbf{b}\alpha\mathbf{c}\beta)^{\lambda_{2n+1}}\mathbf{a}\overline{\mathbf{c}}\sigma\big((\mathbf{a}\gamma\mathbf{b}\alpha\mathbf{c}\beta)^{\lambda_{2n+1}}\mathbf{a}\big) \\
&= (\mathbf{a}\gamma\mathbf{b}\alpha\mathbf{c}\beta)^{\lambda_{2n+1}}\mathbf{a}\gamma(\mathbf{b}\alpha\mathbf{c}\beta\mathbf{a}\gamma)^{\lambda_{2n+1}}\mathbf{b} \\
&= (\mathbf{a}\gamma\mathbf{b}\alpha\mathbf{c}\beta)^{\lambda_{2n+1}}\mathbf{a}\gamma\mathbf{b}\alpha\mathbf{c}\beta(\mathbf{a}\gamma\mathbf{b}\alpha\mathbf{c}\beta)^{\lambda_{2n+1}-1}\mathbf{a}\gamma\mathbf{b} \\
&= (\mathbf{a}\gamma\mathbf{b}\alpha\mathbf{c}\beta)^{2\lambda_{2n+1}}\mathbf{a}\gamma\mathbf{b}
\end{aligned}
$$

D'où le résultat puisque $2\lambda_{2n+1} = \lambda_{2n+2}$.

Question 47 • Il suffit, puisque φ et σ sont des morphismes, de vérifier les égalités sur les lettres ; les calculs sont présentés dans le tableau 1.

x	$\sigma(x)$	$(\varphi \circ \sigma)(x)$	$\varphi(x)$	$(\sigma^{-1} \circ \varphi)(x)$
$\mathbf{a}$	$\mathbf{b}$	$\mathbf{c}\overline{\mathbf{b}}$	$\mathbf{a}\overline{\mathbf{c}}$	$\mathbf{c}\overline{\mathbf{b}}$
$\mathbf{b}$	$\mathbf{c}$	$\mathbf{b}\overline{\mathbf{a}}$	$\mathbf{c}\overline{\mathbf{b}}$	$\mathbf{b}\overline{\mathbf{a}}$
$\mathbf{c}$	$\mathbf{a}$	$\mathbf{a}\overline{\mathbf{c}}$	$\mathbf{b}\overline{\mathbf{a}}$	$\mathbf{a}\overline{\mathbf{c}}$
$\overline{\mathbf{a}}$	$\overline{\mathbf{b}}$	$\mathbf{c}\mathbf{b}$	$\mathbf{a}\mathbf{c}$	$\mathbf{c}\mathbf{b}$
$\overline{\mathbf{b}}$	$\overline{\mathbf{c}}$	$\mathbf{b}\mathbf{a}$	$\mathbf{c}\mathbf{b}$	$\mathbf{b}\mathbf{a}$
$\overline{\mathbf{c}}$	$\overline{\mathbf{a}}$	$\mathbf{a}\mathbf{c}$	$\mathbf{b}\mathbf{a}$	$\mathbf{c}\mathbf{b}$

Tableau 1 : vérification de $\varphi \circ \sigma = \sigma^{-1} \circ \varphi$

La deuxième égalité s'en déduit en composant à gauche par σ et à droite par σ^{-1} :

$$
\sigma \circ (\varphi \circ \sigma) \circ \sigma^{-1} = \sigma \circ (\sigma^{-1} \circ \varphi) \circ \sigma^{-1}
$$

soit $\sigma \circ \varphi = \varphi \circ \sigma^{-1}$ ce qui, à l'ordre d'écriture près, est la relation demandée.

Question 48 • On démontre, par récurrence sur n, l'assertion $\mathcal{P}(n)$ suivante : $\varphi(H_{2n})\mathbf{a} = H_{2n+1}$ et $\varphi(H_{2n+1})\mathbf{b} = H_{2n+2}$. Pour $n = 0$:

$$
\varphi(H_0)\mathbf{a} = \varphi(\varepsilon)\mathbf{a} = \mathbf{a} = H_1 \qquad \text{et} \qquad \varphi(H_1)\mathbf{b} = \varphi(\mathbf{a})\mathbf{b} = \mathbf{a}\overline{\mathbf{c}}\mathbf{b} = H_2
$$

Supposons $\mathcal{P}(n)$ acquise ; alors :

$$
\begin{aligned}
\varphi(H_{2n+2})\mathbf{a} &= \varphi\big(H_{2n+1}\overline{\mathbf{c}}\sigma(H_{2n+1})\big)\mathbf{a} = \varphi(H_{2n+1})\varphi(\overline{\mathbf{c}})(\varphi \circ \sigma)(H_{2n+1})\mathbf{a} \\
&= \varphi(H_{2n+1})\mathbf{b}\mathbf{a}(\sigma^{-1} \circ \varphi)(H_{2n+1})\sigma^{-1}(\mathbf{b}) \\
&= \varphi(H_{2n+1})\mathbf{b}\mathbf{a}\sigma^{-1}\big(\varphi(H_{2n+1})\mathbf{b}\big) \\
&= H_{2n+2}\mathbf{a}\sigma^{-1}(H_{2n+2}) = H_{2n+3}
\end{aligned}
$$

De la même façon, on a :

$$\begin{aligned}
\varphi(H_{2n+3})\mathbf{b} &= \varphi\big(H_{2n+2}\mathbf{a}\sigma^{-1}(H_{2n+2})\big)\mathbf{b} = \varphi(H_{2n+2})\varphi(\mathbf{a})(\varphi \circ \sigma^{-1})(H_{2n+2})\mathbf{b}\\
&= \varphi(H_{2n+2})\mathbf{a}\overline{\mathbf{c}}(\sigma \circ \varphi)(H_{2n+2})\sigma(\mathbf{a}) = \varphi(H_{2n+2})\mathbf{a}\overline{\mathbf{c}}\sigma\big(\varphi(H_{2n+2})\mathbf{a}\big)\\
&= H_{2n+3}\overline{\mathbf{c}}\sigma(H_{2n+3}) = H_{2n+4}
\end{aligned}$$

Ceci achève d'établir $\mathcal{P}(n+1)$.

Question 49 • Procédons comme à la question 29 : notons $\mathcal{H} = v_1 v_2 \ldots v_p \ldots$ et prouvons que la p-ième lettre de $\varphi(\mathcal{H})$ est v_p. Soit n assez grand pour que $|H_n| \geqslant p$; alors $v_1 v_2 \ldots v_p$ est préfixe de H_n ; mais $\varphi(H_n)$ est préfixe de H_{n+1} donc la p-ième lettre de $\varphi(\mathcal{H})$ est la p-ième lettre de H_{n+1} ; or H_n est préfixe de longueur $n \geqslant p$ de H_{n+1}, donc cette lettre est précisément v_p.

• Pour ce qui est de l'unicité : muni de la topologie de CANTOR, l'ensemble des mots infinis est compact ; l'application φ est contractante donc son point fixe est unique.

Question 50 • Raisonnons par l'absurde : supposons que $\mathcal{H}$ contienne quatre lettres consécutives non surlignées ; on ne restreint pas la généralité en considérant le plus petit indice n tel que $\mathcal{H}[n..n+3]$ ne contient que des lettres non surlignées. n ne peut être pair : en effet, on aurait $n \geqslant 2$, mais alors $\mathcal{H}_{n-1}$ serait une lettre non surlignée, si bien que $\mathcal{H}[n-1..n+2]$ serait un facteur de $\mathcal{H}$, de longueur 4, ne contenant que des lettres non surlignées, contredisant l'hypothèse de minimalité faite sur n. C'est donc que n est impair : $n = 2p+1$; alors $\mathcal{H}[n..n+3] = \mathcal{H}_{2p+1}\mathcal{H}_{2p+2}\mathcal{H}_{2p+3}\mathcal{H}_{2p+4} = \varphi(\mathcal{H}_{p+1})\varphi(\mathcal{H}_{p+2})$; or l'une au moins des deux lettres $\mathcal{H}_{p+1}$ et $\mathcal{H}_{p+2}$ n'est pas surlignée, et par suite son image par φ contient une lettre surlignée, ce qui met en évidence une contradiction.

Question 51 • Ici encore, raisonnons par l'absurde, en supposant que $\mathcal{H}$ contient un facteur carré xx ; sans perte de généralité, on peut choisir x de longueur $n = |x|$ minimale. Notons p la position de départ de l'occurrence de xx située le plus à gauche possible dans $\mathcal{H}$; ainsi $x = v_p v_{p+1} \ldots v_{p+n-1} = v_{p+n} v_{p+n+1} \ldots v_{p+2n-1}$.

• Si n est impair, aucune lettre de x n'est surlignée (puisque la j-ième lettre a une occurrence en position $p+j-1$ et une autre en position $p+n+j-1$ et que l'un des ces indices est impair) ; comme $\mathcal{H}$ ne contient pas quatre lettres consécutives non barrées, on a nécessairement $n = 1$, mais ceci est absurde : on ne peut effectuer deux fois de suite la même manœuvre élémentaire, pour résoudre le problème des tours de Hanoï (et de toute façon, il résulte de la question 46 que $\mathcal{H}$ ne contient pas deux lettres consécutives identiques). Ainsi, n est pair : $n = 2m$.

• La périodicité «partielle» du mot $\mathcal{H}$, mise en évidence à la question 46, a pour conséquence que n est multiple de 6 ; si p est pair, $v_{p-1} = v_{p+n-1}$ si bien que $v_{p-1}v_p \ldots v_{p+n-2} = v_{p+n-1}v_{p+n} \ldots v_{p+2n-2}$: ceci contredit l'hypothèse faite sur la position p. Donc p est impair : $p = 2q+1$; mais alors :

$$v_p v_{p+1} \ldots v_{p+n-1} = v_{2q+1}v_{2q+2} \ldots v_{2q+2m} = \varphi(v_{q+1}v_{q+2} \ldots v_{q+m})$$

De même, on a :

$$\begin{aligned}
v_{p+n}v_{p+n+1} \ldots v_{p+2n-1} &= v_{2q+2m+1}v_{2q+2m+2} \ldots v_{2q+4m}\\
&= \varphi(v_{q+m+1}v_{q+m+2} \ldots v_{q+2m})
\end{aligned}$$

Notant y la valeur commune de $v_{q+1}v_{q+2}\ldots v_{q+m}$ et $v_{q+m+1}v_{q+m+2}\ldots v_{q+2m}$, on met en évidence un facteur carré yy de $\mathcal{H}$, avec $|y| = m < n$ contredisant l'hypothèse de minimalité faite sur $|x|$. Tous les cas de figure ayant été examinés, on peut conclure : $\mathcal{H}$ n'a pas de facteur carré.

Question 52 • La réponse est négative : le lemme de l'étoile montre qu'un langage infini contient nécessairement au moins un mot ayant un facteur carré (et même au moins un mot ayant un facteur de la forme x^k avec k arbitrairement grand).

▶ Petit complément de programmation : nous allons écrire une fonction qui calcule à la demande des termes de la suite $\mathcal{H}$. Nous pourrons ensuite vérifier qu'aucun de ces termes n'a de facteur carré. Commençons par écrire les fonctions σ et σ^{-1} :

```
let sigma = function
| 'a' -> "b"  | 'b' -> "c"  | 'c' -> "a"
| 'A' -> "B"  | 'B' -> "C"  | 'C' -> "A"  ;;

let sigma' = function
| 'a' -> "c"  | 'b' -> "a"  | 'c' -> "b"
| 'A' -> "C"  | 'B' -> "A"  | 'C' -> "B"  ;;
```

L'écriture la fonction φ se fait en deux temps ; on commence par définir les images des lettres, puis on définit l'image d'un mot.

```
let aux = function
| 'a' -> "aC"  | 'b' -> "cB"  | 'c' -> "bA"
| 'A' -> "ac"  | 'B' -> "cb"  | 'C' -> "ba"  ;;

let phi s = concat (map aux (list_of_string s))  ;;
```

La fonction `list_of_string` est à prendre dans le corrigé du problème 4, page 28. Avec ce travail préliminaire, l'écriture de la fonction H est immédiate :

```
let rec H = function
| 1 -> "a"
| n when n mod 2 = 0 -> phi(H(n-1)) ^ "b"
| n -> phi(H(n-1)) ^ "a"  ;;
```

Remarque finale : le corrigé n'est pas beaucoup plus long que l'énoncé.

—— FIN DU CORRIGÉ ——

Références bibliographiques, notes diverses

▶ L'étude des systèmes de réécriture remonte à deux articles écrits par Axel THUE en 1910 et 1914, où il posait ce qu'il est convenu d'appeler maintenant le *problème de Post* : à une famille de règles, on associe une relation $\overset{*}{\leftrightarrow}$ définie comme $\overset{*}{\to}$, en remplaçant $z_{i-1} \to z_i$ par $(z_{i-1} \to z_i) \vee (z_i \to z_{i-1})$. Clairement, $\overset{*}{\leftrightarrow}$ est une équivalence : peut-on dire si deux mots x et y donnés sont équivalents ? L'indécidabilité de ce problème dans le cas général a été établie en 1947 par Emil POST. Bien entendu, dans certains cas particuliers on peut répondre au problème, comme le montrent les exemples étudiés dans la partie 2.

▶ L'étude des répétitions dans les mots finis ou infinis remonte à deux autres articles, écrits par Axel THUE en 1906 et 1912. Dans le premier, il construit le mot infini sans facteur carré présenté dans la partie 5 ; dans le second, il construit la suite connue maintenant sous le nom de *suite de Thue-Morse* ; il convient de signaler que cette suite avait déjà été décrite en 1851 par PROUHET. Cette suite ne contient pas de facteur *cubique* ; en fait, THUE démontre une propriété plus générale : cette suite ne contient aucun *recouvrement*, c'est-à-dire n'a aucun facteur de la forme *auaua* avec $a \in A$ et $u \in A^*$. Jean BERSTEL a rédigé un historique des travaux de THUE, dans un article intitulé *Axel Thue's work on repetitions in words*, disponible à l'URL :

> http://www-igm.univ-mlv.fr/~berstel/Articles/montreal.ps.gz

▶ Le système de réécriture basé sur la règle $ab \to bba$ a fait l'objet d'une question à l'oral d'informatique de l'E.N.S. de Cachan en 1997, puis à celui de l'E.N.S. de Paris en 1998.

▶ On trouvera dans le livre *Combinatorics on Words*, de LOTHAIRE, un chapitre consacré aux mots sans facteurs carrés. Pour un «état de l'art» sur ces mots, je n'ai pas trouvé de référence plus récente que l'article de Jean BERSTEL *Some recent results on squarefree words*, publié dans le numéro 166 des *Lecture Notes in Computer Science* (éd. Springer).

▶ Sur les régularités inévitables, le texte de référence le plus récent est sans doute la thèse de Julien CASSAIGNE, en attendant la parution du chapitre 3 de *Algebraic Combinatorics on Words*.

▶ La méthode utilisée à la question 42 pour détecter la présence de facteurs carrés dans un mot est naïve ; on peut avoir un coût $\mathcal{O}(n^2)$ en s'inspirant de l'algorithme de KNUTH, MORRIS et PRATT. Il existe des algorithmes de coût $\mathcal{O}(n \ln n)$: l'un a été proposé par Maxime CROCHEMORE (*C.R. Acad. Sci. Paris*, 196(1) : 781–784, 1983) ; l'autre par Michael G. MAINZ et Richard J. LORENTZ (*Journal of Algorithms* 5, 442-432, 1984). Les mêmes auteurs ont proposé des algorithmes de coût $\mathcal{O}(n)$ lorsque la taille de l'alphabet est fixée, et ont montré que cette hypothèse supplémentaire ne pouvait être omise.

▶ Merci à Jean-Paul ALLOUCHE, Jean BERSTEL, Julien CASSAIGNE, Maxime CROCHEMORE et Antoine PETIT.

> *Père Ivan, dans la détresse et la dèche, à Pau,*
> *périt, vendant, là des tresses, et là des chapeaux.*

▶ Ce sujet a été soumis à la sagacité des étudiants le mardi 25 novembre 1997.

Problème 16

Structure secondaire de l'ARN de transfert

Présentation

On regroupe sous le nom générique de *molécules de la vie* l'ADN, les diverses sortes d'ARN et les protéines. Leur étude fait intervenir de multiples spécialistes : chimistes, biochimistes, généticiens... Elle pose d'intéressants problèmes aux informaticiens et aux combinatoristes.

On observe ici quelques propriétés de la *structure secondaire* des ARN de transfert ; ces macro-molécules interviennent dans la synthèse des protéines.

Dans un premier temps, on s'intéresse au nombre $S(n)$ de «modèles» possibles de structures secondaires de longueur n ; on donne un majorant de $S(n)$.

On étudie ensuite diverses représentations d'un tel modèle : au moyen d'un arbre, au moyen d'une chaîne de caractères.

La dernière partie propose le calcul d'une structure secondaire optimale (en un sens défini dans le texte), au moyen d'une technique classique de programmation dynamique.

Prérequis

Relations de récurrence ; techniques de dénombrement. Arbres. Bonne maîtrise de la programmation, dans la dernière partie.

ARN : acide ribonucléique, qui ressemble beaucoup à l'ADN mais n'a qu'une seule hélice.

Claude Allègre — La d'''efaite de Platon

Problème 16 : l'énoncé

Notations, définitions, et mises en garde

▶ Un ARN de transfert est une macro-molécule formée (pour l'essentiel) d'une succession de bases purines (adénine et guanine) et pyrimidines (cytosine et uracile), deux bases consécutives étant reliées par une *liaison phosphodiester*. On peut considérer cette molécule comme un mot sur l'alphabet $\mathcal{B} = \{\text{A}, \text{C}, \text{G}, \text{U}\}$; ce mot représente la *structure primaire* de l'ARN.

▶ Cette molécule, qui devrait avoir l'apparence d'un fil, a tendance à se replier sur elle-même, car certaines paires de bases non adjacentes sont reliées par une *liaison hydrogène*. L'ensemble de ces liaisons constitue la *structure secondaire* de l'ARN. La description que nous venons de faire est volontairement simplifiée, mais elle suffit pour nos besoins. La figure 1 donne un exemple de telle structure ; les liaisons primaires apparaissent en traits fins, tandis que les liaisons secondaires apparaissent en traits plus épais.

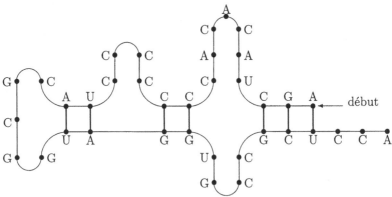

Figure 1: un exemple (hypothétique) de structure secondaire

1 Dénombrement des modèles de structures secondaires

▶ On ne se préoccupe pas, pour l'instant, de la nature précise des bases qui forment la structure primaire de l'ARN de transfert.

▶ Un *modèle de structure secondaire* de longueur n est une involution s de l'intervalle discret $[\![1, n]\!]$ vérifiant les deux propriétés suivantes :

(1) si i n'est pas un point fixe de s, alors $|s(i) - i| \geqslant 2$.

(2) soient i et j deux éléments de $[\![1, n]\!]$ tels que $i < s(i)$, $j < s(j)$ et $i < j$; on a alors soit $s(i) < j$ soit $s(j) < s(i)$.

Définissons une *liaison secondaire* du modèle s : c'est un couple $(i, s(i))$ tel que $i < s(i)$. La première propriété traduit le fait qu'une liaison secondaire relie deux bases non adjacentes ; la deuxième propriété traduit l'hypothèse simplificatrice suivante : la structure secondaire de l'ARN de transfert est représentable par un graphe planaire. Ceci revient à dire que les liaisons secondaires peuvent être imbriquées, mais non enchevêtrées.

▶ Dans la suite, nous utiliserons simplement le mot *modèle* à la place de l'expression *modèle de structure secondaire*. Un modèle s de longueur n pourra être représenté par la liste $(s(1), s(2), \ldots, s(n))$ des images par s des éléments de $[\![1, n]\!]$. Le modèle *banal* est celui dans lequel il n'y a aucune liaison. La figure 2 donne deux représentations différentes d'un même modèle.

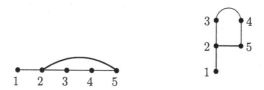

Figure 2: deux représentations du modèle $(1, 5, 3, 4, 2)$

Question 1 • Soient s un modèle de longueur n, et $(i, s(i))$ une liaison secondaire de s. Montrez que l'intervalle $[\![i, s(i)]\!]$ est stable par s.

▶ On peut alors considérer le modèle de longueur $p = s(i) - i - 1$ *induit* par s sur l'intervalle $[\![i + 1, s(i) - 1]\!]$: c'est l'application t de l'intervalle $[\![1, p]\!]$ dans lui-même définie par $t(k) = s(k + i) - i$.

▶ Pour les fonctions à écrire en Caml, un modèle s sera représentée par un vecteur d'entiers contenant, dans cet ordre, les valeurs $s(1), s(2), \ldots, s(n)$. Ne pas oublier qu'en Caml, l'indexation des éléments d'un vecteur commence à 0.

Question 2 • Énumérez les modèles de longueur 4, puis ceux de longueur 5.

Question 3 • Soient $n \geqslant 1$ et s une application de l'intervalle $[\![1, n]\!]$ dans lui-même, autre que l'identité. Soit i le plus petit indice tel que $s(i) \neq i$. Montrez que s est un modèle ssi les deux conditions suivantes sont satisfaites :

1. $s(i) > i + 1$;

2. s induit un modèle sur chacun des intervalles $[\![i+1, s(i)-1]\!]$ et $[\![s(i)+1, n]\!]$.

Question 4 • Rédigez en Caml une fonction de type `int vect -> bool` qui indique si un vecteur d'entiers représente un modèle.

▶ On note $S(n)$ le nombre de modèles de longueur n.

Question 5 • Dressez la liste des valeurs de $S(n)$ pour $n \leqslant 5$.

Question 6 • Établissez la relation

$$S(n+2) = S(n+1) + S(n) + \sum_{1 \leqslant i < n} S(i)S(n-i)$$

Question 7 • Rédigez en Caml une fonction de type `int -> int` calculant la valeur de $S(n)$ pour n donné. Le coût $c(n)$ du calcul de $S(n)$ ne devra pas être exponentiel en n (une analyse de ce coût serait d'ailleurs bienvenue).

Question 8 • Rédigez en Maple une fonction calculant $S(n)$.

Question 9 • Proposez un minorant simple de $S(n)$, montrant que la croissance de cette suite est exponentielle.

Question 10 ⋆⋆⋆ • Justifiez (ou admettez) la majoration $S(n) \leqslant \dfrac{3^n}{n(n+1)}$.

Question 11 Que pouvez-vous en déduire, concernant le rayon de convergence de la série entière $\displaystyle\sum_{n \geqslant 1} S(n)z^n$?

▶ On note $\varphi(z) = \displaystyle\sum_{n \geqslant 1} S(n)z^n$ lorsque cette série converge.

Question 12 ⋆⋆⋆ Montrez que $\varphi(z)$ vérifie une équation du second degré.

▶ Soient i et j deux indices tels que $j - i \geqslant 2$, ni i ni j ne sont points fixes de s, et tout $k \in [\![i+1, j-1]\!]$ est point fixe de s. On dit que (i, j) est une *boucle finale* si i et j sont images l'un de l'autre par s. On dit que (i, j) est un *bulbe* si $s(i) = s(j) + 1$. On dit que (i, j) est une *boucle interne* si $s(i) - s(j) > 1$ et si tout $k \in [\![s(j)+1, s(i)-1]\!]$ est invariant par s. Dans les autres cas de figure, on dit que i et j participent à une *jonction*.

Question 13 • Énumérez les boucles (internes et finales), les bulbes et les jonctions du modèle représenté à la figure 1 ; la première base est visée par la flèche.

Question 14 • Montrez que tout modèle comportant au moins une liaison comporte au moins une boucle finale.

▶ Un modèle est une *épingle à cheveux* s'il comporte exactement une boucle finale, éventuellement des boucles internes et/ou des bulbes, mais aucune jonction.

Question 15 • Combien existe-t-il d'épingles à cheveux de longueur n ?

2 Représentation d'un modèle par un arbre

▶ Soit s un modèle de longueur n. Un point fixe k de s est *visible* s'il n'existe aucune liaison secondaire $(i, s(i))$ telle que $i < k < s(i)$. De la même façon, une liaison secondaire $(k, s(k))$ est *visible* s'il n'existe aucune liaison secondaire $(i, s(i))$ telle que $i < k$ et $s(k) < s(i)$.

▶ On associe à s un arbre de la façon suivante : les fils de la racine sont les éléments visibles, dans l'ordre de leurs indices. Chaque point fixe visible est une feuille ; chaque liaison secondaire visible $(k, s(k))$ est un nœud, racine de l'arbre représentant le modèle induit par s sur l'intervalle $[\![k + 1, s(k) - 1]\!]$. La figure 3 illustre cette idée

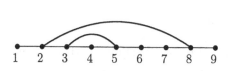

Figure 3: un modèle et l'arbre qui lui est associé

Question 16 • Montrez que l'on définit *effectivement* une fonction, notée τ dans la suite.

Question 17 • Construisez l'arbre associé au modèle dessiné à la figure 1.

Question 18 • Exprimez le nombre de nœuds et le nombre de feuilles de l'arbre associé à un modèle s, en fonction de la longueur $|s|$ et du nombre $\ell(s)$ de liaisons secondaires de ce modèle.

Question 19 • Montrez que l'application τ est injective.

▶ On définit le type Caml `type arbre = F | N of arbre list;;`.

Question 20 • Rédigez en Caml une fonction :

```
tau : int vect -> arbre
```

qui calcule l'arbre associé à un modèle, ce dernier étant représenté par un vecteur.

Question 21 • Rédigez en Caml une fonction :

```
inv_tau : arbre -> int vect
```

inverse de la précédente.

3 Représentation linéaire d'un modèle

▶ À un modèle s de longueur n, on associe sa *représentation linéaire* : c'est un mot $\psi(s)$ sur l'alphabet $\mathcal{R} = \{x, g, d\}$ défini comme suit : notons $j = s(1)$; si $j = 1$, alors $\psi(s) = x\psi(t)$ où t est le modèle induit par s sur l'intervalle discret $[\![2, n]\!]$; si $j = n$, alors $\psi(s) = g\psi(t)d$ où t est le modèle induit par s sur l'intervalle discret $[\![2, n-1]\!]$; enfin, si $1 < j < n$, alors $\psi(s) = g\psi(t)d\psi(u)$ où t est le modèle induit par s sur l'intervalle discret $[\![2, j-1]\!]$ et u le modèle induit par s sur l'intervalle discret $[\![j+1, n]\!]$. Par exemple, au modèle de la figure 3 on associe le mot $xggxdxxdx$.

Question 22 • Montrez que ceci définit *effectivement* une fonction.

Question 23 • On note $|w|_a$ le nombre d'occurrences d'une lettre a dans un mot w. Exprimez $\big|\psi(s)\big|_x$, $\big|\psi(s)\big|_g$ et $\big|\psi(s)\big|$ en fonction de la longueur $|s|$ et du nombre $\ell(s)$ de liaisons secondaires de s.

Question 24 • Calculez la représentation linéaire du modèle dessiné à la figure 1.

Question 25 • Rédigez en Caml une fonction :

```
psi : arbre -> int string
```

qui, à un arbre t, associe la représentation linéaire du modèle décrit par t.

Question 26 • Montrez que l'application ψ est injective.

Question 27 • Rédigez en Caml une fonction :

```
inv_psi : string -> arbre
```

qui, à une chaîne w associe l'arbre décrivant le modèle dont w est la représentation linéaire, ou déclenche une exception si w n'est pas la représentation linéaire d'un modèle.

4   Optimisation d'une structure secondaire

▶ Jusqu'ici, la nature précise des bases constituant l'ARN de transfert n'est pas intervenue. Soit m un mot de longueur n sur l'alphabet $\mathcal{B}$; une *structure secondaire* sur m est un modèle de longueur n vérifiant la propriété suivante :

(3) pour toute liaison secondaire $(i, s(i))$ apparaissant dans s, le couple $\big(m_i, m_{s(i)}\big)$ appartient à l'ensemble $\big\{(A, U); (U, A); (C, G); (G, C)\big\}$.

Cette propriété traduit le fait que seules certaines paires de bases peuvent établir une liaison hydrogène. On vérifiera que la figure 1 représente bien une structure secondaire.

Question 28 • Énumérez toutes les structures secondaires possibles sur le mot $m = \text{ACAGGUC}$.

▶ On se propose de décrire un algorithme qui, étant donné un mot m de longueur n sur l'alphabet $\mathcal{B}$, détermine le nombre maximal $\lambda(m)$ de liaisons d'une structure secondaire sur m. Pour $1 \leqslant i \leqslant j \leqslant n$, on note $\ell(i, j) = \lambda(m[i..j])$ où $m[i..j]$ désigne le mot $m_i m_{i+1} \ldots m_{j-1} m_j$.

Question 29 • Pour $1 \leqslant i \leqslant j < n$, montrez que $\ell(i, j + 1)$ est la plus grande des deux valeurs $\ell(i, j)$ et $\sigma(i, j)$ où

$$\sigma(i, j) = \max_{i \leqslant k < j} \rho(k, j + 1)\big(\ell(i, k - 1) + 1 + \ell(k + 1, j)\big)$$

et $\rho(p, q)$ est égal à 1 si les bases m_p et m_q peuvent établir une liaison secondaire, et à 0 sinon.

Question 30 • En déduire un algorithme de calcul de $\lambda(m)$.

Question 31 • Exprimez la complexité de cet algorithme en fonction de n. Plus précisément, vous déterminerez un exposant α tel que le coût (en nombre de consultations d'éléments de vecteurs) de l'application de cet algorithme à une structure de longueur n soit un $\mathcal{O}(n^{\alpha})$.

Question 32 • Rédigez en Caml une fonction :

```
lambda : string -> int
```

qui réalise le calcul de la fonction λ.

Question 33 • Rédigez en Caml une fonction :

```
optimise : string -> int vect
```

qui détermine une structure secondaire optimale, c'est-à-dire dont le nombre de liaisons secondaires est maximal.

———— FIN DE L'ÉNONCÉ ————

Les plaisanteurs & ieunes amoureux qui sesbatent a inuenter diuises, ou a les vsurper comme silz les auoient inuentees, font de cette lettre G, & dun A, vne diuise resueuse en faisant le A, plus petit que le G & le mettant dedans ledit G puis disent que cest a dire Iay grant appetit. En la quelle chose ne lorthographe, ne la pronunciation ne conuienent du tout, mais ie leur pardonne en les laissant plaisanter en leurs ieunes amours. Le dit G grant & le A petit veulent estre en la facon quil s'ensuyt.

Geofroy Tory — Art et science de la vraie proportion des lettres

Problème 16 : le corrigé

1 Dénombrement des modèles de structures secondaires

Question 1 • Soit $j \in [\![i, s(i)]\!]$, montrons que $s(j) \in [\![i, s(i)]\!]$. C'est clair si $j = i$, et aussi si $j = s(i)$ puisque $s\big(s(i)\big) = i$. Si $i < j < s(i)$, alors $i < s(j) < s(i)$ sinon les liaisons $(i, s(i))$ et $(j, s(j))$ seraient enchevêtrées.

Question 2 • Un modèle de longueur 4 comporte au plus une liaison secondaire ; il en existe donc quatre : $(1, 2, 3, 4)$; $(3, 2, 1, 4)$; $(4, 2, 3, 1)$ et $(1, 4, 3, 2)$.

• Il existe huit modèles de longueur 5 :

- le modèle banal $(1, 2, 3, 4, 5)$;

- cinq modèles comportant une liaison secondaire : $(3, 2, 1, 4, 5)$; $(4, 2, 3, 1, 5)$; $(5, 2, 3, 4, 1)$; $(1, 4, 3, 2, 5)$ et $(1, 2, 5, 4, 3)$;

- un modèle comportant deux liaisons secondaires : $(5, 4, 3, 2, 1)$.

Question 3 • Le sens direct est clair : l'intervalle $[\![i, s(i)]\!]$ est stable, donc l'intervalle $[\![i + 1, s(i) - 1]\!]$ l'est aussi. Soit $j \in [\![s(i) + 1, n]\!]$: on ne peut avoir $s(j) \in [\![i, s(i)]\!]$ sinon il y aurait enchevêtrement ; on ne peut non plus avoir $s(j) \in [\![1, i - 1]\!]$ puisque chaque élément de ce dernier intervalle est invariant par s. Donc $[\![s(i) + 1, n]\!]$ est lui aussi stable par s ; il est clair que les propriétés **(1)** et **(2)** sont vérifiées par les applications induites sur les intervalles $[\![i + 1, s(i) - 1]\!]$ et $[\![s(i) + 1, n]\!]$.

• Réciproquement, supposons que s induit un modèle sur chacun des intervalles $[\![i + 1, s(i) - 1]\!]$ et $[\![s(i) + 1, n]\!]$ et que $s(i) > i + 1$. La propriété **(1)** est clairement satisfaite, grâce à cette dernière condition ; et on constate qu'il n'y a pas d'enchevêtrement, si bien que la condition **(2)** est elle aussi vérifiée.

Question 4 • N'oublions pas que l'indexation des vecteurs commence à 0 en Caml, alors que la numérotation de l'énoncé commence à 1. La fonction modèle détermine récursivement (en appliquant le résultat de la question précédente) si l'application décrite par le vecteur s induit un modèle sur l'intervalle discret $[\![p, q]\!]$ considéré.

```
let rec modèle s p q =
 let sp = s.(p-1) in
  (sp = p & (p = q or modèle s (p+1) q)) or
```

```
(sp = q & q > p+1 & modèle s (p+1) (q-1)) or
(sp > p+1 & sp < q & modèle s (p+1) (sp-1)
 & modèle s (sp+1) q);;

let est_modèle s = modèle s 1 (vect_length s);;
```

Question 5 • $S(1) = S(2) = 1$ (il n'y a que le modèle banal); $S(3) = 2$ car, en plus du modèle banal, il y a le modèle $(3, 2, 1)$; enfin, $S(4) = 4$ et $S(5) = 8$ d'après la question 2.

Question 6 • Classifions les $S(n+2)$ modèles de longueur $n+2$ selon la valeur de $s(n+2)$:

- un modèle vérifiant $s(n+2) = 1$ vérifie aussi $s(1) = n+2$, il est donc parfaitement défini par le modèle qu'il induit sur l'intervalle $[\![2, n+1]\!]$; par suite, il y en a $S(n)$;

- soit $j \in [\![2, n]\!]$ et $i = j-1$: un modèle vérifiant $s(n+2) = j$ vérifie aussi $s(j) = n+2$; un élément de l'intervalle $[\![1, j-1]\!]$ ne peut avoir son image dans $[\![j, n+2]\!]$; le modèle est donc parfaitement défini par les modèles qu'il induit sur les intervalles $[\![1, j-1]\!]$ (de longueur $j-1 = i$) et $[\![j+1, n+1]\!]$ (de longueur $n+1-j = n-i$); il existe ainsi $S(i)S(n-i)$ modèles vérifiant $s(n+2) = j$;

- aucun modèle ne vérifie $s(n+2) = n+1$;

- un modèle vérifiant $s(n+2) = n+2$ est parfaitement défini par le modèle qu'il induit sur l'intervalle $[\![1, n+1]\!]$; il y en a donc $S(n+1)$.

Au total, on aura: $S(n+2) = S(n+1) + S(n) + \displaystyle\sum_{1 \leqslant i < n} S(i)S(n-i)$.

Question 7 • La solution raisonnable consiste à calculer de proche en proche les valeurs de $S(k)$ pour $k \in [\![1, n]\!]$, en les stockant dans un vecteur au fur et à mesure. Noter que la case v.(0) n'est pas utilisée.

```
let S(n) =
let v = make_vect (n+1) 1 in
for k = 3 to n do
 v.(k) <- v.(k-1) + v.(k-2);
 for i = 1 to k-3 do v.(k) <- v.(k) + v.(i) * v.(k-2-i) done;
done;
v.(n);;
```

Voici un tableau présentant les premières valeurs de la suite S:

n	1	2	3	4	5	6	7	8	9	10	11	12
$S(n)$	1	1	2	4	8	17	37	82	185	423	978	2283

Le coût $c(n)$ de l'évaluation de $S(n)$ (exprimé en nombre de lectures et écritures d'éléments du vecteur v) est défini, pour $n \geqslant 3$, par :

$$\begin{aligned}
c(n) &= 1 + \sum_{3 \leqslant k \leqslant n} \left(3 + \sum_{1 \leqslant i \leqslant k-3} 4 \right) = 1 + 3(n-2) + 4 \sum_{3 \leqslant k \leqslant n} (k-3) \\
&= 3n - 5 + 4 \sum_{1 \leqslant k \leqslant n-3} k = 3n - 5 + 2(n-3)(n-2) = 2n^2 - 7n + 7
\end{aligned}$$

Et, bien entendu : $c(1) = c(2) = 1$.

Question 8 • L'option `remember` permet d'obtenir un coût polynomial, comme à la question précédente :

```
S := proc(n) option remember; local i;
 S(n-1)+S(n-2)+add(S(i)*S(n-2-i),i=1..n-3) end;
S(1) := 1;S(2) := 1;
```

En l'absence de cette option, le coût $\gamma(n)$ de l'évaluation de $S(n)$ vérifie

$$\gamma(n) = 1 + \gamma(n-1) + \gamma(n-2) + 2 \sum_{1 \leqslant i \leqslant n-3} \gamma(i) \quad .$$

Par différence, il vient $\gamma(n) = 2\gamma(n-1) + \gamma(n-3)$, qui est équivalent quand n tend vers l'infini à r^n, où r est la racine réelle du polynôme $X^3 - 2X^2 - 1$; $r > 2$ est clair. Numériquement, $r \approx 2.205569431$.

Question 9 • On a $S(n+2) \geqslant S(n+1) + S(n)$; notant $(F_n)_{n \in \mathbb{N}}$ la suite de FIBONACCI, on constate que $S(1) = F_1$ et $S(2) = F_2$. On en déduit $S(n) \geqslant F_n$. On peut même faire un peu mieux : comme $S(n) \geqslant 1$ pour tout n, on a certainement $S(n+2) \geqslant \sum_{1 \leqslant k \leqslant n+1} S(k)$. Une récurrence immédiate nous donne $S(n) \geqslant 2^{n-1}$ pour $n \geqslant 1$.

• On peut aussi prouver que $S(n)$ est majoré par le nombre de CATALAN C_n. Rappelons que la famille des nombres de CATALAN est définie par $C_0 = 1$ et la relation de récurrence $C_{n+1} = \sum_{0 \leqslant k \leqslant n} C_k C_{n-k}$ pour tout $n \in \mathbb{N}$, et que la série entière $\sum_{n \in \mathbb{N}} C_n z^n$ a pour rayon de convergence $1/4$.

• On a clairement $S(1) = 1 = C_1$ et $S(2) = 1 < C_2 = 2$. Supposons la majoration $S(k) \leqslant C_k$ acquise pour tout $k \in [\![1, n+1]\!]$; alors :

$$\begin{aligned}
S(n+2) &= S(n+1) + S(n) + \sum_{1 \leqslant k \leqslant n-1} S(k)S(n-k) \\
&\leqslant C_{n+1} + C_n + \sum_{1 \leqslant k \leqslant n-1} C_k C_{n-k} = C_{n+1} + \sum_{0 \leqslant k \leqslant n-1} C_k C_{n-k} \\
&< C_{n+1} + \sum_{0 \leqslant k \leqslant n} C_k C_{n-k} = C_{n+1} + C_{n+1} = C_0 C_{n+1} + C_{n+1} C_0 \\
&\leqslant \sum_{0 \leqslant k \leqslant n+1} C_k C_{n+1-k} = C_{n+2}
\end{aligned}$$

Question 10 • Procédons par récurrence sur $n \geqslant 1$; une expérimentation rapide avec Maple montre que la majoration est acquise pour tout $n \in [\![1, 100]\!]$. Supposons la majoration acquise jusqu'au rang $n_0 + 1$ inclus (où n_0 sera fixé ultérieurement). Alors, pour $n \geqslant n_0$:

$$
\begin{aligned}
S(n+2) &= S(n+1) + S(n) + \sum_{1 \leqslant k \leqslant n-1} S(k) S(n-k) \\
&\leqslant \frac{3^{n+1}}{(n+1)(n+2)} + \frac{3^n}{n(n+1)} \sum_{1 \leqslant k \leqslant n-1} \frac{3^k}{k(k+1)} \times \frac{3^{n-k}}{(n-k)(n-k+1)} \\
&= \frac{3^{n+2}}{(n+2)(n+3)} F(n)
\end{aligned}
$$

avec :

$$
F(n) = \frac{n+3}{3(n+1)} + \frac{(n+2)(n+3)}{9n(n+1)} + \frac{1}{9} \sum_{1 \leqslant k \leqslant n-1} r(n,k)
$$

$$
r(n,k) = \frac{1}{k(k+1)(n-k)(n-k+1)}
$$

Une décomposition en éléments simples nous donne :

$$
r(n,k) = \frac{1}{n(n+1)} \left(\frac{1}{k} + \frac{1}{n-k} \right) - \frac{1}{(n+1)(n+2)} \left(\frac{1}{k+1} + \frac{1}{n-k+1} \right)
$$

Donc, notant classiquement $H_n = \displaystyle\sum_{1 \leqslant k \leqslant n} \frac{1}{k}$:

$$
\begin{aligned}
\sum_{1 \leqslant k \leqslant n} r(n,k) &= \frac{2H_{n-1}}{(n+1)(n+2)} - \frac{2(H_n - 1)}{(n+1)(n+2)} \\
&= \frac{4H_n}{n(n+1)(n+2)} + \frac{2(n^2 - n - 2)}{n^2(n+1)(n+2)}
\end{aligned}
$$

En regroupant, il vient :

$$
F(n) = \frac{2(2n^4 + 11n^3 + 18n^2 + 5n - 2)}{9n^2(n+1)(n+2)} + \frac{4H_n}{9n(n+1)(n+2)}
$$

La suite de terme général $F(n)$ converge vers $4/9$, ce qui est rassurant. Maple indique que $F(1) = 4/3$, et $F(n) < 1$ pour $n \in [\![2, 100]\!]$. Nous allons montrer que la suite de terme général $F(n)$ est décroissante, ce qui terminera la preuve, avec $n_0 = 1$. Notons $g(n) = \dfrac{2n^4 + 11n^3 + 18n^2 + 5n - 2}{n^2(n+1)(n+2)}$; on a :

$$
g(n+1) - g(n) = \frac{-5n^4 - 28n^3 - 38n^2 - 7n + 6}{n^2(n+1)^2(n+2)(n+3)}
$$

qui est clairement négatif pour tout $n \geqslant 1$.

Par ailleurs, notant $h(n) = \dfrac{H_n}{n(n+1)(n+2)}$, on a :

$$
\begin{aligned}
h(n+1) - h(n) &= \frac{H_{n+1}}{(n+1)(n+2)(n+3)} - \frac{H_n}{n(n+1)(n+2)} \\
&= \frac{nH_{n+1} - (n+3)H_n}{n(n+1)(n+2)(n+3)} \\
&= \frac{\frac{n}{n+1} - 2H_n}{n(n+1)(n+2)(n+3)} < -\frac{1}{n(n+1)(n+2)(n+3)} < 0
\end{aligned}
$$

ceci car $\frac{n}{n+1} < 1$ et $H_n \geqslant 1$. Ainsi, les suites de termes généraux respectifs $g(n)$ et $h(n)$ sont décroissantes ; il en est de même de leur somme, de terme général $F(n)$. **OUF !**

Question 11 • D'après la question précédente, le rayon de convergence est au moins égal à $1/3$; et il résulte de la question 9 que ce rayon est au plus égal à $1/2$.

Question 12 • Multiplions les deux membres de l'égalité établie à la question 6 par z^{n+2}, et sommons pour $n \geqslant 1$, il vient :

$$
\begin{aligned}
\sum_{n\geqslant 1} S(n+2)z^{n+2} &= z\sum_{n\geqslant 1} S(n+1)z^{n+1} + z^2\sum_{n\geqslant 1} S(n)z^n \\
&\quad + z^2 \sum_{n\geqslant 1}\left(\sum_{1\leqslant i\leqslant n-i} S(i)z^i S(n-i)z^{n-i}\right)
\end{aligned}
$$

soit encore : $\displaystyle\sum_{n\geqslant 3} S(n)z^n = z\sum_{n\geqslant 2} S(n)z^n + z^2\sum_{n\geqslant 1} S(n)z^n + z^2\left(\sum_{n\geqslant 1} S(n)z^n\right)^2$

qui s'écrit : $\varphi(z) - z - z^2 = z\big(\varphi(z) - z\big) + z^2\varphi(z) + z^2\big(\varphi(z)\big)^2$

ou enfin : $z^2\big(\varphi(z)\big)^2 + (z^2 + z - 1)\varphi(z) + z = 0$.

Ainsi, φ est solution de l'équation algébrique $z^2 X^2 + (z^2 + z - 1)X + z = 0$.

Question 13 • Il y a deux boucles internes : $(3,11)$ et $(27,32)$, une boucle finale : $(18,24)$ et un bulbe : $(12,17)$.

Question 14 • L'ensemble $\big\{i \in [\![1,n]\!] : i < s(i)\big\}$ n'est pas vide puisque s comporte au moins une liaison. Notons j son plus grand élément. Soient $\mathcal{I}$ l'intervalle $[\![j+1, s(j)-1]\!]$ et $k \in \mathcal{I}$; $s(k)$ est également dans cet intervalle, sinon les liaisons $(j, s(j))$ et $(k, s(k))$ seraient enchevêtrées ; mais alors, de par la définition de j, on ne peut avoir ni $k < s(k)$ si $s(k) < k$; donc tout point de $\mathcal{I}$ est invariant par s, si bien que $(j, s(j))$ est une boucle finale.

• Voici une autre ligne directrice, proposée par un étudiant : considérer une liaison $\big(i, s(i)\big)$ rendant minimale la quantité $\big|i - s(i)\big|$.

Question 15 • Notons E_n le nombre d'épingles à cheveux de longueur n. On a $E_1 = 0$. Soient s une épingle à cheveux de longueur $n+1$ et $j = s(n+1)$:

- si $j = n+1$, alors s est parfaitement définie par l'épingle à cheveux induite sur l'intervalle $[\![1, n]\!]$;

- sinon, $j \neq n$, donc $j \in [\![1, n-1]\!]$; le modèle t induit par s sur l'intervalle $[\![j, n+1]\!]$ comporte la liaison $(j, n+1)$ donc il présente au moins une boucle finale ; comme s n'en comporte qu'une, celle-ci apparaît dans t, et y est unique. Du coup, le modèle induit par s sur l'intervalle $[1, j-1]$ ne comporte aucune liaison (sinon il comporterait une boucle finale), ce qui revient à dire que $s(i) = i$ pour tout $i \in [\![1, j-1]\!]$. Ainsi, s est parfaitement définie par le modèle t' induit sur l'intervalle $[\![j+1, n]\!]$, qui est, soit le modèle banal, soit une épingle à cheveux.

On en déduit immédiatement la formule $E_{n+1} = E_n + \sum_{1 \leqslant i < n} (E_i + 1)$. Par suite, $E_{n+2} - E_{n+1} = E_{n+1} + 1$, soit $E_{n+2} = 2E_{n+1} + 1$, que l'on écrit plutôt :

$$E_{n+2} + 1 = 2(E_{n+1} + 1)$$

Avec une récurrence immédiate, il vient $E_n + 1 = 2^{n-2}(E_2 + 1)$ soit :

$$\boxed{E_n = 2^{n-2} - 1} \text{ pour } n \geqslant 2$$

Par ailleurs $E_1 = 0$.

Notons que $(3, 2, 1, 6, 5, 4)$ est le plus petit modèle présentant plusieurs boucles finales.

2 Représentation d'un modèle par un arbre

Question 16 • Nous allons raisonner par récurrence sur la longueur n de s. Le cas $n = 1$ est clair : on lui associe l'arbre $|$. Supposons que $\tau(s)$ soit défini pour tout modèle s de longueur au plus égale à n, et considérons un modèle u de longueur $n + 1$. Si u n'a aucune liaison secondaire, alors $\tau(u)$ est un arbre de hauteur 1, à la racine duquel sont attachées $n + 1$ feuilles. Sinon, chaque liaison secondaire visible induit un modèle de longueur $n - 1$ au plus, dont l'image par τ est définie grâce à l'hypothèse de récurrence, si bien que $\tau(u)$ est lui-même défini.

Question 17 Voir la figure 1.

Question 18 • Le nombre de feuilles est égal au nombre de points invariants de s, soit $|s| - 2\ell(s)$; le nombre de nœuds autres que la racine est égal au nombre de liaisons, donc le nombre total de nœuds est $1 + \ell(s)$. Profitons-en pour écrire le calcul en Caml de ℓ :

```
let nls v =
  list_length (filtre (fun (x,y) -> x<y)
    (combine (list_of_vect v,intervalle 1 (vect_length v))));;
```

Question 19 • Notons d'abord que si deux modèles s et t ont même image par τ, alors $|s| - 2\ell(s) = |t| - 2\ell(t)$ et $1 + \ell(s) = 1 + \ell(t)$. On en déduit $|s| = |t|$ et $\ell(s) = \ell(t)$. Il nous suffit donc de prouver que l'assertion $\mathcal{A}_n$ suivante :

«si $|s| = |t| = n$ et $\tau(s) = \tau(t)$, alors $s = t$»

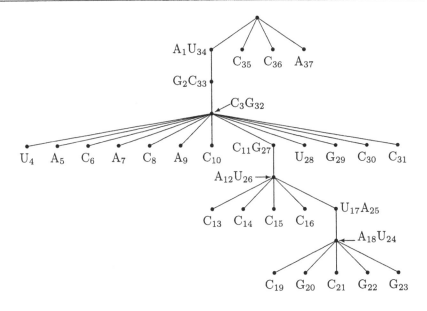

Figure 1: l'arbre demandé à la question 17

est vraie pour tout $n \geqslant 1$, ce que nous allons faire par récurrence sur n.

• Le cas $n = 1$ est immédiat car il n'y a qu'un modèle de longueur 1. Supposons $\mathcal{A}(k)$ acquise pour tout $k \leqslant n$, et considérons deux modèles s et t de même longueur $n + 1$, ayant même image x par τ. Distinguons deux cas de figure, selon la nature du fils f de la racine de x situé le plus à droite. S'il s'agit d'une feuille, c'est que $s(n+1) = t(n+1) = n+1$. Notons alors s' et t' les modèles induits par s et t sur l'intervalle discret $[\![1, n]\!]$; notons x' l'arbre déduit de x par suppression de la feuille f. On a $\tau(s') = \tau(t') = x'$; l'hypothèse de récurrence permet d'affirmer que $s' = t'$ et donc $s = t$.

• Si f n'est pas une feuille, c'est la racine d'un arbre y. Notons $p = s(n + 1)$ et $q = t(n + 1)$; y représente le modèle s' induit par s sur $[\![p, n + 1]\!]$ ainsi que le modèle t' induit par t sur $[\![q, n + 1]\!]$. La remarque faite en début de question implique $p = q$, donc $s' = t'$. Si $p = q = 1$, alors $s = t$. Sinon, notons z l'arbre déduit de x par suppression du sous-arbre y ; notons s'' et t'' les modèles induits respectivement par s et t sur $[\![1, p-1]\!]$; on aura $\tau(s'') = \tau(t'') = z$, donc $s'' = t''$ grâce à l'hypothèse de récurrence. En «recollant les morceaux» on en déduit $s = t$ et la preuve est terminée.

▶ On peut sans grande difficulté montrer que τ est surjective. Le détail de la preuve est laissé au lecteur !

Question 20 • On procède par lecture du modèle de droite à gauche. La fonction aux appliquée à un «accumulateur» et à des indices de début p et de fin q calcule l'arbre associé au modèle induit sur l'intervalle $[\![p, q]\!]$.

```
let tau v =
  let rec aux accu p q =
```

```
      if p > q then accu else let r = v.(q-1) in
      if r = q then aux (F::accu) p (q-1)
                else aux (N(aux [] (r+1) (q-1))::accu) p (r-1)
  in N(aux [] 1 (vect_length v));;
```

Pour mémoire, voici le résultat de l'application de tau au modèle v1 sous-jacent
à la figure 1 :

```
N[N[N[N[N[F;F;F;F;F;F;F;N[N[F;F;F;F;N[N[F;F;F;F;F]]]];
  F;F;F;F]]];F;F;F]
```

Question 21 • La fonction aux calcule récursivement la «portion» de modèle
qui correspond à la liste placée en un nœud d'un arbre donné ; lorsque la liste est
vide ou commence par une feuille, le traitement est clair ; sinon, l'appel récursif
de aux reçoit la position de départ et rend la position d'arrivée. Le résultat est
un couple (position, liste) dont la deuxième composante doit être retournée et
convertie en un vecteur.

```
  let inv_tau (N t) =
    let rec aux accu p = function
    | [] -> (p,accu)
    | F::q -> aux (p::accu) (p+1) q
    | (N t')::q -> let (p',accu') = aux [] (p+1) t'
      in aux (p::accu'@[p']@accu) (p'+1) q
    in vect_of_list(rev(snd(aux [] 1 t)));;
```

Noter que le filtrage réalisé par inv_tau n'est pas exhaustif. On vérifie que
inv_tau(tau v1)=v1.

3 Représentation linéaire d'un modèle

Question 22 • La preuve est identique à celle de la question 16, et ne sera donc
pas détaillée.

Question 23 • $\left|\psi(s)\right|_x$ est le nombre de points fixes de s, soit $|s| - 2\ell(s)$;
$\left|\psi(s)\right|_g = \left|\psi(s)\right|_d = \ell(s)$.

Question 24 • À la main ou, mieux, en utilisant la fonction de la question
suivante, on trouve :

$$gggxxxxxxxggxxxxggxxxxxddddxxxxdddxxx$$

Ce résultat se lit plus aisément sous la forme $g^3x^7g^2x^4g^2x^5d^4x^4d^3x^3$.

Question 25 • Caml détecte un filtrage non exhaustif dans la fonction psi :

```
  let psi(N t) =
    let rec aux = function
    | [] -> ""
    | F::q -> "x" ^ (aux q)
    | (N t')::q -> "g" ^ (aux t') ^ "d" ^ (aux q)
    in aux t;;
```

Question 26 • Il suffit de reprendre la démarche de la question 19 : le détail de la preuve ne sera donc pas explicité ici. Notons que cette fois, on n'a pas la surjectivité : par exemple, la chaîne de caractères *dg* n'a pas d'antécédent ; pourtant, elle vérifie les conditions établies à la question 23.

Question 27 • La fonction sch extrait d'une chaîne *s* la sous-chaîne qui commence à la position *p*. et se termine juste avant le caractère d associé au g en position *p* − 1.

```
let rec sch s p =
 let rec aux pp nivo = match s.[pp] with
  | 'x' -> aux (pp+1) nivo
  | 'g' -> aux (pp+1) (nivo+1)
  | 'd' when nivo = 0 -> (pp+1,sub_string s p (pp-p))
  | 'd' -> aux (pp+1) (nivo-1)
  | _ -> failwith "rencontre d'un caractère illégal"
 in aux p 0;;
```

On peut alors parcourir la chaîne *s* de gauche à droite pour construire récursivement l'arbre associé :

- si s_p est le caractère x, on ajoute une feuille à la liste associée au nœud courant ;

- si s_p est le caractère g, on extrait avec sch la sous-chaîne qui commence en position $p + 1$ et se termine juste avant le d associé ; on calcule l'arbre associé à cette sous-chaîne, et on l'ajoute comme nœud à la liste courante.

Comme on parcourt la chaîne de gauche à droite, et que l'on ajoute les éléments en tête de liste, l'arbre obtenu doit être « retourné » entièrement, avec la fonction revtree.

```
let rec revtree = function
 | F -> F
 | N t -> N(map revtree (rev t));;

let inv_psi s =
 let rec aux ss p accu = let lss = string_length ss in
  if p = lss then accu else match ss.[p] with
   | 'x' -> aux ss (p+1) (F::accu)
   | 'g' -> let (p',ss') = sch ss (p+1)
     in let r = N(aux ss' 0 [])::accu in aux ss p' r
  in try revtree(N(aux s 0 []))
  with _ -> failwith "chaîne incorrecte";;
```

4 Optimisation d'une structure secondaire

Question 28 • Les liaisons possibles sont $(1, 6)$; $(3, 6)$; $(2, 4)$; $(2, 5)$; $(4, 7)$ et $(5, 7)$. On en déduit immédiatement six structures à une seule liaison ; on met en évidence trois structures à deux liaisons :

$$(6, 4, 3, 2, 5, 1, 7) \qquad (6, 5, 3, 4, 2, 1, 7) \qquad (1, 4, 3, 2, 7, 6, 5)$$

Il n'existe pas de structure à trois liaisons ou plus. Mais il ne faut pas oublier la structure banale, sans aucune liaison !

Question 29 • Soit s une structure secondaire sur l'intervalle $[\![i, j+1]\!]$. Si $s(j+1) = j + 1$, alors $\ell(i, j+1) = \ell(i, j)$ et $\sigma(i, j) = 0$ puisque $\rho(k, j+1) = 0$ pour tout $k \in [\![1, j-1]\!]$. Sinon, notons $k = s(j+1)$; $k \in [\![i, j-1]\!]$; le nombre de liaisons de s est au plus égal à la somme de trois termes :

- $\ell(i, k-1)$: contribution de la structure induite sur l'intervalle $[\![i, j-1]\!]$;

- $\ell(k+1, j)$: contribution de la structure induite sur l'intervalle $[\![k+1, j]\!]$;

- 1 : contribution de la liaison entre $j + 1$ et k.

Ceci donne déjà $\ell(i, j+1) \leqslant \sigma(i, j)$. L'égalité résulte de la constatation suivante : si s réalise le maximum, alors chacune des structures induites sur $[\![i, k-1]\!]$ et $[\![k+1, j]\!]$ réalise aussi un maximum.

Question 30 • On remplit les cases d'un tableau carré t d'ordre n, situées au-dessus de la diagonale, avec les valeurs de $\ell(i, j)$ pour $1 \leqslant i \leqslant j \leqslant n$. On procède par diagonales successives, en partant de la diagonale principale (garnie de zéros). En fin de remplissage, la valeur de $\lambda(m)$ se trouve dans la case en haut et à droite, contenant $\ell(1, n)$. Cette technique (reposant sur la mémorisation de valeurs intermédiaires) est connue sous le nom de *programmation dynamique*; vous trouverez d'autres exemples de mise en œuvre de cette technique dans les problèmes 9 et 10.

Question 31 • Le coût se déduit directement de l'application de la formule : le calcul de $\sigma(i, j)$ coûte $2(j - i)$ consultations (deux par valeur de $k \in [\![i, j-1]\!]$), donc le coût total est :

$$\sum_{1 \leqslant i \leqslant j < n} (2j - 2i + 1) = \sum_{i=1}^{n-1} \sum_{j=i}^{n-1} (2j - 2i + 1) = \sum_{i=1}^{n-1} \left((n-i)^2 \right)$$
$$= \frac{2n^3 - 3n^2 + n}{6} = \mathcal{O}(n^3)$$

On a négligé les coûts d'initalisation de t (quadratiques, en tout état de cause).

Question 32 • On applique l'algorithme décrit plus haut. La fonction `rho` détermine si deux bases peuvent être appariées; la fonction `calcule_1` construit la matrice ℓ du texte; elle sera réutilisée dans la question 33.

```
let rho c1 c2 = match (c1,c2) with
 | ('A','U') | ('U','A') | ('C','G') | ('G','C') -> true
 | _ -> false;;

let calcule_1 s =
```

```
let n = string_length s in
let t = make_matrix (n+1) (n+1) 0 in
 for d = 1 to n-1 do
  for i = 1 to n-d do (* j+1=i+d *)
   t.(i).(i+d) <- t.(i).(i+d-1);
   for k = i to i+d-2 do
    if (rho s.[k-1] s.[i+d-1]) then
      let v = t.(i).(k-1) and w = t.(k+1).(i+d-1)
       in t.(i).(i+d) <- max t.(i).(i+d) (v+1+w)
   done
  done
 done;
 t;;

let lambda s = if s = "" then 0
 else (calcule_l s).(1).(string_length s);;
```

Appliquée à l'exemple de la figure 1, cette fonction rend la valeur 11.

Question 33 • Soit s la chaîne de longueur n dont on veut calculer une structure secondaire optimale. Si $\lambda(s)$ est nul, il n'y a rien à faire. Sinon, soit p le plus petit indice tel que $\ell(1,p) = \lambda(s)$; il existe une structure secondaire optimale dans laquelle p est l'image d'un certain $i \in [\![1, p-2]\!]$, et chaque $j \in [\![p+1, n]\!]$ est invariant.

Pour chaque position $j \in [\![1, p-2]\!]$ dont la base peut être associée à celle qui est en position p, on va calculer $\varphi(j) = \lambda(s[1..j-1]) + \lambda(s[j+1..p-1])$; puis on choisit une position i qui maximise $\varphi(j)$. Il existe une structure secondaire optimale constituée de la liaison (i,p), d'une structure secondaire optimale sur $s_1 = s[1..i-1]$ et d'une structure secondaire optimale sur $s_2 = s[i+1..p]$. Il ne reste plus qu'à calculer (récursivement) ces deux dernières. Nous avons besoin d'une panoplie de fonctions auxiliaires :

- `last_p` détermine la position p

- `bonnes_positions` dresse la liste des associés possibles de p

- `max_of_list` calcule le maximum d'une liste

- `nth_elt` extrait le n-ième élément d'une liste

- `découpe` découpe une chaîne selon les positions i et p comme expliqué plus haut

```
let last_p s =
 let l = (calcule_l s).(1) in
 index l.(string_length s) (list_of_vect l);;

let bonnes_positions s p =
 filtre (fun i -> rho s.[i-1] s.[p-1]) (intervalle 1 (p-2));;
```

```
let rec max_of_list = function
  | [] -> failwith "max_of_list illégal"
  | t::q -> it_list max t q;;

let rec nth_elt n = function
  | t::_ when n = 0 -> t
  | _::q -> nth_elt (n-1) q
  | _ -> failwith "appel nth_elt incorrect";;

let découpe s i p =
  (sub_string s 0 (i-1),sub_string s i (p-i-1));;
```

On peut maintenant dresser une liste de liaisons, de longueur maximale. Le fait de manipuler des chaînes (au lieu de listes de caractères) oblige à quelques acrobaties (qui se manifestent par la présence de delta).

```
let rec liste_liaisons une_chaîne =
 let rec aux delta = function
  | "" -> []
  | s -> match last_p s with
   | 0 -> []
   | p -> let d i = découpe s i p in
     let bss = map d (bonnes_positions s p)
     and f(u,v) = (lambda u) + (lambda v) in
     let lss = map f bss in
     let (u,v) = nth_elt (index (max_of_list lss) lss) bss in
     let pss = string_length u + 1 in
     (delta+pss,delta+p)::(aux (delta+pss) v)@(aux delta u)
 in aux 0 une_chaîne;;
```

Il ne reste plus qu'à déduire, de cette liste des transpositions, le modèle réalisant une structure optimale :

```
let optimise s =
 let n = string_length s in
 let v = make_vect n 0 in
 for i = 0 to n-1 do v.(i) <- i+1 done;
  let f(x,y) = v.(x-1) <- y; v.(y-1) <- x in
  do_list f (liste_liaisons s);
  v;;
```

Appliquée à l'exemple de la figure 1, cette fonction rend la liste :

```
[|34;33;32;7;5;6;4;29;28;27;26;23;22;20;15;16;17;18;19;
  14;21;13;12;24;25;11;10;9;8;30;31;3;2;1;35;36;37|]
```

——— FIN DU CORRIGÉ ———

Références bibliographiques, notes diverses

▶ Les idées de base de ce texte ont été trouvées dans le chapitre 13 du livre *Introduction to Computational Biology : Sequences, Maps and Genomes*, de Michael WATERMAN (éd. Chapman Hall, 1995).

▶ Le *Journal of Computational Biology* publie quatre numéros par an, depuis 1994. Allez visiter sa page Web :

> http://www.cs.sandia.gov/jcb/

▶ Tous les ans, depuis 1990, se tient le congrès *Combinatorial Pattern Matching*. À partir de 1992, ses actes ont été publiés dans les *Lecture Notes in Computer Science* (éd. Springer). Une large place y est accordée aux articles traitant de l'algorithmique du génome.

▶ Vous trouverez des pointeurs vers les pages personnelles de nombreux chercheurs s'intéressant à la bio-informatique à l'URL :

> http://www.cs.purdue.edu/homes/stelo/pattern.html

▶ Signalons encore le *deambulum* de l'Université René DESCARTES, à l'URL :

> http://www.infobiogen.fr/services/deambulum/fr/index.html

C'est un bon point de départ pour découvrir les aspects algorithmiques ou informatiques de l'étude des molécules de la vie et du génome.

▶ Ce sujet a été traité par les étudiants au cours des vacances de la Toussaint 1998.

▶ Un grand merci à Hubert FAUQUE, Michel QUERCIA et Alain SCHAUBER qui m'ont aidé à venir à bout de la majoration de $S(n)$...

Bibliographie

Chacun des problèmes de ce recueil est accompagné d'une bibliographie spécifique. Les quelques livres cités ici sont ceux que j'utilise le plus régulièrement, avec le *Handbook of Formal Languages* déjà cité à plusieurs reprises.

[1] Luc ALBERT (coordination). *Cours et exercices d'informatique.* Vuibert, 1998. Les exercices sont *tous* corrigés.

[2] Pierre WEIS Xavier LEROY. *Le langage Caml.* InterEditions, 1993. Le livre d'initiation à Caml; excellent à tous points de vue.

[3] Danièle BEAUQUIER, Jean BERSTEL, Philippe CHRÉTIENNE. *Éléments d'algorithmique.* Masson, 1992. Très solide manuel, avec de nombreux exercices.

[4] Ronald L. GRAHAM, Donald E. KNUTH, Oren PATASHNIK. *Discrete Mathematics.* Addison-Wesley, 1989. Un très grand bouquin : contenu très solide, nombreux exercices, presque tous corrigés. Très belle typographie ; les graffitis dans les marges sont marrants, mais demandent un peu de culture pour être compris. Excellente traduction française chez Vuibert, réalisée par André DENISE, qui a même réussi à restituer l'esprit desdits graffitis.

[5] Thomas H. CORMEN, Charles E. LEISERSON, Ronald L. RIVEST. *Introduction to Algorithms.* The MIT Press, 1990. Manuel devenu classique ; la rumeur dit que certains examinateurs d'oral des E.N.S. y puisent leur inspiration... Il existe une traduction française Dunod (évitez celle parue chez InterEditions).

[6] M. LOTHAIRE. *Combinatorics on Words.* Cambridge University Press, 1997. Réédition d'un classique devenu introuvable. La suite devrait paraître bientôt, voir page 19.

[7] Donald E. KNUTH. *The Art of Computer Programming, vol. 1-3.* Addison-Wesley, 1968–1973. Un classique, très riche même si certains passages sont un peu datés ; réédition récente ; on attend les volumes suivants, auxquels l'oncle Donald s'est attelé depuis qu'il est en retraite !

[8] Mark DE BERG, Marc VAN KREVELD, Mark OVERMARS, Otfried SCHWARZKOPF. *Computational Geometry — Algorithms and Applications.* Springer, 1997. Un livre magnifique : il expose très bien de nombreux aspects de la géométrie algorithmique, sa présentation est superbe, et son prix est modique.

Index

Colophon

Pour dire la vérité, il n'y a point de talent plus rare, que celui de savoir bien distinguer quand il faut finir quelque chose. Lorsqu'un auteur approche des frontières de son livre, il croit qu'en chemin faisant, lui et ses lecteurs sont devenus de vieilles connaissances et qu'ils doivent être au désespoir de se séparer ; de sorte que certains ouvrages ressemblent à des visites de cérémonie, où les compliments, qu'on fait en se séparant, sont quelquefois plus longs que la conversation qui les a précédés.

Swift — Le conte du tonneau

Le texte a été composé sur un ordinateur Apple Power Macintosh 7500, puis révisé sur un Power Macintosh G3, à l'aide du logiciel *Textures* de Blue Sky Research ; le format utilisé est LaTeX 2_ε ; les automates ont été dessinés avec le paquetage **autograph**, conçu par Paul GASTIN. La bibliographie a été compilée avec l'implémentation de BibTeX réalisée par Vince DARLEY. L'index a été compilé avec l'implémentation de MakeIndex réalisée par Rick ZACCONE.

Les programmes en Caml ont été écrits avec un environnement de travail rudimentaire constitué par *Caml-Light* et l'éditeur *Alpha*. Les logiciels suivants ont été également mis à contribution : *OzTeX, GhostScript, Grafic Converter* et *PS2EPS+*, ainsi que *Maple V Release 4 Student* très marginalement. Les épreuves ont été tirées sur une LaserWriter II NTX et sur une LaserJet 6 MP.

L'illustration de la couverture a été réalisée par Pierre-Jean AUBRY, avec un appareil photographique numérique Kodak PC 265, un Macintosh G3 «Blue & White» et beaucoup de patience !

Pour la rédaction de cet ouvrage, l'auteur n'a utilisé aucun logiciel conçu ou distribué par la société *Qu'est-ce qu'on mange demain.*

Naket werde ich wiederum dahinfahren.

Crédits

P. VII :	InterEditions 1985
P. XV :	Mazenod 1962
P. 1 :	Springer Verlag 1982
P. 4 :	Einaudi 1965
P. 18 :	Copernicus Books 1997
P. 19 :	Le Poulpe/Baleine 1995
P. 25 :	McGraw Hill 1962
P. 33 :	Mazenod 1962
P. 41 :	Theo JURRIENS & Johannes BRAAMS 1995
P. 46 :	Springer Verlag 1982
P. 52 :	InterEditions 1985
P. 62 :	Plon 1994
P. 66 :	Springer Verlag 1982
P. 70 :	Theoretical Computer Science 1993
P. 83 :	Mazenod 1962
P. 84 :	Handbook of formal Languages, vol. 1, chap. 1 ; Springer Verlag 1997
P. 111 :	Le livre de poche 1998
P. 122 :	Little boxes, Malvina REYNOLDS, adaptation Graeme ALLWRIGHT
P. 124 :	Biblioteca Universale Rizzoli 1987
P. 130 :	Mazenod 1962
P. 146 :	Houghton Mifflin 1992
P. 151 :	InterEditions 1985
P. 160 :	Mazenod 1962
P. 180 :	LNCS 227, Springer Verlag 1986
P. 182 :	Seuil/L'intégrale 1963
P. 189 :	La noire/Gallimard 1999
P. 201 :	Fayard 1995
P. 207 :	Bibliothèque de l'image 1998
P. 225 :	Mazenod 1962

Les citations du haut de la page V et du bas de la page 225 sont extraites des *Musikalische Exequien*, de Heinrich SCHÜTZ.